好的焦虑

MY AGE OF ANXIETY

［美］斯科特 · 施托塞尔 (Scott Stossel)_ 著

林琳 _ 译

中信出版集团|北京

图书在版编目（CIP）数据

好的焦虑 /（美）斯科特·施托塞尔著；林琳译
.-- 北京：中信出版社，2019.7（2020.3重印）
书名原文：My Age of Anxiety
ISBN 978-7-5086-9906-6

Ⅰ.①好… Ⅱ.①斯…②林… Ⅲ.①焦虑–心理调
节–通俗读物 Ⅳ.① B 842.6-49

中国版本图书馆 CIP 数据核字（2019）第 004381 号

My Age of Anxiety: Fear, Hope, Dread, and the Search for Peace of Mind
Copyright © 2013 by Scott Stossel
Simplified Chinese Translation Copyright © 2019 by CITIC Press Corporation
All Rights Reserved

本书仅限中国大陆地区发行销售

好的焦虑

著　者：［美］斯科特·施托塞尔
译　者：林琳
出版发行：中信出版集团股份有限公司
　　　　　（北京市朝阳区惠新东街甲4号富盛大厦2座　邮编　100029）
承 印 者：北京楠萍印刷有限公司

开　本：880mm×1230mm　1/32　　印　张：12　　字　数：296千字
版　次：2019年7月第1版　　　　　　印　次：2020年3月第2次印刷
京权图字：01-2014-2313　　　　　　广告经营许可证：京朝工商广字第8087号
书　号：ISBN 978-7-5086-9906-6
定　价：49.00元

献给马伦和纳塔涅尔，愿幸运与你们相伴！

目 录

第一部分
焦虑之谜

第二部分
不理性的困扰

第三部分
药罐子

焦虑的意义

著名编剧，作家　宋方金

上学的时候，每到考试前夕，我就会出现轻微的口腔溃疡（俗称口腔上火）。时间长了，我知道这就是因担心考试而产生的周期性焦虑。那时，父亲会去菜园拔一把菠菜，说给我补点维生素。其实，不是维生素的事。我考完试，溃疡马上就好了。上火是中医学的一个概念，很多不信中医的人不相信上火，他们认为一切病症都源于炎症。根据我的经验，上火确有其事。人一焦虑，就会上火。我甚至能感觉到这股火的运行。它不是悄无声息的，它是一股很清晰的力量，就在人的身体里潜伏着。

初二那年考试前夕，我忽然发现自己没上火。后来转念一想，那年我的成绩很差，所以失去了信心，对考试也就不在乎了。所以，只有让人在乎的事物才会引发焦虑。这就是我学到的关于焦虑的第一个经验。

我第一次录节目，是在中央电视台。那天，我跟几位嘉宾讨论关于电影的话题。我做了周密的准备，甚至还写了稿子。但在开始录制之前，我发现这个谈话节目根本没有看稿子的时间和机会，于是我的心跳加快，手脚冰凉，甚至连呼吸都变得沉重了。焦虑从深渊中跃起，统领了我的身体。我想这次完了，开始痛恨自己在虚荣心的驱使下来到那里。我去了趟洗手间，想调整一下，但无济于事。这时，我把稿子狠狠扔进了垃圾箱。没想到，这个动作救了我。稿子被扔进垃圾箱后，我的呼吸顺畅了。摆脱外在依附，诚实面对自己，可以缓解焦虑。这是焦虑教我的第二课。

后来，我录了很多节目，做了很多演讲和脱口秀。其中，有的成功，有的平淡，有的失败。我在事后总结的时候发现，成功、平淡、失败与焦虑感呈现一种微妙的比例关系：焦虑感强，成功；焦虑感弱，平淡；没有焦虑感，失败。是的，在很长一段时间里，我的焦虑在于我丧失了焦虑感。其实，这比焦虑更让人焦虑。这是我跟焦虑深度交流后学会的第三课。

在每次有机会梳理或回望过去的岁月时，凡是被我深刻记住的事物，大多伴有焦虑。等候一封信，等待成绩发布，出发或者抵达，开口或者沉默，犹豫的路口，坚决的拐弯，长夜的噩梦，无心的睡眠，等等。很多时候，焦虑和兴奋、紧张、喜悦、悲伤等情绪站在一起，不分彼此。或许可以说，正是种种焦虑，构成了人生的意义。

当然，也并不是说，所有焦虑都有意义。

我有很多无意义的焦虑。比如，有时候我会忽然因想到世界上是不是有很多水龙头被忘了关而焦虑。又比如，每次和朋友吃饭，我都会想，人多了会不会坐不下，人少了会不会太冷清，桌子上的菜满了，服务员该如何摆放，这些都让我倍感焦虑。这不仅是无意义的焦虑，还是不好的焦虑。就在我想消除这些不好的焦虑的时候，恰好遇见了这本《好的焦虑》。

这不仅是一本关于焦虑的百科全书，还是一本作者面对焦虑的坦白之书。在这本书里，我看见了作者与不好的焦虑斗争的经验和过程，看见了作者对好的焦虑的总结和向往。不管你是否愿意，不管你是坚强还是脆弱，焦虑人人都有，并终将伴随我们一生。跟它做敌人，不如跟它做朋友。读这本《好的焦虑》，就是一个好的开始。

第一部分　焦虑之谜

焦虑问题是个汇聚了最多且最重要的问题的节点，它的谜底注定会给我们的整个精神意识带来极大启发。

我有个糟糕的毛病——每到关键时刻身子总会打战。

比如，当我站在佛蒙特州一座教堂的圣坛上，等待我的未婚妻走向我，和我举行婚礼仪式的时候，就感觉身体非常不舒服：并不只是一般的反胃，而是严重的作呕和颤抖，更要命的是汗流不止。那是7月初的一天，教堂里很热，人们身着夏装或背心裙仍在流汗，不过不是我这种流法。当圣歌响起时，汗水已经在我的前额和上唇上凝聚成珠了。你们可以在婚礼的照片上看到我紧张地站在圣坛上，脸上挂着一丝狰狞的微笑，看着我的未婚妻由她父亲挽着从走廊另一头走来。照片里的苏珊娜容光焕发，而我则是闪闪发亮。当她终于站在我身边的时候，汗水的溪流已经流进了我的眼睛，滴进了我的衣领。我们转向牧师，他身后是我们请来诵读《圣经》的朋友们，他们看我的眼神中带着明显的担忧。"他这是怎么了？"我想象着他们的心情，"他是要昏倒了吗？"仅仅动这些念头就让我汗如雨下。站在我身后不远处的伴郎轻轻拍拍我的肩膀，递给我一张纸巾，让我擦拭一下眉毛。我的朋友凯茜当时坐在好几排以外的教堂后部，后来她告诉我，她当时有很强烈的要给我送去一杯水的愿望，她说我看上去就像刚刚跑完一场马拉松一样。

受邀来婚礼上读《圣经》的朋友们的面部表情起初只是流露出略微的担心，而此刻在我看来已经变成毫无掩饰的惊恐："他这是快要死了吗？"我也开始在心里这样怀疑了。因为我已经开始摇晃了，这可不是轻微的抖动，不是那种除非我手里握着一张纸才会被看出来的微小颤动——我感觉自己已经处在抽搐的边缘了。我全力控制双腿，以防像癫痫患者那样腿不听自己使唤，同时希望我的裤子足够宽松，能够让这些抖动看上去不至于太过显眼。我正靠在就要成为我的妻子的那个人的身上——抖动逃不过她的眼睛，她也竭尽全力撑住我。

牧师还在絮絮叨叨，我根本不知道他在说些什么（他们说我当时完全心不在焉）。我祈祷他说得快点，这样我就能从这种痛苦的折磨中解脱出来。他停下来，看了看我和我的未婚妻。当他看到我大汗淋漓的样子和眼中的惊慌时，便警惕起来，不动声色地问道："你还好吗？"我无助地向他点了点头。（否则的话他要怎么做呢？把教堂里的人都请出去吗？这种大失面子的事情我可是承受不了的。）

牧师重新开始他的长篇大论，我也全身心地与三件事情做斗争：抖动的四肢、呕吐的欲望以及意识的丧失。我满脑子想的都是："让我离开这里吧。"为什么？因为现场有将近300人（包括朋友、家人和同事）出席我们的婚礼，而我眼看就要崩溃了。我已经控制不住自己的身体了。这本应该是我人生中最幸福、意义最重大的时刻之一，而我却苦不堪言。我担心自己会撑不下去。

在我汗流浃背、神志不清、摇摇晃晃、挣扎着想要完成婚礼仪式（说"我愿意"，交换戒指，亲吻新娘）的时候，我正可怜兮兮地担心大家（我妻子的父母、她的朋友们、我的同事们）看着我时心里是怎么想的："他是不是对结婚一事改变主意了？这是不是暴露了他的本质弱点、他的怯懦，或者他们不合适？"我害怕的是，妻子的朋友们的任何怀疑都正在得到确定。"我就知道，"我想象朋友们这么想，"这证明他根本配不上她。"我看起来好像是穿着礼服洗了个澡似的。我的汗腺——我虚弱的身体和软弱的道德品质——被暴露在了世界面前。我毫无价值的存在也被曝光了。

　　不幸中的万幸是，仪式终于结束了。我浑身湿透地走过红地毯，充满感激地紧紧拥抱我的妻子。而当我们走出教堂的时候，那突如其来的生理反应消退了。我不再抽搐了，也不会昏倒了。但是之后在迎宾以及在宴会上喝酒跳舞的时候，我只能表现得很高兴。我对着镜头微笑，和人们握手——同时想死。为什么呢？因为我在男人最基本的一项工作——结婚上失败了。我是如何把这件事情搞得一团糟的呢？在这之后的 72 个小时里，我经受了残酷的、不断自我批判的绝望时刻。

　　直接因为焦虑而丧命的人相对较少，更多的人会在焦虑症恶化时选择死亡而非生理瘫痪或心理折磨。
　　——戴维·H. 巴洛 《焦虑障碍与治疗》(2004 年)

　　在婚礼上的失常不是我的第一次崩溃，也不是最后一次。我们的第一个孩子出生时，护士们不得不暂时停止护理我正在经历阵痛的妻子，转而照顾脸色惨白而昏厥的我。此外，我还常在公众演讲和展示的时候颇为窘迫地僵在台上，有几次还不得不跑下台去。我曾经放弃过约会，考试时中途离场，在求职面试时崩溃。无论坐飞机、火车或是汽车出门，还是仅仅走在街上我都崩溃过。在平常的日子里做平常事的时候，比如读书、躺在床上、打电话、参加会议、打网球，我有成千上万次受到无孔不入的惧怕侵袭的经历，饱受恶心、晕眩、颤抖以及形形色色的身体症状的困扰。有些时候我相信死亡或者某些可能更加糟糕的事情即将降临。

即便在没有被这些严重的状况深深折磨的时候，我也经常受到担心的狂轰滥炸：担心我本人和家人的健康，担心财务状况，担心工作，担心我车里发出的嘎吱响声和地下室里传来的滴水声，担心岁月的侵蚀和死亡的无法避免。我担心一切，却不知道到底担心的是什么。有时，这种担心会变形为轻度的身体不适——胃痛、头痛、晕眩、胳膊痛、腿痛，或者就是一种笼统的不舒服，好像自己得了单核细胞增多症或者流感似的。我多次因为焦虑而引发呼吸及吞咽困难，甚至难以走路。接着这些困难变成一种强迫观念，占据了我的全部思想。

我也被不少对特定事物的害怕和恐惧折磨过。随便列举一些吧：密闭的空间（幽闭恐惧症）、高处（恐高症）、昏厥（虚弱恐惧症）、被困在离家很远的地方（广场恐惧症的一种）、微生物（恐菌症）、奶酪（奶酪恐惧症）、当众致辞（属于社交恐惧症的子范畴）、坐飞机（高空恐惧症）、呕吐（恐呕吐症）、当然还有在飞机上呕吐（晕机呕吐恐惧症）。

在我小时候，母亲有段时间晚上要去法学院读书。因为我晚上的时间都和保姆待在一起，所以总是绝望地为我父母在车祸中丧生或者抛弃我这样的剧情而担惊受怕（临床术语叫作"分离焦虑症"）。到7岁的时候，我在卧室不断地来回踱步，试图用意念使父母快快回家，把地毯都磨出了沟槽。读一年级的那一年，有好几个月我几乎每个下午都得因为身心失调带来的头痛待在学校护士的办公室里，央求护士放我回家。到三年级，腹痛取代了头痛，但我每天前往医务室的艰难跋涉依然如故。上高中时，我会故意输掉网球和壁球比赛，以此逃避竞争环境下的焦虑可能在我体内激发的巨大痛苦。在我高中时代的一次约会（也是唯一的一次约会）的浪漫时刻，当那位姑娘靠过来准备索吻时（我们在外面，用她的望远镜观看天上的星座），我却被焦虑压倒了，由于害怕，我当场呕吐而不得不逃开。那一次的经历过于窘迫，我此后再也没有和她联系过。

简而言之，我从大概两岁的时候就成了一个焦躁不安，充满恐惧、害怕，还有些神经质的家伙。10岁的时候，我第一次被带到一家精神病医院做了评估，然后被转到一位精神病医生那里接受治疗，从那时起我就开始尝试各种方法来克服自己的焦虑。

我尝试过的方法有以下这些：个人心理疗法（做了三期）、家庭疗法、集体疗法、认知—行为疗法（CBT）、合理情绪疗法（RET）、接纳与承诺疗法（ACT）、催眠疗法、冥想疗法、角色扮演疗法、内感受性暴露疗法、现场暴露疗法、表达支持疗法、眼动脱敏与再加工疗法（EMDR）、自助练习册、推拿、祷告、针灸、瑜伽、斯多葛哲学，另外，我还从一档深夜电视购物节目订购过录音带。

药物治疗是少不了的（大量的药物），包括氯丙嗪（Thorazine）、丙咪嗪（Imipramine）、去郁敏（Desipramine）、扑尔敏（Chlorpheniramine）、苯乙肼（Nardil）、布斯帕（BuSpar）、百忧解（Prozac）、左洛复（Zoloft）、百可舒（Paxil）、安非他酮（Wellbutrin）、郁复伸（Effexor）、喜普妙（Celexa）、依地普仑（Lexapro）、欣百达（Cymbalta）、氟伏沙明（Luvox）、曲唑酮（Trazodone）、左旋甲状腺素（Levoxyl）、心得安（Propranolol）、水合酸安定（Tranxene）、舒宁（Serax）、普拉西泮（Centrax）、圣约翰草药（St. John's wort）、唑吡坦（Zolpidem）、安定（Valium）、利眠宁（Librium）、安定文锭（Ativan）、赞安诺（Xanax）和克诺平（Klonopin）。

以及啤酒、红酒、杜松子酒、波旁威士忌、伏特加和苏格兰威士忌。

以上方法中有效的数目是：零。

事实上它们并不是完全无效，有的药物在有限的时间里产生了一些帮助。20 世纪 80 年代早期，当我在初中受到焦虑摧残的时候，氯丙嗪（一种安定药，被列为主要的镇静剂）和丙咪嗪（一种三环类抗抑郁药）合力帮我远离了精神病医院。另一种三环药去郁敏帮我度过了 25 岁之前的那段日子。在我快 30 岁的时候，百可舒（一种选择性血清素再吸收抑制剂，简称 SSRI）曾在大约 6 个月的时间里显著降低了我的焦虑，之后恐惧再次突围成功。足量的赞安诺、心得安和伏特加让我（勉强）挺过了 30 岁出头那几年里的一次书展和若干次公开演讲、电视出镜。在飞机起飞前喝一杯双份苏格兰威士忌，服下一片赞安诺，再加一片晕海宁，有时能够让飞行变得可以忍受——而如果在足够短的时间间隔里喝下两杯双份苏格兰威士忌，就可以掩盖恐惧的存在，让它显得模糊一些、遥远一些。

然而任何一种治疗方法都没有从根本上减轻这潜伏的焦虑，它交织在我的灵魂中，紧紧纠缠着我的身体，时不时给我的人生带来痛苦。随着时间的流逝，彻底治愈我的焦虑的希望已经渐渐消退，取而代之的是一种与之和平共处的顺从感，是发现一种救赎，或者是发现我自己从经常颤抖的、崩溃的、神经质的碎片中得以缓解的好处。

焦虑是西方文明最显著的心理特点。
——R. R. 威洛比 《魔术与同源现象》（1935 年）

焦虑及其相关疾病是如今美国官方认定的精神疾病的最常见形式，甚至超过了抑郁症和其他情绪障碍。根据美国国家心理健康研究所提供的数据，受到不同类别的焦虑症折磨的美国人约有 4000 万，几乎占到美国全部人口的 1/7，却耗费了美国 31% 的精神疾病护理开支。近期流行病学数据显示，焦虑症的"终生发病率"超过了 25%，如果这个数字没错，就意味着我们每四个人当中就有一个注定要在人生的某个时间段遭受妨碍性焦虑症的侵扰。而这的确对我们的健康有所妨碍：最近的一些学术论文提出，焦虑症患者受到的心理与生理损伤程度与糖尿病患者相当——通常可以控制，有时会致命，而且总是非常难以对付。一篇刊登在 2006 年的《美国精神病学报》上的研究文章发现，全体美国人每年由于焦虑症和抑郁症总共有 3.21 亿天无法工作，造成了 500 亿美元的经济损失。美国劳工统计局曾经估计，一位美国工人每年由于焦虑和压力而请假的工作日中位数为 25 天。在 2005 年，也就是遭受经济危机重创前三年，美国人在区区两种抗焦虑药物上就开出了 5300 万张处方：这两种药物是安定文锭和赞安诺（在"9·11"事件发生后的几周里，全国的赞安诺处方数量飙升了 9 个百分点，其中在纽约市飙升了 22 个百分点）。2008 年 9 月，经济的崩溃使得纽约市的处方数量出现了峰值：在银行纷纷倒闭、股票市场跳水的同时，抗抑郁和抗焦虑药物的处方数量比前一年上升了 9%，安眠药处方数量则上升了 11%。

　　尽管有人提出焦虑是美国人特有的一种苦恼，但是深受其害的并不只有美国人。一份由英国精神健康基金会于 2009 年上半年发布的报告认为有 15% 的伦敦居民正患有焦虑方面的疾病，而且这个比例还在上升：37% 的英国人称自己在生活中比从前更加担惊受怕。《美国医学会杂志》近期登载的一篇论文认为临床焦虑症是许多国家最常见的一种精神障碍。2006 年刊登在《加拿大精神病学杂志》上的一份世界范围内针对焦虑研究的全面评估认为，全世界 1/6 的人一生中至少曾经持续一年为焦虑症而苦恼，其他一些研究也有相似的发现。

当然，这些数字涉及的仅仅是像我这样，根据美国精神病学会的某些武断的诊断标准，严格来说属于临床焦虑的人。但被焦虑波及的远远不是只有这些被明确诊断患有精神疾病的人。初级护理医师们表示，焦虑是最常见的几种让患者前往自己的办公室求诊的病因之一——根据部分统计，甚至比普通的感冒还要常见。1985年的一项大范围研究发现，求助家庭医生的病例有11%是由焦虑引起的，第二年的另一项研究表明有1/3的患者曾向自己的家庭医生抱怨自己处于"严重焦虑"状态（其他几项研究指出，美国20%的初级护理病人服用安定或赞安诺等镇静剂）。而且几乎每个活着的人都在某个时刻受到过焦虑、畏惧、压力或者担心的折磨，这些症状彼此有所区别，但又相互关联（总体来说，那些无法感受到焦虑的人存在更深的症结，比那些受到焦虑更深、更随机的折磨的人对社会更加危险，他们是反社会分子）。

如今，大多数人相信长期压力是这个时代的标志，而焦虑已经成为现代社会的一种文化条件。就像人类步入原子时代以来多次被提起的那样，我们生活在一个焦虑的时代——这句话也许是老生常谈，但当美国近几年在短时间内连续受到恐怖主义、经济灾难、混乱以及广泛的社会转型的冲击时，它便显得越发正确了。

可是，仅仅在30年以前，焦虑本身还没有被列为一种临床分类。1950年，精神分析学家罗洛·梅出版了《焦虑的意义》一书。他发现，截至那时仅有其他两位学者，也就是索伦·克尔凯郭尔和西格蒙德·弗洛伊德曾经著书立说谈论焦虑这一概念。根据《心理学摘要》的检索单显示，1927年仅有三篇关于焦虑的学术论文发表；1941年的时候只有14篇；到1950年也不过37篇。直到1949年6月才举行了历史上首次专门围绕焦虑这一主题的学术会议。1980年，在治疗焦虑的一些新药被研发出来并且投入市场之后，焦虑症才取代原来的"弗洛伊德神经症"，终于进入了美国精神病学会的第三版《精神疾病诊断与统计手册》（*DSM*）。从某种重要的意义上讲，治疗比诊断要来得更早，也就是说，是抗焦虑药物的发现推动焦虑成为一种疾病分类的。

　　如今，每年都有成千上万篇关于焦虑的论文发表出来，还有一些专门研究焦虑的学术期刊。对焦虑的研究不断地产生新的发现和见解，不仅关于焦虑的成因和治疗，更普遍的是关于头脑如何工作——关于头脑与身体之间、基因与行为之间、分子与情绪之间的关系。运用功能性磁共振成像（fMRI）技术，我们现在可以在大脑的特定区域对多种主观经历过的情绪进行成像，甚至能够根据不同种类的焦虑在大脑功能上的可视效果将它们区分开来。例如，对将要发生的事情的普通的担心（好比我担心出版业能不能存活到本书付梓，或者我的孩子们能不能念得起大学）趋向于表现为大脑皮层的额叶的极度活跃；人们在当众讲话时，或者特别腼腆的人在社交活动时遇到的重度焦虑（就像我前几天演讲时被药物和酒精麻痹之后经历的极度恐惧）趋向于呈现出"前扣带回"的过度活动；强迫性神经官能焦虑在脑部扫描中的体现是在基底神经节中连接额叶与低位脑中心的回路中出现混乱。得益于神经系统科学家约瑟夫·勒杜在 20 世纪 80 年代进行的开创性研究，我们现在知道大多数害怕的情绪和行为都是以这样或者那样的方式由杏仁核产生的，或者至少是通过它产生的。杏仁核是一个小型的、杏仁形状的器官，位于大脑的底部。最近 15 年来，很多神经系统科学研究已经将它作为目标。

　　我们对不同的神经传导物质，例如血清素（serotonin）、多巴胺（dopamine）、γ - 氨基丁酸（gamma-aminobutyric acid，GABA）、去甲肾上腺素（norepinephrine）以及神经肽 Y（neuropeptide Y）是如何减轻或

者增强焦虑的认识也已经远超弗洛伊德和克尔凯郭尔。我们知道焦虑存在着强大的基因成分，甚至开始详细地去了解这种成分是由什么组成的。从数百篇论文中随便选取一个例子吧：2002 年，哈佛大学的研究人员确认是媒体所称的"伍迪·艾伦基因"激活了神经回路关键部分的杏仁核以及其他部位的一组特定神经元，控制着害怕的行为。今天的研究人员定向追踪许多这样的"候选基因"，测量某些遗传变异和某些焦虑障碍之间的统计关联性，探索在关联中起中介作用的化学和神经解剖学机制，试图发现那种将遗传倾向转化为实际存在的焦虑情绪或障碍的机制。

"在对焦虑这种情绪的研究以及对障碍的分类中，真正令人激动的是，我们可以开始实现从了解分子和细胞到了解控制情绪和行为的体系的转变。"美国国家心理健康研究所主任托马斯·因塞尔博士说，"我们现在终于能够画出基因、细胞、大脑，还有大脑系统之间的联系了。"

恐惧源于心理弱点，因此与理智的运用无关。
——巴鲁赫·斯宾诺莎（约 1670 年）

然而尽管神经化学和神经解剖学带来了很大的进步，我的亲身经验表明，心理学领域仍因为争论焦虑的成因和治疗方法而存在分歧。我咨询过的精神药理学家和精神病学家都告诉我药物是"治疗"我的焦虑的一种手段，而我咨询过的认知行为治疗师们则常常告诉我药物是焦虑的部分"诱因"。

认知行为疗法与精神药理学之间的冲突只不过是一个有着数千年历史的辩论的最近一轮重复。分子生物学、生物化学、回归分析还有功能性磁共振成像，所有这些发展创造的科学发现、严谨论证和治疗过程是弗洛伊德以及他的前辈知识分子们做梦都想象不到的。美国国家心理健康研究所的托马斯·因塞尔说焦虑研究已经处在人类心理学的科学探索的最前沿，这是事实。同时，重要的是，已经没有什么新鲜东西可供研究了，这也是事实。

认知行为治疗师的先驱可以追溯到17世纪的荷兰犹太裔哲学家巴鲁赫·斯宾诺莎，他相信焦虑仅仅是个逻辑问题。斯宾诺莎提出，错误的想法让我们对自己无法控制的事物产生恐惧，这与300多年后认知行为治疗师们关于错误认知的说法如出一辙（如果我们无法控制一件事，害怕它便毫无价值，因为害怕没有任何帮助）。斯宾诺莎的哲学似乎在他自己身上颇有成效，他的生平显示他是个相当平静安详的人。比斯宾诺莎还要早1600年左右，斯多葛学派哲学家爱比克泰德已经捷足先登，提出了同样的错误认知的概念。"困扰人们的不是事物本身，而是人们看待事物的方式。"这是他在公元1世纪写下的话。爱比克泰德认为，焦虑的根源并不在我们自己身上，而在于我们对现实的担忧。缓解焦虑是一个"修正错误认识"的问题（认知行为治疗师们这样说）。斯多葛学派可能是认知行为治疗师真正的祖师爷。与爱比克泰德同时代的塞内卡写道："警告我们的事物比伤害我们的事物更多，我们在忧虑中受到的伤害比在现实中受到的更多。"他的话与认知行为疗法的官方创始人阿朗·贝克在20世纪50年代所说的相差无几，但比后者早了2000年。

现代精神药理学的前辈们的历史更加悠久。古希腊医生希波克拉底[①]在公元前4世纪便认为病理性焦虑是个明确的生物学以及医学问题。"如果切开（精神疾病患者的）头颅，你会发现大脑潮湿，充满汗液，散发

---

① 希波克拉底（约前460—前377），古希腊著名医生，欧洲医学奠基人，提出"体液"学说。——译者注

出难闻的气味。"希波克拉底认为"体液"是人发疯的原因，一股胆汁突然流向大脑会使人产生焦虑（继承希波克拉底的学说，亚里士多德注重胆汁的温度：暖胆汁形成温暖和热情，冷胆汁产生焦虑和怯懦）。在希波克拉底看来，焦虑和其他精神疾病都是医学生物学问题，最佳治疗方法是保持心情处于合适的均衡状态①。

但是，柏拉图和他的信徒们相信精神生活是独立于生理学而存在的，不同意焦虑或者忧郁在人体内存在有机基础，一位古希腊哲学家说精神疾病的生物学模型"如孩童之语一般毫无意义"。在柏拉图看来，医生有时能够为轻度的精神问题提供解决办法（因为有时情绪问题会反映在身体上），但深层的情绪问题只有哲学家能够解决。焦虑和其他的心理不适并非来自生理学上的不平衡，而是来自心灵的不和谐；康复需要更深的自我认识、更好的自我控制，以及由哲学指引的生活方式。（据一位科学史学家说）柏拉图相信"如果一个人的身体和头脑总体上都处于良好的状态，医生可以治愈一些微小的疾病，就像管道工人来修好水管一样；但是如果人的生理结构受损，医生就无能为力了"。在他看来，哲学是治疗心灵唯一的合适方法。

希波克拉底则认为这是胡说八道："哲学家们就自然科学所说的一

---

① 希波克拉底相信保持生理和心理健康需要维持四种体液（血液、黏液、黑胆汁和黄胆汁）之间的恰当平衡。一个人四种体液的相对比例与他的性格有关：多血的人大多面色红润、性格活泼、"生机勃勃"，有着热血心肠；而黑胆汁相对较多的人基本上会皮肤黝黑、性格忧郁。体液处于最理想的比例时，身心会达到健康的状态，而配比失衡则会生病。尽管希波克拉底的体液精神学说如今已没有什么人相信，但沿用到 18 世纪也有 2000 多年，甚至现在还存活于我们用以描写性格的词汇中，例如"胆汁质""黏液质"等，除此之外，还广泛地应用在对焦虑症和精神疾病的生物医学研究中。

切，与医学之间的距离不比与绘画之间的距离小。"他这样宣称①。

病理学焦虑到底像希波克拉底、亚里士多德和现代药理学家所说，是一种医学疾病呢，还是像柏拉图、斯宾诺莎和认知行为治疗师们所说，是一种哲学问题呢？是像弗洛伊德和他的支持者们所说，是一种源自童年创伤或者性压抑的心理问题呢，还是像克尔凯郭尔和他的存在主义后辈们所说，是一种精神状态呢？或者，它是否像 W.H. 奥登、大卫·理斯曼、艾里希·弗洛姆、阿尔贝·加缪以及众多现代评论家声称的，是一种文化状态，是我们生活的时代和社会结构的功能作用呢？

事实上，焦虑同时是生物学与哲学、身体与心理、本能与理性、个性与文化的功能作用。即便焦虑是精神和心理层面上的体验，在科学上，它仍然可以在分子和生理层面上被计量。它既是自然的产物，也是人为的产物；既是一种心理现象，也是一种社会现象。用计算机术语来说，它既是硬件问题（我的安装出现了错误），也是软件问题（我运行了存在逻辑错误的程序，使我产生了焦虑的想法）。气质形成的根源有许多方面；情绪性格的根源似乎是简单而且单一的——要么是基因缺陷，要么是童年的创伤——也可能并非如此。毕竟，谁会说斯宾诺莎那自我炫耀似的平静更多是源于他的心理而不是身体呢？难道不会是一种基因设定的轻度自动觉醒程序造就了他的宁静哲学？

① 也有可能是他的追随者说的。大多数历史学家认为流传至今的所谓的希波克拉底的著作实际上是由很多追随他的医生共同写就的。有些文本是在他去世后完成的，作者应该是他的女婿波吕波斯。他的儿子查孔和塞撒留斯后来也成为著名的医生。为了简单起见，在本书中我将这些作品的作者归于希波克拉底一人，作品体现的思想方法是源于他的。

> 神经症不仅仅源于个人偶然的生活经历，也源于我们所处的特定文化环境……它是一种个人命运，比如你的母亲是一个强势的人，或者是一个具有奉献精神的人，但无论是强势的还是具有奉献精神的母亲都只会在一定的文化环境中产生。
>
> ——卡伦·霍妮 《我们时代的神经症人格》（1937 年）

我不需要追溯到远祖就能发现焦虑是我的家族遗传。我的曾外祖父切斯特·汉福德曾在哈佛大学担任过多年的教务长一职，于 20 世纪 40 年代末期由于严重焦虑住进了麦克莱恩医院，那是一家著名的精神病医院，位于马萨诸塞州的贝尔蒙特市。他人生的最后 30 年里经常深陷痛苦之中。虽然药物和电击治疗偶尔能够缓解他的痛苦，但这种喘息的时间总是很短暂的。在 60 年代他最黑暗的日子里，他只能在自己的卧室里像胎儿一样蜷缩着。据我父母描述，他发出了简直是非人一般的呻吟声。他的妻子，也就是我的曾外祖母，一位杰出而聪颖的女性，被照顾他的重任压垮了，于 1969 年服用过量的苏格兰威士忌和安眠药而去世。

切斯特·汉福德的儿子，也就是我的外祖父，他已 90 岁了，是位极富才华并且从外表上看充满自信的人。但他却忧心忡忡，并且在一生的大部分时间里一直被一系列强迫症（obsessive-compulsive disorder，OCD）的典型症状压迫。这是一种被官方列为焦虑障碍的疾病。例如，他离开一幢房子的时候一定要从原来进去的门走出来。这种迷信有时会把事情搞得很复杂。而我的母亲是个高度紧张、担心成癖的人，与我有很多同样的恐惧和神经症。她严格地回避登高（玻璃电梯、缆车）、公开讲话以及大多数冒险行为。像我一样，她也非常害怕呕吐。她年轻的时候，经常出现严重的惊恐发作。我的父亲——她的前夫——坚称，她最焦虑的

第一章　没有不焦虑的人生，只有不思考的灵魂　_017

时候简直和偏执狂差不多：她怀着我的时候，深信有个开着黄色大众汽车的连环杀手正监视着我家的公寓。[①] 我唯一的亲妹妹也在和焦虑做着斗争，她的焦虑类型和我不一样，但程度丝毫不比我的轻。她也服用过喜普妙、百忧解、安非他酮、苯乙肼、加巴喷丁和布斯帕，但所有的药物对她都没有效果。现在她是我母亲一系的成年家庭成员中少数几个没有正在接受精神药物治疗的人之一（我的好几位母亲一系的表亲也连续依赖抗抑郁药和抗焦虑药很多年了）。

基于我母亲家族这四代以来的证据（此外，作为补充，还有来自我父亲这一边的精神机能障碍，在我的少年时期，他几乎每个星期都有五个晚上要喝得酩酊大醉），下结论说我存在焦虑和抑郁的家族遗传是再正常不过的事情了。

但是这些事实本身并不是决定性的，因为我母亲家族代代遗传的焦虑完全与基因无关，而完全与环境有关也并非不可能吧？ 20 世纪 20 年代，我的曾祖父母有个孩子死于传染病，这对于他们是个毁灭性的打击。也许是因为这次创伤，加之此后许多自己的学生在第二次世界大战中遇难的又一次创伤，二者的共同作用击碎了我曾外祖父心智中的什么东西。对于我的外祖父而言也是如此。在自己的兄弟去世时，外祖父还在上小学，他至今都记得坐在小小的骨灰盒边，随着灵车前往葬礼现场的情景。轮到我母亲的时候，也许是因为她目睹了外祖父的迷信和强迫症，以及曾外祖父精神上的痛苦，从而也产生了焦虑（更不必说我那自寻烦恼的外祖母给她带来的焦虑影响了），心理学术语称之为"模仿"。也许我自

① 今天，他们已经离婚近 20 年了，在当时母亲的偏执程度上各执一词：父亲坚持认为是需要认真对待的，而母亲却觉得无关紧要（就这一点而言，她可是认为当时真有连环杀手在活动啊）。

己就是看到了母亲的恐惧，也将它带到了自己的身上。而存在实质性的证据表明，一些特定的恐惧症，尤其是那些基于对自然状况的害怕而产生的恐惧症，比如恐高、害怕蛇或者啮齿类动物是可以通过基因遗传的，或者说是"通过进化保留下来的"，这是不是最可信地说明我因为看到母亲的恐惧而变得充满恐惧？是不是我童年时期总体不算稳定的心理环境——母亲日复一日焦虑的话语、父亲因酗酒而对我不闻不问、他们夫妻之间不愉快的争吵以及最终以离婚收场——在我心里形成了一种同样不稳定的敏感？是不是母亲怀着我时的那些偏执和恐慌掀起了子宫里的荷尔蒙的"狂飙突进运动"①，因此我注定一出生就紧张不安？研究表明，怀孕期间压力过大的母亲更有可能生下情绪焦虑的孩子②。1588 年 4 月，政治哲学家托马斯·霍布斯的母亲因受到西班牙无敌舰队向英格兰海岸来袭的消息惊吓，提前分娩，生下了这个早产儿。"我和恐惧是一对孪生兄弟。"霍布斯写道，他将自己焦虑的性格气质归结于他母亲因惊吓引起的早产。也许霍布斯的"一个强大的国家需要保护它的公民，使他们免受人们出于天性用暴力与痛苦造成的互相伤害"这一观点便是建立在他由于母亲的应激激素而从娘胎里带出来的焦虑性格之上的（他有一句名言——人生是污秽、野蛮而又短暂的）。

我的焦虑的根源会不会比我经历的事情和继承的基因涵盖的范围更深、更广呢？也就是说，存在于历史和文化当中呢？我的祖父母是犹太人，20 世纪 30 年代为逃避纳粹而离开了家乡。我的祖母变成了一个激

---

① 原文为德语 Sturm und Drang。——译者注

② 一项研究发现，2001 年 9 月 11 日当日还在娘胎里的孩子直到出生半年后仍存在血液中应激激素水平较高的情况。孩子在娘胎里获得能够影响一辈子的较高的生理压力基准值这一情况，在战争和其他社会动荡时期也均有报告。

烈排犹的犹太人——她放弃了自己的犹太人身份，因为害怕某一天会因此而受到迫害。我和妹妹是在一个圣公会教堂里长大的，直到我上大学之前都不清楚自己的犹太背景。至于我父亲，他一辈子都对第二次世界大战非常着迷，尤其是对纳粹着迷；他一遍又一遍地反复看电视剧《战争中的世界》。在我的记忆中，那部片子里德军向巴黎推进时洪亮的音乐就是我孩提时代的背景音乐。[①] 当然，长期遭受迫害的犹太人拥有数千年担惊受怕的经验，这或许能解释为什么有些研究显示犹太男性患有抑郁和焦虑的比例要比其他族群的男性更高[②]。

另一方面，我母亲的文化背景则主要是继承于盎格鲁－撒克逊系的白人新教徒（WASP）；她是个骄傲的五月花号[③] 后裔，直到最近还完全赞同所有的情绪和家庭问题都应该被压抑的观点。

因此，我是一个犹太人和新教徒的病理学结合体———个神经过敏、矫揉造作的犹太人被压抑在一个神经过敏、自我约束的新教徒体内。难怪我会焦虑：我就像一个被困在约翰·加尔文[④] 体内的伍迪·艾伦。

那么我的焦虑到底是不是"正常的"，是不是我们生活的时代的产物

---

① 我母亲在法学院上夜校期间，我和妹妹会整晚在房子里做家务，父亲则会在钢琴前弹奏巴赫的赋格曲，然后装上一碗爆米花，拿上一瓶杜松子酒，坐到电视机前看《战争中的世界》。

② 也有证据表明德系犹太人的高智商或多或少和他们这个族群的高焦虑程度有关。对于为什么智力和想象力大多都与焦虑联系在一起也有可信的进化学的解释（一些研究发现德系犹太人的平均智商比排名紧随其后的东北亚人高 8 个百分点，而比其他欧洲人种高了几乎一个标准差值）。

③ 英国三桅帆船，1620 年 9 月 6 日搭载 102 名清教徒由英国普利茅斯出发，在北美建立了第一块殖民地。

④ 约翰·加尔文（1509—1564），法国著名宗教改革家、神学家，基督教新教重要派别加尔文派创始人。——译者注

呢？当关于核战争可怕后果的电影《浩劫后》在网络电视上播出时，我还在上初中。身为一个少年，我时常在导弹划破天空的梦境中惊醒。这些梦境是焦虑精神病理学的证据吗？它们是不是对我认知到的状况的一个合理的回应呢？那其实也是国防政策分析师们在整个 20 世纪 80 年代专注研究的状况。当然，现在冷战已经结束很久了，但它已经被劫机、脏弹、内衣炸弹、化学攻击、炭疽取代，更不用说 SARS（非典）、H1N1、耐药结核病、对气候变化引起的全球灾难的勘测，以及关于全球经济持续衰退和萧条趋势的持久压力了。在我们能够衡量这些事情的范围内，社会转型的时代似乎造成了人类焦虑的大幅上升。在当前经济充满不确定性、社会结构遭到破坏、专业角色和性别角色不断变换的后工业时代里，焦虑不正常吗？甚至可以说，不合适吗？

是的，在某个水平上，或者至少从某种程序上，适当的焦虑总是，或者经常会被调适。根据查尔斯·达尔文的说法（他自己就患有严重的广场恐惧症，以至于他乘坐贝格尔号旅行后多年足不出户），那些"害怕得正确"的物种增大了自己生存的机会。我们这些焦虑的人比一般人更少会因为比如在悬崖边上玩耍，或者做战斗机飞行员这种工作而让自己送掉性命。

100 年前，哈佛大学的两位心理学家罗伯特·耶基斯和约翰·迪林厄姆·多德森进行了一项很有影响力的研究，论证了中等程度的焦虑是可以改善人和动物的表现的：显然，过分的焦虑会导致表现不佳，但过少的焦虑同样损害了表现水平。当抗焦虑药物的用量在 20 世纪 50 年代呈现爆炸性增长的时候，部分精神病医生便警告人们要当心一个焦虑程度不够的社会所带来的危险。"我们面临的情况将会发展出一个活力缺乏得不正常的种族，这对于我们的未来可能不是什么好事。"其中一位这样写道。另一位精神病医生断言："梵高、伊萨克·牛顿说明大多数天才和伟大的创造者都不是性格平静的人。他们都情绪紧张、自尊心强，被无情的内在力量驱使着，被焦虑整日围绕着。"

让这样的天才们泯然众人是社会为了彻底缓解焦虑所必须付出的代价吗？这样的代价值得吗？

"没有焦虑，很多成就就无法实现。"波士顿大学焦虑障碍治疗中心创始人以及名誉主任戴维·巴洛说，"运动员、演员、企业管理者、工匠以及学生们的表现会大打折扣；人们的创造力会消失；农作物可能也不会被种植。我们可能会在这个快节奏的社会中过着田园牧歌式的悠闲生活，坐在树荫下消磨我们的时光。这对于一个种族来说是致命的，危险不亚于一场核战争。"

我现在开始相信焦虑和智力活动如影随形。我们越了解焦虑的本质，就会越了解智力。

——霍华德·利德尔 《警觉在动物神经症发展中扮演的角色》（1949 年）

80 多年前，弗洛伊德提出焦虑"是个谜，它的谜底注定会给我们的整个精神意识带来极大启发"。他相信解锁焦虑的奥秘将会对我们揭开心灵的奥秘带来极大的帮助：意识、自我、本体、智力、想象力、创造力，更不用说痛苦、苦难、希望和遗憾了。要应付和理解焦虑，从一定意义上说就是要应付和理解人的身心状态。

不同的文化、不同的时代在感知和理解焦虑上的不同之处可以告诉我们很多关于这些文化和时代的事情。为什么古希腊的希波克拉底学派的学者认为焦虑主要是一种身体状况，而启蒙时代的哲学家认为它是一个知识问题呢？为什么早期的存在主义者认为焦虑是种精神状态，而"镀金时代"①的医生则认为它是盎格鲁－撒克逊人特有的对于工业革命的压力反应（他们认为这种反应让天主教社会免受伤害）呢？为什么早期的弗洛伊德学派支持者认为焦虑是源自性压抑的一种心理状态，然而我们自己倾向于再一次将它视为一种药物和神经化学状态、一个出现故障的生物力学问题呢？

这些摇摆不定的解读体现了科学前进的步伐吗？或者只是一种变化，像文化运作的方式那样，常常是循环往复的？为什么由于惊恐发作而被送进急诊室的美国人倾向于担心自己心脏病发作了，而日本人则倾向于害怕自己会晕倒呢？诉苦说自己"心脏难受"的伊朗人所患的是西方精神病医生所说的惊恐发作吗？南美人经受的"ataques de nervios"（紧张发作）仅仅是惊恐发作的拉丁变形，还是像现代研究者们如今相信的那样，是一种独特的文化和医学并发症状呢？为什么在美国人和法国人身上疗效显著的治疗焦虑的药物在中国人身上收效甚微呢？

这些文化特质固然既迷人又丰富多样，但是时间和文化潜在的一致性都说明焦虑在普遍意义上是一种人类特性。即便100年前格陵兰岛上的因纽特人经历了独特的文化实践和信仰的过滤，被他们称为"kayak angst"的症状（患病者害怕单独外出猎取海豹）也与我们今天所称的广场恐惧症大同小异。在希波克拉底的古籍中可以找到关于看上去相当现代化的病理性焦虑的临床描述。有一位患者怕猫（这是一种单纯的恐惧症，放在今天，根据《精神疾病诊断与统计手册》第四版的分类，为了保险起见，其编码应该为300.29），另一位害怕黄昏；根据希波克拉

---

① 镀金时代，指美国内战后的繁荣时期（1870—1898年）。——译者注

底的描述，第三位患者无论何时只要听到笛声就会"被焦虑包围"；第四位害怕走在"哪怕是最浅的沟"边上，不过走在沟里就没有任何问题了——说明这是我们今天所说的恐高症。希波克拉底还描述了一位患有现代临床术语所说的"广场恐惧症型惊恐焦虑"的患者，他如此描述这一状态："经常是在户外发作的，如果一个人走在一条偏僻的道路上，恐惧便会抓住他。"希波克拉底描述的这些症状很明显与最新几期的《普通精神病学档案》与《门宁格诊所公告》中描述的临床表现相当一致。

它们之间的相似性跨越了数千年的时间和环境差异，让我们感到尽管文化和环境存在着如此多的不同，人类在生理焦虑方面是具有普遍性的。

在本书中，我已经开始着手去探索焦虑之谜了。我不是医生，不是心理学家，不是社会学家，也不是科学史学家——以上任何一种身份在写一本关于焦虑的专著方面都要比我更具学术权威。本书是一部综合作品和报告文学，结合了对"焦虑"这一概念从历史、文学、哲学、宗教、流行文化以及最新科学研究等方面的探索，通过一些我可以自称拥有丰富的专业知识的东西——那就是我关于焦虑的经验——将它们交织在一起。检视自身的神经症可能有一些自恋的意味（研究也的确表明自我欣赏与焦虑可能存在关联），但对这种方法的运用已经不乏杰出的先驱。1621 年，牛津大学的教师罗伯特·伯顿出版了他的教科书《忧郁的解剖》，这是一部长达 1300 页的综合性巨著。其中大量的学术注解也难以完全掩盖它的本来面目：书里充斥着大段冗长而枯燥的对焦虑压抑的抱怨。1733 年，杰出的伦敦医生，同时也被认为是 18 世纪最具影响力的心理学思想家之一的乔治·切恩，出版了《英国病》一书。在其中长达 40 页的"作者的案例——献给我的病友们"一章中，他详尽地介绍了自己持续多年的神经症（包括"惊骇、焦虑、恐惧和恐怖"，以及"令人忧伤的惊骇和惊恐，我的理性完全不起作用"）和身体症状（包括"一阵突然的剧烈头痛""肚子非常不舒服""持续的急性腹痛""嘴里有生病的味道"）。距离我们的时代更近一些的知识冒险家，查尔斯·达尔文、威廉·詹姆斯以及西格蒙德·弗洛伊德都被关于自身焦虑的好奇心强烈驱使着，也被找到缓解自身焦虑的方法的渴望强烈驱使着。弗洛伊德运用他严重的火车恐惧症和抑郁症，还有其他一些东西，建立了自己的精神分析理论。达尔文自从贝格尔号的旅行归来之后因受到压力相关的疾病困扰几乎足不出户——他花了许多年寻求缓解焦虑的良方，如洗温泉浴，并且听从一位医生的建议，用冰把自己的全身盖住。詹姆斯试图在公众面前掩藏自己的恐惧，但经常在不为人知的情况下受到惊吓。他在 1902 年这样描写自己最初产生焦虑时的情况："我每天早上都在可怕的恐惧感中醒来，对人生产生一种前所未有的不安全感。"

与达尔文、弗洛伊德和詹姆斯不同，我并不打算勾画出一种全新的关于精神或者人类本性的理论。更确切地说，写这本书的初衷是为了理解焦虑的痛苦，并且找到缓解焦虑的痛苦，或者说从中得到救赎的办法。这一追求既带着我回到过去的历史中，也带着我来到了现代科学研究的最前沿。在过去的 8 年里，我将大部分时间用在了阅读上，阅读过去 3000 年中人们写下的数百万页关于焦虑的文字。

谢天谢地，我的人生中还没有什么巨大的悲剧或者耸人听闻的事情发生：我从来没蹲过监狱，也没进过康复中心；没有袭击过他人，也没有尝试过自杀；没有在荒郊野外赤身裸体地醒来，没有在危房中逗留过，也没有因为古怪的举动而被炒鱿鱼。从精神病理学上来说，到目前为止，我在大部分时间里从外观上还是平静的。如果把我的人生拍成电影，小罗伯特·唐尼①是不会出演的。在临床文献中，我这样一个患有焦虑障碍或者精神疾病的人是"高能"的，通常在掩饰方面做得也很不错。有为数不少的认为自己相当了解我的人曾经表示，当他们听说我这样一个看上去如此行事稳健、泰然自若的人会去写一本关于焦虑的书的时候都感到难以置信。在我的体内翻江倒海的时候，我仍能面带微笑，脑子里想着我了解到的恐惧型人格的典型特征："在内心非常痛苦时"——就像自助手册《你的恐惧》中描述的那样——"向别人呈现相对平静的、无恙的外表的需要和能力"。②

对有些人来说，我可能是个冷静的人。但是如果你能够窥视到这种表象背后的东西，你会发现我就像一只鸭子——双脚在水面下拼命地划水、划水、划水。

我最为关注的病人就是我自己。

——西格蒙德·弗洛伊德在 1897 年 8 月对威尔海姆·弗里斯说

有时我会突然觉得写这本书弄不好是个糟糕的主意：如果我渴求的是缓解焦虑的痛苦，那么深入探究焦虑的历史与科学以及我自己的心灵，也许不是最佳途径。

---

① 小罗伯特·唐尼，美国演员、制片人，曾因吸毒被捕并强制戒毒，后彻底戒毒，事业发展良好。——译者注

② "对很多有焦虑性障碍的人，尤其是对有广场恐惧症和惊恐性障碍的人来说，他人发现他们有焦虑症时会非常惊讶，因为他们看起来太'情绪稳定'和'自控'了。"佛蒙特州伯灵顿市焦虑性障碍中心主任保罗·福克斯曼说，"他们看起来怡然自得，但是在'公我'（public self）和'私我'（private self）之间存在脱节。"

在有关焦虑的历史文献中漫游时，我无意中发现了一本由一位名叫威尔弗里德·诺思菲尔德的英国老兵撰写的自助小册子。他在第一次世界大战期间患有神经衰弱的毛病，之后在长达 10 年的时间里因焦虑而几乎丧失了劳动能力，最终成功地渐渐痊愈，并写下了他的康复指南。这本《征服神经质：战胜神经衰弱的振奋人心的记录》于 1933 年出版，并成为畅销书。我手里的版本是 1934 年的第六次印刷版本。在最后一章"最后的一些话"中，诺思菲尔德写道："有一件事情是神经衰弱症患者务必用心提防的，那就是谈论自己的麻烦，这样做不会让你得到任何安慰或者帮助。"诺思菲尔德继续说："不停地用绝望的口吻谈论这些麻烦，只会累积痛苦，'助长'情绪。不仅如此，这还是自私的表现。"他引用另一位作家的话总结道："除了医生，不要向任何人展示你的伤口。"

"不要向任何人展示你的伤口"。好吧，经过了 30 多年在他人面前掩藏自己的焦虑的努力（大部分时间是成功的），现在我把我的焦虑拿出来，进行一次长期展览，给熟人和不熟悉的人看。如果诺思菲尔德是对的（我那忧虑不安的母亲也认同他的说法），那么写这本书对我的心理健康不会有什么好处。一些现代研究资料为诺思菲尔德的警告提供了支持：焦虑的人们有一种把注意力向内集中到自己身上的病理倾向，这表明写一本书来详述自己的焦虑不会是逃避它的最好方法。①

此外，我对于写这本书的一个担心是，我一直靠着自己表现出冷静

---

① 该领域杰出的研究员大卫·巴洛用充斥着行话的专业术语表示，病态、消极的以自我为焦点"看起来是焦虑症认知—情感结构不可分割的一部分。这种消极的、自我评价式的关注和注意力的中断很大程度上要对出现执行力下降的情况负责。这种注意力转移导致焦虑性担忧的恶性循环：焦虑感的上升导致更多的注意力转移，执行力继续下降，以及后续更加频繁地引发焦虑"。

和控制的能力来维持生活。我的焦虑使我小心谨慎（害怕把事情搞砸），我的羞耻感使我看上去泰然自若（需要掩饰自己的焦虑）。一位前同事曾经形容我是"人体赞安诺"，说我表现得如此镇定，以至于只要我出现就会让别人平静下来：只要走进一间群情激动的房间，我就能发挥润滑剂的作用，人们随即就放松下来。我听了内心暗暗好笑。要是她知道我的焦虑，还会这么说吗？我揭露自己受到公众认可的冷静其实是伪装出来的，这样做会不会让我丧失抚慰他人的能力，乃至危及我的职业地位？

我现在的治疗师 W 博士说，揭露我的焦虑有很大可能造成羞耻感的提升，并且会面临孤独的痛苦。当我为在书中公开展示自己的精神问题而激动时，W 博士说："你已经保守自己患有焦虑症的秘密很多年了，不是吗？这种做法结果如何呢？"

说到点子上了。而且，存在大量有说服力的文献认为——与威尔弗里德·诺思菲尔德就表达自己的焦虑痛苦的危险提出警告相反——隐藏或者抑制焦虑实际上会产生更大的焦虑。[①] 但我无法摆脱一种顾虑，就是这样做不仅自私、丢脸，而且冒险——我发现这样做会使我面临"大笨狼怀尔时刻"[②]，实际上，没有内部力量和外部支撑支持着我，我肯定会往下滑坠一大段距离。

我知道作家将自己作为写作对象是多么有失体面、令人震惊的自负的体现，尤其是写得如此冗长和详细；但是……我觉得……或许对一些

---

① 我的书桌上放着一篇 1997 年发表在《变态心理学杂志》上的文章，名为"隐藏感受：抑制消极和积极情绪的严重后果"。

② 大笨狼怀尔是华纳动画片中的人物。大笨狼怀尔时刻，意指发现危险存在、面临急速下坠的时刻。——译者注

人来说还是有些用处的，比如意志消沉、体弱多病、过分成熟的人，我们的情况可能比较相似。

——乔治·切恩 《英国病》（1733 年）

W 博士问道："你为什么认为在书里描写自己的焦虑会是一件丢脸的事情呢？"

因为污名总是与精神疾病联系在一起，因为焦虑被看作一种弱点，因为就像第二次世界大战期间马耳他的盟军军事设施上的标语直截了当地写的那样："如果你是个男人，你不会允许你的自尊接受一种焦虑的神经或者表现出害怕。"因为我担心这本揭露焦虑与挣扎的书会成为一堆大而无当的废话，违反了约束和礼仪的基本标准。①

当我向 W 博士如此解释自己的顾虑的时候，他说写作并出版这本书本身可能是有助于治疗的：通过向世界展示我的焦虑，我能够"走出来"。他的意思是，这会是一个摆脱偏见的行为，就像同性恋者"出柜"一样。但是身为一个同性恋者——我们现在终于知道（直到 1973 年，美国精神病学会仍将同性恋归为一种精神疾病）——并不是弱点，也不是缺陷或者疾病，而过度紧张是。

在很长一段时间里，我都带着寡言和羞耻告诉向我打听这本书的人们，它是一本焦虑的文化和思想史——就目前的情况而言，确实如此，因为还没有涉及个人。但是不久前，为了尝试检验从焦虑中"走出来"，我开始小心翼翼地以更加直率的方式表明这本书的内容："一本焦虑的文

---

① 当我写下这些时，我能听见内心深处的声音："就算不幸而极端焦虑，至少还有不公开讨论的尊严。保持镇静沉着，不与他人言。"

化和思想史，以我对焦虑的体验编写而成。"

效果非常惊人。以前，当我介绍说这本书是干巴巴的历史时，人们会礼貌地点点头，有些人过后会私下拉住我，问我关于焦虑的这样或者那样的问题。但是当我推出本书有关个人经历的部分时，我发现自己被急切的听众们团团包围，他们都渴望向我讲述他们自己或是家人的焦虑体验。

一天晚上，我和一群作家、艺术家共进晚餐。有个人问我在忙些什么，我再次滔滔不绝地高谈阔论起来，提到了一些我与各种抗焦虑和抗抑郁药物打交道的经历。令我惊讶的是，其他9个人听到之后无一例外地开始向我讲述他们自己与焦虑和药物打交道的经历。我们围在桌边，分享自己在精神疾病方面的苦恼。

在饭桌上承认自己患有焦虑症居然引发了如此大规模的关于焦虑和药物治疗的个人自白，这让我很震撼。诚然，我当时是和一群作家、艺术家在一起，而从亚里士多德时代开始，观察者们就下了结论，认为他们是比其他人更容易患上各种形式的精神疾病的群体。所以可能这些故事只能证明作家们都是疯子，或者制药公司已经成功地用药物手段影响了一个正常人的生活，还继续推销药物来"治疗"他。[①] 也许有比我想象的为数更多的人在与焦虑进行斗争。

"没错！"当我在接下来一次与W博士见面时大胆地向他提出这个想法的时候，他说道。然后他给我讲了一个自己的故事："我的兄弟曾经定期举行晚间沙龙，邀请人们来就不同的主题进行发言。我被邀请做一次关于恐惧的演讲。演讲结束以后，在场的每一个人都开始向我讲述他

---

① 当然此话颇有些事实依据，我将在本书的第三部分详细说明。

们的恐惧症。我认为官方公布的数字虽然已经很高了，但还是有所低估。"

在听到他的这些话之后，我想起了我大学最好的朋友本，他现在已是一位成功、富有的作家（时不时能够出现在畅销书排行榜和收入排行榜上）。他的医生最近给他开了安定文锭，这是一种含有苯二氮的镇静药，用来治疗他胸部的焦虑紧张，这个症状让他以为自己患了心脏病。[①]我也想起了本的邻居 M，他是一位对冲基金经理、千万富翁，由于惊恐发作而一直服用赞安诺。我的前同事 G 是一名出色的政治记者，他曾经因为惊恐发作而被送进急诊室，此后几年间一直服用各种镇静药以预防复发。还有我的另一位前同事 B，他因为焦虑在会议上结结巴巴，无法完成工作任务，直到服用了依地普仑才有所改善。

当然，也不是所有人都受到焦虑的困扰。我的妻子就是其中之一（感谢上帝）。大家都说巴拉克·奥巴马总统也没有这样的问题。还有驻阿富汗美军前总指挥、中央情报局前局长戴维·彼得雷乌斯，他曾经对记者说，尽管每天都在从事生死攸关的工作，他"几乎从未感觉压力很大"。[②]美国职业橄榄球协会的四分卫们，比如汤姆·布拉迪和佩顿·曼宁显然也没有焦虑，起码在场上没有。我在这本书里探索的一个问题就是为什么有些人能够做到不可思议的冷静，即使在巨大的压力下，也能应付得当，而我们其他人在压力稍有些苗头的时候就会被惊恐击垮。

可是我们当中确实有很多人受到焦虑的困扰，或许写下我自己的焦

---

① 尽管现在本环游世界、走红毯，演讲一次能有数万美元的酬劳，我还是能够回忆起他第一本书出版前他的落魄岁月：当时我们闲逛，离他家过远他便会深陷惊恐之中；想到将要在派对上社交，就会让他紧张到先去灌木丛中呕吐一番。

② 没准他能够感受到较大压力的话对他来说是件好事——对结果担忧过度也许可以阻止他通奸，他也不会因此倒台。

虑不应当是一件丢脸的事情，而是一次安慰成千上万有着同样苦恼的人的机会。而且就像 W 博士时常提醒我的那样，这样做可能是有助于治疗的。"你可以通过写作重获健康。"他说。

我仍然有些担心，非常担心。我这个人就是这样的。（而且正如很多人对我说的，当你写一本关于焦虑的书的时候，怎么可能不焦虑呢？）

W 博士从他的角度是这样说的："把你自己对于这本书的焦虑写进书里去吧。"

神经系统的计划职能在进化的过程中，以观念、价值和愉悦的形式达到了顶点——这是人类社会生活的独特表现。只有人类会为遥远的未来做打算，只有人类可以享受回顾成就时的快乐，只有人类能够感觉到幸福，但是也只有人类会担忧和焦虑。

——霍华德·利德尔　《警觉在动物神经症发展中扮演的角色》（1949 年）

在针对焦虑的研究可能产生的所有对历史和文化的见解中，有没有什么是可以给焦虑症患者个体带来帮助的呢？我们能不能——我能不能通过了解焦虑的价值和意义来缓解它，或者甘心忍受它呢？

我希望能。惊恐发作可一点儿都不好玩。我试图用分析的思维去看待它，但是我做不到——它就是让人极度难受，我想让它停下来。惊恐发作要是有趣的话，断腿和肾结石也一样有趣——那种痛苦你不会想多忍受一秒钟。

几年前，在全身心开始投入这项工作之前，在从旧金山前往华盛顿的航班上，我随便拿了一本关于生理焦虑的学术著作翻看起来。在我们平稳地飞越美国西部的时间里，我已经全身心投入在这本书里了，感觉自己对焦虑现象的知识有了更多的了解。阅读的时候我想，只是我的杏仁核里发生的一阵骚动造成了我极度痛苦的情绪吗？这些不祥和恐怖的感觉只是我大脑中神经传导物质制造的骗局吗？这听上去也不是那么吓人嘛！带着被这一观点武装的头脑，我继续思考——我可以用理智与问题进行较量，将焦虑的生理症状降低到合适的水平，也就是日常生理活动的级别，从而更平静地生活。比如现在，我独自坐在疾驰在 38 000 英尺（相当于 11 000 多米）高空中的机舱里，也并没有感到多么紧张。"

随即我们遇到了气流的袭击。气流倒也不是特别强烈，但是当飞机在落基山脉上空颠簸的时候，我所掌握的一切观点或者认识此刻却全都派不上用场：害怕的感觉开始蠢蠢欲动，即使吞服了大把赞安诺和晕海宁，我还是一直处在惊恐和痛苦中，直到几个小时后我们安全降落。

我的焦虑提醒着我，自己完全处在生理机制的控制之下，也就是说，更多的是身体决定头脑，而不是头脑决定身体。尽管从亚里士多德到威廉·詹姆斯，这些思想家以及今天在《心理医学》报纸上发表文章的研究者都已经意识到了这个事实，但它仍然是与西方思想中基本的柏拉图—笛卡儿信条背道而驰的。这一信条的主张是：我们是谁，以及我们思考和感知的方式，都是灵魂或智力的产物。有关焦虑的残酷的生物学事实挑战着关于我们自己是谁的观念：焦虑提醒着我们，自己就和其他动物一样，都是身体的囚徒，会衰弱，会死亡，会消逝（难怪我们会感到焦虑）。

克尔凯郭尔和弗洛伊德认为，造成最大焦虑的威胁并非存在于我们周围的世界中，而是深藏在我们的内心里——深藏在我们对自己做出的选择的不确定，以及我们对死亡的恐惧里。面对这种恐惧，冒着丧失个人的同一性的风险，既可以充实心灵，也可以实现自我。"学着了解焦虑是一次冒险，如果不想因为对焦虑一无所知而走向毁灭，或者因为被焦虑压垮而走向毁灭，每个人都得去面对它。"克尔凯郭尔写道，"所以学会正确地面对焦虑就学会了最重要的一件事情。"

学会正确地面对焦虑。嗯，我在努力。本书就是我的努力的一部分。

害怕是由来自外界的"真实"威胁产生的，而焦虑则是由我们自己内心的威胁产生的。

1948 年 2 月 16 日下午 3 点 45 分，我的曾外祖父 A. 切斯特·汉福德由于被诊断为"神经官能症"和"反应性抑郁症"而住进了麦克莱恩医院。此前不久，他刚刚从任职 20 年之久的哈佛大学教务长的位置上退下来，全身心地进行他政府管理学教授的工作（他喜欢的表述是"研究重点是本地政府和市级政府"）。切斯特住进医院时 56 岁，自述主要问题是失眠，"感觉焦虑和紧张"以及"害怕未来"。虽然切斯特被医院院长形容是一个"富有责任心，通常做事非常高效的人"，但已经处于"程度相当严重的焦虑"中 5 个月了。在住进麦克莱恩医院的前一天夜里，他告诉妻子自己想要自杀。

　　1979 年 10 月 3 日上午 8 点 30 分，我的父母带着当时 10 岁，正在上五年级的我去了同一家精神病医院做评估。他们因为我在已有的强迫性恐菌症、严重的分离焦虑症和呕吐恐惧症之外，新近又出现了多种令人担忧的抽搐现象，行为古怪，而非常担忧。一个专家小组（包括一位精神病医生、一位心理学家、一位社会服务人员，还有几位年轻的神经病医师坐在一面双向镜背后，观察我的就诊过程以及接受罗夏墨迹测验[①]的情况）诊断我患有"恐怖性神经症"和"儿童过度焦虑反应障碍"，并且认为如果我不及时接受治疗，随着年龄的增长还有很大的风险会患上

---

①　这是一种根据受试者对墨渍图案的反应分析其性格的实验。——译者注

"焦虑性神经症"和"抑郁性神经症"。

2004 年 4 月 13 日下午 2 点，当时 34 岁、在《大西洋月刊》杂志担任资深编辑的我由于对即将出版自己的第一本书感到恐惧而来到美国知名的波士顿大学焦虑障碍治疗中心求医。在与一位心理学家和两名研究生进行了几个小时的面谈，并且填写了十几页的调查问卷之后（随后我了解到，其中包括抑郁—焦虑—压力量表、社交焦虑量表、宾夕法尼亚州立大学忧虑问卷和焦虑敏感性指数量表），我得到的主诊断结果是"伴有广场恐惧症的惊恐障碍"，以及额外的诊断"特定恐惧症"和"社交恐惧症"。医师们同时在他们的报告中指出我的问卷得分情况表明，我患有"轻度抑郁"、"重度焦虑"以及"重度忧虑"。

为什么会有这么多诊断结果？是我的焦虑的本质在 1979—2004 年发生了如此之大的变化吗？而且我和曾外祖父得到的诊断结果为什么不一样呢？按照切斯特·汉福德的病历描述，他的总体症状情况与我的相似程度高得吓人。我的"重度焦虑"真的跟折磨我曾外祖父的"感觉焦虑和紧张"以及"害怕未来"区别很大吗？而且说到底，除了适应能力最强的人或者反社会的人，我们当中谁不曾有过"害怕未来"或者"感觉焦虑和紧张"的时候呢？如果说有什么东西能够把我和曾外祖父这种明显是"临床"焦虑的人与只是患有"正常"焦虑的人区分开来，那又是什么呢？难道我们每个人不是都被这个现代社会的强取豪夺消费着（确实，作为"活着"的结果，我们总是受制于自然和彼此的任性与暴力，也受制于无法逃避的死亡），因而从某种程度上说患有"精神性神经症"吗？

严格说来，不是的。实际上，再也没有人是这样了。切斯特·汉福德在 1949 年收到的诊断结果到 1980 年已经不存在了。而我在 1979 年收到的诊断结果到今天也已经不存在了。

1948 年，美国精神病学会所使用的术语中与这种病症相对应的词叫作"精神性神经症"（psychoneurosis），而在精神病学"圣经"——《精神疾病诊断与统计手册》1968 年第二版中有了一个更简单的名字："神经症"（neurosis）；而自从 1980 年《精神疾病诊断与统计手册》第三版出版至今，就都叫作"焦虑性障碍"（anxiety disorder）了①。

这一不断进化的术语事关重大，因为与这些诊断相关的定义以及症状、发病率、推断的病因、文化意义、推荐治疗方法等这些年来也随着名称的变化而变化。2500 年以前与"melainachole"（古希腊语中的"黑胆汁"）相关的那些令人不快的情绪种类此后依次被称为以下这些名称，有的还存在重叠："忧郁症"（melancholy）、"害怕"（angst）、"疑病症"（hypochondria）、"癔症"（hysteria）、"沮丧"（vapors）、"坏脾气"（spleen）、"神经衰弱"（neurasthenia）、"神经症"（neurosis）、"精神性神经症"（psychoneurosis）、"抑郁症"（depression）、"恐惧症"（phobia）、"焦虑症"（anxiety），还有"焦虑性障碍"，这还没算上诸如"惊恐"（panic）、"担心"（worry）、"惧怕"（dread）、"惊吓"（fright）、"忧惧"（apprehension）、"神经质"（nerves）、"紧张"（nervousness）、"烦躁"（edginess）、"警惕"（wariness）、"惊慌"（trepidation）、"不安"（jitters）、"心惊肉跳"（willies）、"强迫症"（obsession）、"压力"（stress）以及古老的"害怕"（fear）之类的通俗词语。这还只是英语一门语言中的词语，要知道，在 20 世纪 30 年代以前，"焦虑"这个词还极少出现在标准的英文心理学和医学教科书中，直到人们开始将"angst"一词（出现在西格蒙德·弗洛伊德的作品

---

① "焦虑性障碍"这个词已经历经 *DSM-III-R*（1987 年版）、*DSM-IV*（1994 年版）、*DSM-IV-TR*（2000 年版）及 *DSM-V*（2013 年版）这四个阶段。

中）翻译为"焦虑"。①

这就提出了一个问题：当我们谈论焦虑的时候，究竟是在谈论什么？

这个问题没有一个明确的答案，或者更准确地说，取决于问的是谁。对于克尔凯郭尔来说，在他于19世纪中叶撰写的著作中，焦虑是一个精神和哲学问题，是一种模糊但却无法摆脱的心神不安，没有明显的直接诱因。对于在1913年撰写了颇具影响力的教科书《普通精神病理学》的德国哲学家、精神病学家卡尔·雅斯贝尔斯来说，焦虑"常常与强烈的烦躁不安相联系，那是一种，有什么事情没完成的感觉；或者是一种，得寻找什么东西的感觉，抑或一种，想弄清楚什么事情的感觉"。20世纪上半叶最杰出的美国精神病学家之一哈里·斯塔克·沙利文在著作中认为焦虑是"当人的自尊感受到威胁时的一种体验"。20世纪下半叶最具影响力的精神病学家罗伯特·杰·利夫顿对焦虑给出了相似的定义："一种不祥的预感，源于对自我生命力的威胁，或者更严重的是，源于对自我产生崩溃的预感。"冷战时期的神学家雷茵霍尔德·尼布尔认为焦虑是个宗教概念——"（焦虑就是）罪恶的内在原因……对诱惑的状态的内在描述"。从希波克拉底到盖伦，很多医生都提出，临床上的焦虑是一种明确的身体状况，是一种器质性疾病，其生物学病因与链球菌性喉炎和糖尿病几乎一样清楚。

也有人认为焦虑作为一个科学概念是毫无用处的，它只是一个不准确的比喻，用来描述一些范围过于宽泛而无法用单独一个字眼概括的人

---

① 长期以来，心理学家和语言学家都对这些词之间的区别存在争论，比如法语的 angoisse 和 anxiété（更不用说 inquiétude、peur、terreur 和 effroi 了）及德语里的 Angst 和 Furcht（以及 Angstpsychosen 和 Ängstlichkeit）。

类体验。1949 年，在有史以来第一次以焦虑为主题的学术会议上，美国精神病理学会主席在致开幕词时承认，尽管大家都知道"焦虑是我们这个时代最为普遍的心理现象"，但就焦虑是什么以及如何度量它这些问题，人们还没有达成一致。在 15 年后的美国精神病理学会年会上，杰出的心理学家西奥多·萨宾提出"焦虑"一词不应继续在临床应用中使用。他宣称："心灵主义的、频繁被引用的术语'焦虑'已经没有用处了。"（从那时起，这一术语的使用从未减少，却一直激增。）最近，将焦虑作为一种性格特质来研究的世界首席专家、哈佛大学心理学家杰罗姆·凯根提出将"焦虑"这个词"应用于感觉（走进一群陌生人当中之前心脏狂跳或肌肉紧张的感觉）、语义描述（一份关于对担心与陌生人会面的报告）、行为（在一个社会情境中紧张的面部表情）、脑状态（激活杏仁核，出现愤怒的面孔）或者一种慢性的担心情绪（广泛性焦虑症）是有碍进步的"。

如果我们连就焦虑是什么都无法达成一致意见，又如何能够在科学上取得进步，在治疗上取得进展呢？

哪怕是可以算得上神经症的现代概念发明人的弗洛伊德，也在职业生涯中不断地推翻自己的定义，"焦虑"甚至还是他的精神病理学理论的一个（即便不是唯一的）关键性的基础概念。早期，他把焦虑归于升华了的性冲动。（他写道，被压抑的性欲转化为焦虑，"就像酒变成了醋一样"。）后来，他提出焦虑源自无意识的心理冲突。到了晚年，弗洛伊德在《焦虑问题》一书中写道："在我们付出了如此多的努力之后，仍然难以构想出那些最根本的东西，这简直太丢人了。"

如果连焦虑的守护神弗洛伊德自己都无法定义焦虑的概念，我又怎么能够做到呢？

害怕使感觉敏锐，焦虑使感觉瘫痪。

——库尔特·戈尔德斯坦 《有机体：生物学整体研究》（1939 年）

标准字典中，害怕（"一种由于相信某人或某事是危险的而导致的不愉快情绪，可能导致痛苦或威胁"）和焦虑（"一种担心、紧张、不安的感觉，通常关于某个结果带有不确定性的事件"）的定义看起来相对接近。但是弗洛伊德认为，"害怕"有一个具体的对象——一头追赶着你的狮子、一个在战斗中锁定了你的位置的敌军狙击手，甚至是在一场重要的篮球比赛的关键时刻，你对于投失接下来的一次决定性的罚球的后果的认知，而"焦虑"则没有。根据这一见解，害怕如果发生在合适的时机，是健康的；而焦虑往往是"不合理的"或者"无根据的"，也是不健康的。

"如果一位母亲在自己的孩子只是起了一些疹子或者有些轻微感冒的时候就生怕孩子会死，我们称之为焦虑；但是如果她是在孩子生了重病时如此，我们则把她的反应称为害怕。"卡伦·霍妮在 1937 年的著作中写道，"如果一个人只要站在高处就感到害怕，或者在他要谈论一个自己非常了解的话题时感到害怕，我们称他的反应为焦虑；如果一个人因为遇到大雷雨在深山中迷了路而感到担心，我们称之为害怕。"（霍妮进一步阐述自己给出的区分方法，就是说当你在害怕的时候你知道害怕的对象是什么，但你在焦虑的时候却可能对焦虑的对象一无所知。）

在弗洛伊德晚期的著作中，他用"一般性焦虑"（其定义是有关合理威胁的焦虑，这有时可以带来正面作用）和"神经质焦虑"（由于未解决的性问题或内在的心理冲突产生的焦虑，是病态的、有负面作用的）的区分代替了害怕和焦虑的区分。

　　那么有着恐惧、担心和一般性烦躁毛病的我，到底是"神经质焦虑"还是只是"一般性焦虑"呢？作为临床问题，"一般性焦虑"与焦虑之间的不同在哪里呢？又是什么将合适的甚至是有帮助的紧张（比如一位法学学生参加律师资格考试之前的感觉或一位少年棒球选手走上击球员位置之前的感觉）与那些令人烦恼、1980 年以来被现代精神病学正式定义为焦虑性障碍的认知或者生理症状（惊恐障碍、创伤后应激障碍、特定恐惧症、强迫症、社交焦虑障碍以及广泛性焦虑障碍）区分开来的呢？

　　如果要区分"一般性"与"临床"，以及各种不同的临床症状，在精神病防治这个广泛领域当中的绝大多数人依据的都是美国精神病理学会的《精神疾病诊断与统计手册》（目前使用的是刚刚出版的第五版，即 DSM-V）。手册定义了数百种精神疾病，将它们分类，并且列出了患者必须表现出的症状（多少、频率、严重程度），有的精确得不可思议，有的完全随机，以便给予指定的精神疾病诊断。这使得对焦虑障碍的诊断有了科学依据。但现实是，其中存在相当大的主观性（无论是在患者描述自己的症状方面，还是在医生解读患者的自述方面）。有关 DSM-II 的研究发现，当两位精神病医生会诊同一位病人时，他们给出相同的 DSM 诊断的概率只有 32%~42%。诊断的一致性在此之后有所提升。虽然对于很多精神疾病的诊断存在虚荣成分，但仍然要比严谨的科学要艺术许多。①

　　我们来看看临床焦虑症和临床抑郁症之间的关系。某些形式的临床焦虑症（尤其是广泛性焦虑障碍）和临床抑郁症之间存在大量的生理相

①　在 DSM-V 中是否对此进行修订存在着激烈的争论（其中包括 DSM-III 和 DSM-IV 这两个工作委员会的主任分别对此进行的公开抨击），说明精神病学诊断也许只是政治和营销，而无关艺术或科学。

似性。焦虑和抑郁两者都与体内压力激素皮质醇水平的提高有关。它们在神经解剖学上也有相同的特征，包括海马体和大脑其他部分的收缩。它们有相同的基因来源，尤其是与某些神经递质（在脑细胞之间传递神经冲动的化学物质，例如血清素和多巴胺）的产生相关联的基因（部分遗传学者称他们在重度抑郁症和广泛性焦虑障碍之间没有发现任何区别）。焦虑与抑郁也存在相同的基础，那就是缺少自尊和自我效能①（感觉无法控制自己的人生通常会同时导向焦虑和抑郁）的感觉。此外，大量的研究显示，压力（从工作的烦恼到离婚、丧亲、战斗创伤）贡献了焦虑和抑郁中相当大的比例，同时也造成了很大比例的高血压、糖尿病及其他多种身体问题。

如果焦虑障碍与抑郁症如此相似，为什么我们要把它们区分开来呢？事实上，几千年来我们并没有区分它们：医生们倾向于用"忧郁症"或"癔症"这样的涵盖性词语将焦虑与抑郁归为一谈。②公元前4世纪，被希波克拉底归入"melaina chole"的症状中就包括了我们今天会把抑郁（"悲哀""沮丧"和"自杀倾向"）和焦虑（"长时间的害怕"）联系在一起的情况。1621年，罗伯特·伯顿在《忧郁的解剖》中以一种被现代研究结果支持的临床准确性写道，焦虑是"悲伤的姐妹、值得信任的随从、持久的伙伴，以及在产生过程中的助手和主要委托人，是悲伤的原因和

---

① 指人对自己是否能够成功地进行某一成就行为的主观判断。——译者注
② 一些科学史家将所有的综合征和这个"困扰症状的摇篮"——比如忧虑、悲伤、不适等心理症状，及头痛、乏力、背痛、失眠、胃痛等生理症状——都归在较广泛的"应激传统"的类别中。"应激"可以是心理应激或者生理应激，会影响生物神经系统，自18世纪以来被医生认为是会造成"神经疾病"的。——译者注

症状"。[①] 根据我的亲身体验，严重的焦虑确实令人沮丧。焦虑会阻碍你的人际关系，削弱你的表现，压抑你的人生，限制你的潜能。

被美国精神病理学会归并在"抑郁症"之下的一组疾病与归并在"焦虑障碍"之下的另一组疾病之间的分界线（同时也是心理健康与精神疾病之间的分界线）似乎是人为制造的，其中政治、文化（以及市场）的因素都不比科学因素小。每次当一种给定的精神疾病的范畴在 DSM 的定义中扩大或者缩小的时候，都会在保险报销、医药公司的利润、不同领域和细分专业的临床治疗师的职业前途等各种不同方面造成显著的影响。为数不少的精神病医生和医药行业批评家会告诉你焦虑障碍在自然界中并不存在，还不如说它们是被制药工业发明出来的，目的是从患者和保险公司那里榨取金钱。这些批评家说，类似社交焦虑障碍和广泛性焦虑障碍这样的诊断将正常的人类情绪变成了反常和疾病，这样就能配药、赚钱了。来自哈佛大学的精神病专家彼得·布雷金说："别让你自己的生活被简化为临床抑郁症、抑郁狂躁型忧郁症或者焦虑障碍这样的词语。"他自己已经成为激进的反制药工业人士。

作为一个曾经被诊断过患有以上好几种疾病的人，我可以告诉你，它们引起的压力并不是被发明出来的。我的焦虑有些时候会让我变得非常虚弱，它是真实存在的。但是我的那些紧张症状是不是必然像 DSM 和制药公司说的那样，构成一种疾病或者一种精神障碍呢？我的焦虑难道不会只是一种对生活做出反应的正常的人类情绪吗？即使这种反应在我身上也许比在其他人身上稍微严重了一些。你如何能够指出"一般性"

① 在伯顿的书中，忧郁的人在白天"会被某些恐惧的事物吓坏，会因为疑虑、害怕、悲伤、不满、担忧、耻辱、苦恼等撕心裂肺，就像许多野马一样，连一小时、一分钟都不得安宁"。

和"临床"之间的区别呢？

你可能会期待近期的科学进步能够更准确、更客观地区别一般性焦虑和临床焦虑。当然，在某种程度上它也做到了这一点。功能性磁共振成像技术使得神经系统科学家们能够通过计量含氧的血液向大脑不同区域的流动来实时地观察人的心理活动。在功能性磁共振成像技术的帮助下，他们进行了数百项实验。这些实验展示了特定的、主观经历的情绪与能够在脑部扫描中观察到的、特定种类的生理活动之间的联系。例如，严重的焦虑在功能性磁共振成像扫描中一般显示为杏仁核内的过度活动。杏仁核是个小型的、杏仁形状的结构，位于内侧颞叶的深处，靠近颅骨的底部。焦虑的缓解则与杏仁核内的活动减少以及额叶皮质部分的活动增加存在关联。①

这听起来似乎基于 X 光的工作原理，我们应该有能力识别焦虑，并且测量它的强度——人们能够区分一般性焦虑和临床焦虑，类似于 X 光能够区分脚踝到底是骨折了还是仅仅是扭伤了。

然而我们做不到。有些人在接受脑部扫描时显示出了透露焦虑的生理信号（他们的杏仁核对压力引起的刺激产生反应，亮起了彩色的光），但是他们说自己没有感觉到焦虑。此外，研究对象在被色情电影唤起性欲时，他们的大脑在功能性磁共振扫描上亮起的部分与害怕时亮起的部分大致是相同的；相互存在联系的几个相同的大脑组成部分——杏仁核、岛叶皮层、前扣带回——在这两种情况下都会被激活。研究人员如果在不了解实验背景的情况下观察这两张脑部扫描图，是无法判断哪一幅图

---

① 这样说是过度简化了（完整的神经科学的描述更为复杂，细节更多），但也体现了研究成果的精髓。在极度焦虑的时刻，杏仁核发出的原始信号压制了大脑皮层较为理性的思考。

是对害怕的反应，哪一幅图是对性欲的反应的。

当 X 光显示病人的股骨骨折了，而病人自述感觉不到疼痛的时候，医学诊断结果仍然是腿部骨折。当功能性磁共振成像显示杏仁核与基底神经节区域出现了强烈的活动，而患者自述感觉不到焦虑的时候，诊断结果是……一切正常。

当（脊椎动物的）大脑开始察觉危险并且对其做出反应的时候，脑部的变化并不显著。某种程度上说，我们不过是拥有情绪的蜥蜴而已。

——约瑟夫·勒杜　《脑中有情》（1996 年）

从亚里士多德开始，研究人员便频繁求助于情绪的 "动物模型"，每年进行的成千上万项动物研究都是以这个前提为基础的。在这一前提下，老鼠或者黑猩猩的行为、遗传现象和神经回路都与我们人类的足够相似，我们可以从相关实验中得到相关的领悟。查尔斯·达尔文在 1872 年的著作《人类与动物的表情》中写道，他观察到不同物种之间对于害怕的反应相当普遍：所有的哺乳动物，包括人类，面对害怕时都会表现出非常明显的反应。当感觉到危险来临时，老鼠会像人类一样，本能地逃跑、僵住，或者失禁①。当遇到威胁的时候，先天 "焦虑" 的老鼠会发抖，远离露天场所，倾向于待在熟悉的地方；如果遇到潜在的威胁，会停步不前，并且发出超声波求救信号。人类是无法发出超声波求救信号的，但是当我们变得紧张的时候，也会发抖，回避不熟悉的环境，退出社交圈，

---

①　排便率（每分钟内掉落的粪球数量）是一项衡量啮齿类动物害怕程度的标准度量法。20 世纪 60 年代，伦敦一家精神病医院的科学家通过将动物按照近似的排便率进行配对，饲养了著名的莫兹利易反应鼠群。

倾向于待在离家不远的地方（有些广场恐惧症患者根本就是足不出户）。被摘除了杏仁核（或者被改变了基因使得杏仁核无法正常工作）的老鼠无法表现出害怕。对于杏仁核受损的人来说情况也是如此（艾奥瓦大学的研究人员用了几年时间研究一位名字缩写是 S. M. 的女性，她的杏仁核被一种罕见的疾病损坏，因此感觉不到害怕）。此外，如果动物持续处于充满压力的环境中，也会和人一样患上某些相同的与压力有关的疾病：高血压、心脏病、溃疡等。

"对于所有的动物，或者几乎所有的动物，甚至包括鸟类，"达尔文写道，"恐慌时都会引起身体发抖，皮肤变得苍白，大量出汗，毛发竖起，消化道与肾脏的分泌物增加。由于括约肌放松，它们会身不由己地排泄，就和在我们人类身上发生的情形一样，我在牛、狗、猫还有猴子身上都见到过。呼吸变得急促，心脏从快跳到猛跳再到狂跳……心智出现紊乱，很快表现出虚脱，甚至昏厥。"

达尔文指出，这种对威胁的无意识的生理反应是具有进化适应性的。以生理上准备好战斗或者逃跑甚至是昏厥的方式来对危险做出反应的有机体，与不如此反应的有机体相比，要拥有更大的生存和繁殖概率。1915 年，哈佛大学医学院生理学系主任沃尔特·坎农创造了术语"战斗或逃跑反应"来概括达尔文对于"应激反应"的观点。坎农是第一个以科学方式说明当战斗或逃跑反应激活时，周围的血管收缩，将血液从四肢导向骨骼肌，从而使得动物能够为战斗或逃跑做好准备（正是这股血液离开皮肤才让一个受到惊吓的人看起来显得苍白）的科学家。呼吸变得更快更深，以保持为血液提供氧气。肝脏分泌的葡萄糖含量上升，为身体各处的肌肉和器官提供能量。瞳孔放大，听觉变得更加敏锐，这样动物能够更好地评估周围的形势。血液从消化道流走，消化过程停止——唾液分泌量下降（因此焦虑时会感觉口干舌燥），常常伴有便意、尿意或者要呕吐的感觉（将废物从体内排出能够让动物的内部系统更即时地关注生存需要而不是消化需要）。在他1915年的著作《疼痛、饥饿、恐惧和愤怒时的身体变化》中，坎农给出了简单、早期的图解，描述了一些情绪体验是如何转变成体内具体的化学变化的。在其中一项实验中，他检验了9名大学生在分别参加完一次困难的考试和一次简单的考试之后的尿液：在困难的考试结束后，这9名大学生中有4人的尿液中存在糖分；而在简单的考试结束后，只有一人出现了这种情况。在另一项实验中，坎农检验了哈佛大学橄榄球队在进行了1913年"最后且最激动人心的比赛"之后的尿液，他发现25份尿样中的12份出现了糖分。

造成昏厥的生理反应与帮助有机体准备好战斗或逃跑的生理反应有所不同，但同样具有适应性：在受伤流血时出现大幅度血压下降的动物失血较少；而且，昏厥是动物装死的一种自然方法，这在某些情形下是具有保护作用的。①

在响应合理的物理危险时，如果战斗或逃跑反应被正确激活，动物存活的概率便大大提高。要是这个反应没有被正确激活会发生什么呢？

---

① 写这本书对我无益的另一个原因是，在我着手为写这本书进行相关研究前，并不了解血液或外伤恐惧症（人类中约4.5%患有此症，有时会因为血压的稍稍降低变得极端焦虑，打针或者看见血时会晕厥），因此尚可自如地打针和抽血，这算是我一个相对不那么害怕的领域。可是如今我明白了这种现象的生理学成因，对在这类情况下晕厥产生了恐惧的心理，好几次还因为心理暗示差点使之变成现实。

"看在上帝的分上，斯科特，"W博士在我告诉他此事时说，"是你让自己多了一种恐惧症。"（他建议我早早去找一位医生练习打针——算是一种暴露疗法——在这种恐惧症真的侵袭到我之前）。

一个没有合理对象的心理恐惧反应，或者一个与威胁的规模不成比例的心理恐惧反应都可能变成病理性焦虑——一种偏离了轨道的进化冲动。上文提到的那位心理学家、哲学家威廉·詹姆斯猜测，严重焦虑以及我们今天所称的惊恐发作的诱因可能就是现代性本身——特别是，事实表明我们原始的战斗或逃跑反应并不适合现代文明。"从兽到人这一过程的最大特征就是害怕的频率降低了。"詹姆斯在 1884 年评论道，"尤其在文明社会中，终于能够让许许多多的人在从摇篮到坟墓的一辈子里都不会经历一次真正的害怕所造成的极度痛苦。"[①]

在现代生活中，詹姆斯所说的那种人类在自然状态下遇到"真正的"恐惧的情况（比如被剑齿虎追赶，或者撞见敌对部落的成员）相对罕见，至少大多数时候是遇不到的。如今更可能激活战斗或逃跑机能的威胁——老板投来的不赞同的目光、妻子收到的前男友寄来的神秘信件、申请大学的过程、经济崩溃、持久的恐怖主义威胁、退休基金的大幅缩水——并不是这种反应最初用来应对的那种威胁。然而由于紧急生物反应仍然被触发了，尤其是有临床焦虑问题的人最终会陷入大量分泌的压力荷尔蒙当中，而这种荷尔蒙是对健康有害的。这是因为无论你

①　威廉·詹姆斯（和他的弟弟亨利·詹姆斯、妹妹爱丽丝·詹姆斯及其他几个兄弟姐妹）看来是遗传了父亲老威廉·詹姆斯的焦虑和妄想症。他的父亲是个性格怪异的哲学家，是斯维登堡神学和教义的信徒，在 1884 年给威廉的一封信中描绘了现代临床医学家能轻松发现的惊恐发作的经历："一天……快到 5 月底了，美美地享受完晚饭，家人们都散去后，我仍坐在桌边，懒散地看着壁炉里的灰烬，大脑一片空白……突然——就是一刹那间——'我浑身惊恐颤抖，百骨无不悚然'（这里他引用了约伯在《圣经》中的原话）……不到 10 分钟我便身心俱毁；我的意思是说，从一个沉稳坚定、精力充沛、幸福快乐的成年人变成了一个无法自理的婴儿。"

在经历神经性焦虑的挣扎，还是在对抢劫或者住宅起火之类的真实威胁做出反应，你的神经系统的自主活动大致是相同的。就在脑干的上方，有一块结构叫作下丘脑，它释放出一种称为促肾上腺皮质激素释放因子（corticotropin-releasing factor，CRF）的激素，这种激素随后刺激下丘脑底部突出的一个豌豆大小的器官——脑下垂体，使其分泌促肾上腺皮质激素（adrenocorticotropin hormone，ACTH）。该激素随着血液的流动来到肾脏，令肾上腺释放肾上腺素（也叫去甲肾上腺素）和皮质醇，使得更多的葡萄糖进入血液中，提高心跳和呼吸频率，产生高度兴奋的状态。这种状态在有真实危险存在时大有裨益，而在惊恐发作或者慢性担忧的时候则会造成麻烦。大量的证据表明，当皮质醇水平在较长一段时间内过高时会造成一系列对身体有害的影响，如高血压、免疫系统抵抗力下降、大脑中控制记忆形成的关键部分——海马体的收缩。在正确的时机产生的焦虑生理反应能延长你的生命；同样的生理反应过于频繁地产生，或者在错误的时机产生则会缩短你的寿命。

人类可以像动物一样很容易地通过训练显示出对害怕的条件反射，也就是将客观上并不令人恐惧的对象或者情境同真实的威胁联系起来。1920年，心理学家约翰·华生做了一个很有名的实验，他运用经典条件反射在一个他称呼为小艾伯特的11个月大的男婴身上制造了恐怖性焦虑。在华生反复地将一种引起男婴啼哭和颤抖的很大的噪声与一只白鼠（"中性刺激物"）的出现进行配对之后，他能够在只让白鼠出现而不伴有噪声的情况下就引起男婴严重的惧怕反应（在条件反射训练之前，小艾伯特还能够开心地和白鼠在床上玩耍）。很快，小艾伯特形成了充分的恐惧症，不仅是害怕老鼠或者其他毛茸茸的小动物，而且连白胡须都害怕

（圣诞老人都会吓坏他）。华生的结论是小艾伯特的恐惧症显示了经典条件反射的力量。早期的行为主义者认为，无论是人类还是动物身上的恐惧性焦虑都可以归因于直接的恐惧条件反射；从这一观点来看，临床性焦虑是一种习得性反应。[①]

在进化生物学家们看来，焦虑是一种返祖的惧怕反应，是一种内在的动物本能，只不过在错误的时机或者由于错误的原因被触发了而已。行为主义者认为焦虑是一种通过简单的条件反射训练而后天获得的习得性反应，就像巴甫洛夫的狗听到铃声会流口水一样。在这两种理论看来，焦虑作为动物特征和人类特征的程度是相同的。"与一些人文学者的观点相反，我相信情绪绝对不是人类独有的特征。"神经系统科学家约瑟夫·勒杜写道，"而且，事实上，大脑中的一些情感系统在本质上与哺乳动物、爬行动物、鸟类的相同，也有可能与两栖动物和鱼类的相同。"

但是这种本能的、机械的反应——老鼠见到猫的时候，或者听到与电击相关联的铃声时显示的反应，甚至是小艾伯特在他被训练得害怕白鼠之后显示的反应——真的和我坐飞机时、念念不忘我家的财务状况或者担心我前臂上的痣的那种焦虑相同吗？

或者设想一下这种情况吧：即使加州海兔这种只有原脑而没有脊柱的海洋蜗牛，都能够表现出一种从生物学上和人类的焦虑基本等同的生理和行为反应。如果你触碰它的鳃部，它的身体会收缩，血压会升高，

[①] 人类和其他哺乳动物似乎生来就能对某些东西产生恐惧，对另一些则不会。这个事实将纯行为主义对害怕的条件反射的观点复杂化了（如果还没有被推翻）。现在拥护进化论的心理学家认为，华生错误地解读了小艾伯特在实验中的反应：他所形成的这种对老鼠根深蒂固的恐惧不是因为行为调节本身多么有效，而是因为人类的大脑有一种天然的——具有进化适应性的——因为害怕被传染上疾病而害怕小且多毛的事物的本能（详见第九章）。

心跳会加速。这就是焦虑吗？

再来看看这个：即使没有大脑、没有神经的单细胞细菌，也能显示出习得性反应，表现出精神病学家所说的回避性行为。当池塘中的草履虫受到电蜂鸣器——一种厌恶性刺激的打击时，它会后退，然后游开以躲避蜂鸣器。这也是焦虑吗？从某些定义上来说，是的。根据 *DSM* 的定义，对可怕的刺激的回避是几乎所有类型的焦虑障碍的特征之一。

另有专家认为，我们在推测人类与动物的行为反应之间的相似之处时可笑地进行了过分延伸。"老鼠表现出的惊吓反应增强并不理所当然是对人类的所有焦虑状态都有效的模型。"杰罗姆·凯根说。波士顿大学焦虑障碍治疗中心的戴维·巴洛问道，"在遇到攻击时进入一种似乎无意识的麻痹状态——一种在人类身上明确存在很强的进化和生理相似性的动物行为——是否真的与我们有关自己家庭、工作或者金钱的负面预感存在什么共同之处呢？"

"有多少河马会担心自己的社会保障能不能伴随一生？"斯坦福大学的神经系统科学家罗伯特·萨波尔斯基问道，"又有多少河马会担心在第一次约会时该说些什么呢？"

"老鼠不会担心股市崩盘，"约瑟夫·勒杜说，"而我们会。"

焦虑能不能被简化为一种单纯的生物或者机械的过程呢？就像老鼠和海洋蜗牛逃避电击那种不用动脑的本能行为反应一样，或者像受过条件反射训练的小艾伯特面对毛茸茸的东西时出现的畏缩和颤抖一样？焦虑是否一定需要一种时间观念、一种对潜在威胁的意识、一种对未来的痛苦的预期，也就是导致我的曾外祖父和我自己住进精神病医院的令人衰弱的"对未来的恐惧"？

焦虑到底是一种在我们与老鼠、蜥蜴、变形虫身上共同存在的动物本能，还是一种能够通过机械条件反射训练获得的习得性反应？或者归根结底，是不是一种依靠对自我感知和死亡的概念等事物的意识而存在的、人类独有的体验呢？

医生与哲学家用不同的方法定义灵魂的疾病。例如，哲学家认为愤怒是一种情绪，源自对冒犯进行回击的欲望；而医生则认为这是一种血液涌向心脏周围的现象。
——亚里士多德 《论灵魂》（公元前 4 世纪）

一天早晨，在经历了几个月思考这些问题的沮丧之后，我满怀一大堆担心和自我厌恶，重重地栽倒在我的治疗师办公室的长沙发里。

"发生了什么事？"W 博士问道。

"我要写一本关于焦虑的书，但是我连焦虑最基本的定义是什么都还弄不清楚。我仔细读过数千页资料，碰到了数百种定义。其中有很多很相近，但也有很多相互矛盾。我不知道该用哪个。"[1]

"用 *DSM* 的定义吧。"他建议。

---

[1] 例如，在 *DSM-IV* 中是这样定义广泛性焦虑障碍的："在至少 6 个月的多数日子里，对于诸多事件或活动表现出过分的焦虑；个体难以控制这种担心；这种焦虑和担心与下列 6 种症状中至少 3 种有关（在这 6 个月中，至少一些症状在多数日子里存在）：坐立不安或感到激动或紧张；容易疲倦；注意力难以集中或头脑一片空白；易激怒；肌肉紧张；睡眠障碍"（*DSM-IV* 的确在一处给出了焦虑的一般定义，既通用又专业，我认为还是比较准确的：对未来的不幸会带来的危险的有认识的期待，伴随忧虑感或身体上的紧张感，期待的危险的焦点可以是内在的或外在的）。

"但是那些不是定义，只是一张相关症状的清单而已。"我说，"而且连那个都不够明确，因为 DSM 正在改版为第五版的过程中！"[1]

"我知道。"W 博士悲伤地说。他感到遗憾的是最近精神病学界的要人们考虑在新版的 DSM 中将强迫症从焦虑性障碍的分类中移除，转而将它放到新的"冲动性障碍"的分类中去，与图雷特综合征[2]之类的一些慢性病放在一起。他认为这是不对的，"在我几十年的临床工作中，强迫症患者总是处于焦虑中，他们要为自己的病症担心。"

我提到在我几周之前参加的一个学术会议上，有人认为强迫症应该被重新归类，不再属于焦虑障碍的原理依据之一是它在基因及神经回路方面似乎与其他焦虑障碍存在本质的不同。

"该死的生物医学神经病学！"W 博士脱口而出。他从来都是个温和、冷静的人，在研究心理疗法的过程中他一直希望形成统一的方案。他在著作和临床实践中都曾经尝试过吸收各种治疗方案的优点，建立一种他所称的"治愈受创的自我的综合疗法"（这里必须说，他同时也是有史以来最棒的临床治疗师）。但他坚定地相信，在过去的几十年中，生物医学模型的结论在总体上，尤其是神经系统科学方面，变得越来越自大而简单化。这不仅将其他的调查研究方法都边缘化了，还扭曲了心理疗法的实践。他感到一些比较顽固的神经系统科学家和精神药理学家会将所有的心理过程浓缩成最小的分子成分，而对人类承受苦难的程度完全没有概念，对焦虑和抑郁症状的意义也一无所知。在有关焦虑的学术会议

① 　这段对话发生在 DSM-V 2013 年出版前。

② 　图雷特综合征即抽动秽语综合征，以不自主的突然的多发性抽动以及在抽动的同时伴有爆发性发声和秽语为主要表现的抽动障碍，患者多为男性，于 2~12 岁开始发病。——译者注

上他悲伤地感叹道，药物和神经化学——在很多由制药公司赞助的学术研讨会上——已经开始大有排除异己、一统天下的架势了。他曾经连续多年出席这些会议，最近却已经不再参加了。

我告诉 W 博士自己已经处在放弃这本书的边缘。"我跟你说过我是个失败者。"我说。

"你看，"他说，"这就是你的焦虑在说话。它让你在找到焦虑的正确定义这件事情上过度焦虑。它还会让你无休止地担心结果，也就是对焦虑的定义会不会是错误的，而不是全神贯注于写书这件事情本身。你需要集中注意力，专心工作！"

"可我还是不知道该用哪一个焦虑的基本定义。"我说。

"用我的。"他说。

每一个曾经长期与焦虑较量过，并深受折磨的人都不会怀疑焦虑有力量使人无力行动、担惊受怕、丧失快乐并变得悲观。没有人会否认焦虑是一种能够令人极度痛苦的体验。与慢性焦虑或严重焦虑做斗争尤其深刻、复杂，充满痛苦。

——巴里·E. 沃尔夫 《理解与治疗焦虑障碍》（2005 年）

我在几年前选择 W 博士作为自己的临床治疗师完全是出于偶然，原因是我觉得他提出的焦虑的概念很有意思，而且他的治疗方案比我更早以前合作过的临床治疗师们更加灵活、更加具体。还有，我觉得他在自己的著作封套上的那幅照片显得很和蔼。

我是在到迈阿密参加一场有关焦虑的学术会议时了解到 W 博士的研究成果的，我当时在酒店舞厅外的一张展示桌上偶然看到了一本他刚出版不久的专著。在这本面向专业心理治疗师的焦虑障碍治疗指南中，他提出的焦虑的"综合性"概念吸引了我。我读过的许多关于焦虑的神经系统科学的专业书籍都是以"θ活动是一种在海马体和相关结构中有节奏地猝发的神经元集群，由于它在大量的细胞中同步产生，常会引起一种高压、准正弦、电记录的、缓慢的'θ节律'（在未麻醉的老鼠体内有5~10 Hz），这种节律在很多行为条件下能够被从海马体中记录下来"这种句子为特色的，因而我觉得 W 博士文笔清晰、通俗易懂，他在书中提供的治疗方案非常人道，令人精神一振。在阅读了他的书中的很多案例研究后，我认识到了自己的问题——在针对琐碎事物的焦虑这个面具背后，实际上是惊恐发作、依赖问题和对死亡的恐惧的升华。

当时我刚刚从波士顿搬到华盛顿特区不久，发现自己身边 20 多年来第一次没有固定的心理治疗师。于是当我看到 W 博士在"作者注"里写到他在华盛顿地区有业务时，我给他写了一封电子邮件，询问他是否还接收新的病人。

到目前为止，W 博士还没有治愈我的焦虑。不过他仍然坚信自己一定能够治愈它，在我充满希望的那些时刻，我甚至也有点相信他或许能够做到。在此期间，他提供了有效的工具来尝试控制焦虑，还给了我有效而稳定的实用性建议。而最重要的可能是一种可以采用的焦虑的定义，或者说是一种定义的分类法。

W 博士认为，那些相互矛盾的关于焦虑的理论和治疗方案可以被归纳为四个基本的类别：精神分析类、行为与认知行为类、生物医学类和经验类。[1]

---

[1]　这个对不同的关于焦虑的理论方法的概括确实有些过度简化了。

精神分析方案认为（尽管弗洛伊德学说已经被科学界广泛否定，但是精神分析的重要部分仍然影响着现代的谈话治疗）压抑禁忌的思想和观点（通常是关于性的本质的）或者心理冲突都会导致焦虑。治疗围绕将这些被压抑的冲突转变为自觉的意识来进行，通过心理动力疗法和寻求"自知力"来应对。

以约翰·华生为代表的行为主义者们相信焦虑是一种条件反射的惧怕反应。当我们（常常是通过无意识的条件反射）习得害怕客观存在的无威胁事物，或者过于强烈地害怕威胁不大的事物时，焦虑障碍便会出现。治疗手段是通过暴露疗法（将患者暴露在惧怕面前，让其去适应惧怕，这样惧怕反应就会减轻）与调整认知疗法（改变思维）的不同组合来纠正思维，目的是"消灭"恐惧症，并且避免惊恐发作和深陷担忧的"小题大做"。许多研究目前发现认知行为疗法是最安全、最有效的针对多种抑郁和焦虑障碍的治疗方法。

生物医学方案（最近 60 年来研究呈现爆炸性增长）专注于焦虑的生物机制（如脑部结构中的杏仁核、海马体、蓝斑、前扣带回和脑岛，以及血清素、去甲肾上腺素、多巴胺、谷氨酸盐、γ-氨基丁酸和神经肽Y 等神经递质），还有作为生物学基础的遗传现象。常见的治疗手段为用药。

最后是 W 博士所说的经验治疗方案，这种方案在治疗焦虑时更注重从存在出发，认为惊恐发作和深陷担忧之类的问题是一种对抗机制，旨在对针对品格或者自尊的威胁做出回应。经验治疗和精神分析疗法一样，将焦虑的内容和意义作为重点。与此恰恰相反，生物医学方案和行为方案注重的是焦虑的机制，认为这会是揭露人们隐藏的精神创伤或对人生感到绝望的关键。治疗手段通常是有引导的放松训练，可以减轻焦虑症状，并且帮助患者深入挖掘存在于焦虑背后的问题，并找到应对的办法。

这些不同视角之间的冲突，还有精神病医生与心理学家之间、药物支持者与药物批评者之间、认知行为主义者与精神分析主义者之间、弗洛伊德学说的支持者与荣格学说的支持者之间、分子神经科学家与整体治疗师之间的冲突，有时相当尖锐。最根本的冲突——焦虑到底是一种医学疾病还是一种精神问题，是身体的问题还是头脑的问题——由来已久，可以一直追溯到希波克拉底与柏拉图，以及两人的支持者之间的论战 ①。

尽管这些相互抵触的理论在很多地方存在冲突，但它们也并非水火不容，而经常出现交集。尖端的认知行为疗法借鉴了生物医学模型，运用药理学提高暴露疗法水平（研究显示，一种最初作为抗生素研发出来的、名叫 D–环丝氨酸的药物能够令新的记忆更有力地巩固在海马体与杏仁核中，通过增强新的、不具有恐惧的联想以压倒恐惧的联想，增大了暴露疗法消灭恐惧症的潜力）。生物医学的观点越来越认识到冥想与传统的谈话疗法有能力在大脑中引起具体的生理结构变化，这种变化与由服药或者电击疗法带来的变化一样"真切"。麻省总医院的研究者们在 2011 年发表了一篇研究文章，他们发现有一批被试对象在一个为期 8 周的疗程内，平均每天只进行 27 分钟的冥想训练，就在大脑中出现了可见的结构变化。冥想带来的杏仁核的密度下降这一生理变化与被试者自我报告的压力水平存在关联——随着杏仁核密度的下降，被试者感受到的紧张程度也在降低。另有研究发现冥想水平较高的僧人的额叶皮层比普通人

① 现在科学最终证明希波克拉底较为正确——心理确实来自实实在在的大脑，更准确的说法是全身——但是柏拉图对心理学研究的影响强力而持久，部分也是因为他对弗洛伊德的影响。

更加活跃，而在杏仁核内的活动则相对较少。[1] 冥想与深呼吸练习起作用的原理与精神药物相似，它们的效果不仅影响某些抽象的思维概念，而且实实在在地影响我们的身体以及与身体相关的感觉。近期的研究显示，即使是过时的谈话治疗也能对我们的大脑形状产生切实的、物理的效果。也许克尔凯郭尔所谓的"学会正确地面对焦虑就学会了最重要，或者说最有意义的事"是说错了——也许这个人只是学会了正确控制自己过度活跃的杏仁核的技巧而已。[2]

达尔文观察到人类体内产生惊恐性焦虑的部位与老鼠的战斗或逃跑反应以及海洋蜗牛的厌恶逃跑反应出自相同的进化根源。这意味着就我们附加给焦虑的一切哲学思维和心理分析来说，焦虑可能完全是一种生物学现象，在人类和动物身上没有多大区别。

---

[1] 水平最高的冥想者看起来是有能力控制惊跳反应的，这是一种基础的对噪声或者其他突然的由杏仁核传导的刺激的生理反应（无论是在婴儿时期还是在成年后测量，一个人惊跳反应的强度都被证明与发展出焦虑性障碍和焦虑症具有高度的相关性）。

[2] 对他而言，威廉·詹姆斯和达尔文一样，相信纯粹物理的、本能的变化是要早于情感意识的——实际上还要早于特定的脑状态的存在。19 世纪 90 年代，他和丹麦内科医生卡尔·兰格一起提出情绪是由体内无意识的物理反应产生的，而非反之。根据著名的詹姆斯–兰格理论，由植物性神经系统产生的内脏变化处在我们的意识觉察水平之下，造成心率、呼吸率、肾上腺激素分泌的变化以及从血管到骨骼肌的扩张。这些纯物理效应首先出现，然后才是我们对这些产生诸如喜悦或焦虑的情绪的效应的后续解读。一个可怕的或者让人气愤的场景会造成体内一系列的物理变化，之后意识才开始感受到这些反应的存在，对它们进行评估和解读，只有这样才会产生焦虑或愤怒。根据詹姆斯–兰格理论，是没有纯粹的能够从内脏无意识的变化中脱离的认知或心理体验的，焦虑也不例外。物理变化先出现，然后才有情绪出现。这说明焦虑首先是种物理现象，其次才是心理现象。

　　如果我们把焦虑归结到它的生理组成部分层面上，比如血清素和多巴胺的缺陷，或者是杏仁核与基底神经节的过度活动，我们到底会失去什么呢？神学家保罗·蒂利希在 1944 年的著作中提出焦虑是人类"害怕死亡、良心、罪行、绝望、日常生活等"的自然反应。蒂利希认为，人生的关键问题在于：我们究竟是安全地处在神性的关怀下，还是在一个寒冷、机械、漠然的世界中漫无目的地向着死亡跋涉呢？寻找宁静是不是就是解决这个问题的过程呢？或者从世俗的角度说，寻找宁静是不是将突触中的血清素调整到合适水平的过程呢？还是说到底，从某种角度来说，这些根本就是一回事呢？

　　人类也许是最容易感受到害怕的生物之一，因为除了基本的对掠食者和敌对的同类的害怕以外，还有以理性为基础而存在的恐惧。

　　——伊瑞纳斯·艾贝尔 - 艾伯费尔德《动物与人类的害怕、防御与攻击：一些行为学视角》（1990 年）

　　不久前，我给专门研究焦虑治疗 40 年之久的 W 博士发了一封电子邮件，请他用一句话概括一下他对焦虑的定义。

　　"焦虑，"他写道，"是对未来的苦难的忧惧——对难以承受却无望预防的灾难充满害怕的期待。"W 博士认为，焦虑的典型特征、让它超越纯粹的动物本能的，就是它的未来指向性。在这一点上，W 博士的想法与一些研究情绪的主要理论家（例如医生、心理学家罗伯特·普拉特切克，他是 20 世纪在情绪研究方面最具影响力的学者之一。他对焦虑的定义是"期待与恐惧的结合"）相一致，他还指出达尔文持有同样的观点，即充分强调动物与人类在行为上的相似之处（"如果我们预期会受罪，就会焦虑。"达尔文在《人类与动物的表情》中写道，"如果我们没有减轻它的希望，就会绝望。"）。动物是没有"未来"这个抽象概念的，它们也没有"焦虑"这个抽象概念，没有能力担心自己的害怕。动物可能会经历由压力引发的"呼吸困难"或者"心脏痉挛"（弗洛伊德语），但是无法对那些症状产生担心，也无法对它们加以解读。动物是不会患上抑郁症的。

同时，动物也无法害怕死亡。老鼠和海洋蜗牛对车祸、飞机失事、恐怖袭击或者核毁灭等没有抽象认识，也没有对社会排斥、地位下降、职业屈辱、不可避免地失去所爱的人或者肉体存在的局限性的认识。这些，再加上我们能够意识到害怕的感觉并且对其进行思考的能力，使得人类的焦虑体验具备海洋蜗牛的"警戒反应"望尘莫及的存在维度。这个存在维度在 W 博士看来是非常关键的。

W 博士同意弗洛伊德的观点，认为害怕是由来自外界的"真实"威胁产生的，而焦虑则是由我们自己内心的威胁产生的。W 博士将焦虑比喻为一个信号，"标志着针对令人痛苦得无法忍受的自我愿景的常规防御失败了"。与面对婚姻失败、事业无成、未老先衰或者濒临死亡这些残酷的事实不同，你的头脑有时会产生使人分心的、防御性的焦虑症状，要么将心理疾病转化为惊恐发作或者独立的广泛性焦虑，要么将内心混乱的投射发展成恐惧症。有趣的是，近期的许多研究发现，当焦虑症患者开始有意识地应对之前隐藏的心理冲突，将它从无意识的泥潭中拖出来置于意识之光下的时候，大量的生理测量数据发生了显著的变化：血压和心率下降了，皮肤电导减少了，血液中的应激激素水平降低了。而背痛、腹痛、头痛这些慢性的身体症状常常自然地消散成情绪问题，被人类的意识觉察，而它们此前是以身体症状的形式存在的。[1]

但是正如我们所见，W博士所信奉的"焦虑障碍通常是由无力解决基本的存在困境引起的"这一观点与现代药理学（经过60年的药物实验，提供证据认为焦虑与抑郁的根源是"化学不平衡"）、神经系统科学（它自诞生起就证明了脑部活动与多种情绪状态相关，某些情况下，特定的结构异常与精神疾病存在关联）、气质研究和分子遗传学（认为遗传在决定人的焦虑基本水平和精神疾病的敏感性方面扮演着重要的角色，这一观点相当有说服力）在本质上都南辕北辙。

W博士并不怀疑以上任何一种探索方法发现的成果。他相信药物是一种有效治疗焦虑症状的方法。但是根据他30年间与数百位焦虑患者打交道的临床工作经验，他认为几乎所有的临床性焦虑都源于某种存在性的危机，他称之为"本体赋予"——我们会衰老，我们会死去，我们会失去所爱的人，我们可能会遭遇令自己身份动摇的事业挫折或者人身侮辱，我们必须拼命寻找人生的意义和目的，我们必须在个人自由与情感安全之间，在我们的欲望与自己的群体和人际关系的限制之间做出权衡。在这种观点看来，我们对老鼠、蛇、奶酪或者蜂蜜（对，蜂蜜。演员理查德·伯顿只要房间里有蜂蜜就待不下去，即便蜂蜜是密封在罐子里或者锁在抽屉里也不行）的恐惧其实是我们内心深处对于存在的忧虑投射在外部事物上产生的移位。

刚入行不久的时候，W博士接诊过一位一心想要成为职业的音乐会钢琴家的大二学生。当这位患者的老师告诉他，他的天赋不足以实现梦想的时候，他陷入了可怕的惊恐发作之中。W博士认为这种惊恐是一种

---

[1] 尽管弗洛伊德的理论大多数被推翻了，但其基本组成部分得到了最近一些类似的研究成果的验证。

由于患者无法应对潜在的存在性的损失而产生的症状：这些损失包括职业抱负的终结，以及对成为音乐会钢琴家的自我认知的失败。对惊恐的治疗让这位学生能够体验自己对这种损失的绝望，然后重新构建一个新的自我。另一位患者是位 43 岁的医生，拥有一家生意兴隆的诊所。在他的大儿子离家上大学前后，他开始在打网球时频频受伤（而以往他很擅长这项运动），由此患上了惊恐性障碍。W 博士认为这种惊恐是由双重损失（儿子离开父母、自己活力不再）造成的，两者共同引起了对衰老和死亡的存在的关注。通过帮助他应对这些损失，接受自己最终会走向衰老和死亡这一"本体"的现实，W 博士成功地帮助这位医生摆脱了焦虑和抑郁的困扰。[1]

W 博士将焦虑与惊恐的症状称为"保护屏"（弗洛伊德称之为"神经性防御"），它们能够抵御面对损失、死亡或者对自尊的威胁时（大致就是弗洛伊德所称的"自我"）产生的痛苦。在部分案例中，患者所经历的强烈焦虑或惊恐症状是应对负面的自我形象或不足感（W 博士称之为"自我伤害"）的一种转移注意力的处理方式。

我觉得 W 博士对焦虑症状做出的以存在的意义为基础的解读在某种程度上比流行的生物医学解读有趣得多。但是有很长一段时间，我认为关于焦虑的现代研究资料——与"杏仁核与蓝斑中的神经元触发率"（神经系统科学家语）、与"改善 5- 羟色胺能系统"和"抑制谷氨酸系统"（精神药理学家语）、与识别多种预示着焦虑气质的基因上特定的"单核苷酸多态性"的关联都超过与存在问题的关联——比 W 博士关于焦虑的理论更科学、更有说服力。我现在仍然是这样认为的，不过已经没有以

---

[1]　在此我必须声明，我没有侵犯这里引用的病人的隐私。W 博士已经在多处（匿名地）发表过这些案例。

前那么坚定了。

　　前不久，在 W 博士那里接受恐惧症治疗的时候，我们小心谨慎地尝试了想象暴露法①。我们一起建立了一套可能遇到的可怕情况的分级方案，然后进行了适度的"分期去条件反射"训练。我需要在做深呼吸放松练习的同时想象一些令人烦恼的图像，希望能够减轻这些图像带来的焦虑。一旦我能够想象出一幅画面并且将它保留在脑海中而没有惊慌失措，W 博士就会询问我此刻的感受。

　　事实证明，这项训练难得出乎意料。尽管我安全地坐在 W 博士位于郊区的家中的诊察室里，并且可以随时中止练习，然而仅仅是想象一下可怕的场景就变成了一种极度痛苦的焦虑。那些最小的、看似最无关紧要的暗示——看见我自己坐在缆车或者是在气流中颠簸的飞机上；想象我自己小时候肠胃不适时放在床边的那个绿桶——都会使我汗流浃背或大口喘气。我对这些纯粹的精神意象的焦虑反应实在太过强烈，以至于有几次甚至不得不离开 W 博士的办公室，到他家的后院里散散步冷静一下。

　　在去条件反射训练期间，W 博士尝试让我把注意力集中在自己焦虑的到底是什么这个问题上。

　　我觉得这个问题很难回答。在想象暴露治疗的过程中，我根本无法专注于回答这个问题——在我真正面对恐惧刺激的时候就更不用说了。我只是感觉到完全的、彻底的恐惧，一心想逃避——逃避恐怖，逃避意

---

① 这种疗法运用的技术叫作系统脱敏疗法，是 20 世纪 60 年代由颇有名望的行为心理学家约瑟夫·沃尔普开创的。他最初的研究方向是如何减少惧怕反应。

识，逃避我的身体，逃避我的人生。[1]

经过几个疗程以后，意料之外的事情发生了。在我尝试与恐惧斗争的时候，伤心会令我脱离轨道。我坐在 W 博士办公室里的沙发上，一边做着深呼吸，一边试着从自己的"去条件反射等级"中勾画出情境的时候，我的思维便会开始迷失。

"告诉我你现在有什么感觉。"W 博士说。

"有点难过。"我说。

"继续。"他说。

很快我就啜泣起来。

重新说起这件小事的时候我很尴尬。首先，我是多么没种啊！而且，我并不相信神秘的情绪突破或者宣泄释放。但要承认的是，当我坐在那里边啜泣边发抖时，确实感觉到了某种缓解。

在我们进行这项练习的时候，伤心每次都会爆发。

"怎么回事？"我问 W 博士，"这说明什么？"

"这说明我们有所发现了。"他一边说一边递给我一张纸巾擦拭眼泪。

是的，我知道，这幕场景绝对会令我畏缩不前。但是这一次，当我坐在沙发里啜泣时，W 博士的话让我感觉到强有力的支持和真实的表态——这触动了我，让我哭得更厉害了。

"你现在已经处于伤口的中心了。"W 博士说道。

W 博士与弗洛伊德一样，相信焦虑可能是一种适应作用，意在屏蔽来自外部的伤心和痛苦所带来的心理创伤。我问他如果真的是这样，为

---

[1] 有一次我向 W 博士建议说，假如我手里有把枪，至少有了逃避公众恐惧症的选项，也许这样我的焦虑就会消退——有逃避的选项会让我有自控的感觉。
"也许吧，"他勉强附和道，"但也会增加你干掉自己的概率。"

什么焦虑的感觉常常要比伤心更加强烈呢？虽然这个我被认为置身其中的"伤口"让我哭了出来，但与我坐在颠簸的飞机上想要呕吐的时候，或者是我小时候忍受分离焦虑症时感受到的恐怖相比，就算不上很难受了。

"事实经常是这样的。"W 博士说。

我不知道该如何评价。为什么当我在假想出的"伤口"里畅游一番之后确实会感觉好了很多呢？心情好起来了，焦虑相对来说减轻了。①

"我们还不知道为什么，"W 博士说，"但是我们已经取得了一些进展。"

---

① 弗洛伊德和他的顾问约瑟夫·布洛伊尔在早期阐述精神分析方法的作品中将这种宣泄压抑的思想和感情的方法称为"烟雾扫除法"。

第二部分
不理性的困扰

神经问题导致腹部不适是现代人类的一大问题。我们需要直面恐惧，大胆地面对自己最害怕的东西。

第三章
焦虑在我的胃里翻滚

我在与呕吐恐惧症做斗争，这是对呕吐的一种病理性恐惧。不过距离我上一次呕吐已经有一段时间了。实际上，不止"一段时间"，准确地说已有35年零2个月4天22小时49分钟了。这意味着自从1977年3月17日傍晚我最后一次呕吐以来，我的人生中83%的时间已在没有呕吐中度过了。整个80年代我都没有呕吐过，90年代也没有，新千年里到目前为止还是没有。不用多说，我希望这个纪录在我走完人生路之前不要被打破（很自然地，我甚至有些不情愿写这一段，尤其是最后这一句，害怕给自己招来厄运或者遭天谴，因此我在写这一段的时候向诸多神祇和命运做了祷告，祈求保佑）。

也就是说，粗略计算一下，我已经花费了头脑清醒的时间中的至少60%来思考和担心一件在过去的30多年中从来没有发生过的事情。这太荒谬了。

我大脑的一部分立刻发出了抗议：等等，如果这并不荒谬的话会怎么样？实际上，如果在我担心呕吐和我没有呕吐之间存在因果关系会怎么样呢？如果正是我保持警惕的做法才保护了我自己——通过魔力，通过增强免疫系统的神经，或者通过躲避强迫性的细菌，令我免受食物中毒和肠胃病毒的袭击——又会怎么样呢？

这些年来，每当我向不同的精神病治疗师提出这个想法时，他们都回答："就算你说的因果关系是对的，你的行为仍然是荒谬的。看看你浪费了多少时间在担心这么一件令人不快、非常少见、从医学角度几乎完全不重要的事情上，这让你的生活质量受到了多么大的影响。"他们说，即使让我的警惕放松下来的代价是患上肠胃炎或者时不时来一次食物中毒，相比于我恢复正常生活所能得到的收获，难道不值得承受吗？

我想，一个理性、没有恐惧问题的人应该会回答"是"，而且他们这样做无疑是正确的。可是对于我来说，这个答案显然只能是"不"。

我的人生有极大的一部分是在努力逃避呕吐和时刻准备可能遇到的意外中度过的。我的一些行为是标准的恐菌症的表现：不去医院和公共厕所，对病人敬而远之，着魔一般反复洗手，对我吃的所有食物的来源极其在意。

鉴于我在任何特定时间的呕吐频率并不可知，其他一些行为显得更加极端了。我从飞机上拿走并且储存各种呕吐袋，家里、办公室里、车里到处都放着，以应对突如其来的呕吐需要。我永远随身携带碱式水杨酸铋、晕海宁和其他止吐药物。像一位监控敌军进展情况的将军一样，我的大脑中时刻有一张地图，记录诺罗病毒（norovirus，造成呕吐的肠胃病毒中最普遍的一种）和其他形式的肠胃问题的出现，使用互联网跟踪它们在美国和世界各地爆发的情况。我的强迫症的本能使得我可以在任何时候准确地告诉你在新西兰的哪座疗养院、地中海上的哪艘邮轮、弗吉尼亚州的哪所小学正在同这些病毒的流行做着斗争。有一次，当我向父亲感叹世界上有流感爆发的中央信息交流站，却没有一个诺罗病毒爆发的相关机构时，我妻子插嘴了。"不，还是有的。"她说，我们疑惑地看着她，"那就是你啊。"她说得很有道理。

呕吐恐惧症的暴政虽然在强度上时有波动，但还是统治了我的人生差不多 35 年之久。没有任何东西能够把它消灭掉——我成千上万次从头到尾坚持下来的心理治疗不行，我服用过的几十种药物不行，我18岁时使用过的催眠治疗不行，我感染上但顶住了没有呕吐的肠胃病毒也不行。

我曾经在M博士处接受过几年治疗，她是一位年轻的心理学家，当时正在波士顿大学焦虑障碍治疗中心实习。起初，我想寻求的是公众演讲焦虑症的治疗方法，但是在经过几个月的咨询之后，M博士建议同时也尝试应用暴露疗法的原则来根治我的呕吐恐惧症。

这也让我在不久前发现自己置身于一幅荒诞画面的中心。

我做了一次关于美国和平队①成立的演讲——开始令人感觉有些做作和尴尬，因为演讲地点是焦虑障碍治疗中心走廊尽头的一个小房间。我的听众包括M博士和三位她从治疗中心大楼周围随意拉来的研究生。与此同时，在房间的角落里有一台大电视正在循环播放一组人们呕吐的镜头。

"最初，肯尼迪总统的计划是将和平队放在美国国际开发署下面。"在我讲话的同时，我右边的屏幕上一个人正在大声地作呕，"但是林登·约翰逊②被肯尼迪的妹夫萨金特·施莱弗说服，认为如果将和平队编在一个已经存在的政府部门之下会削弱它的效率，最终达不到预想的目的。"屏幕上，呕吐物正溅落在地上。

一个连接在我手指上的装置监控着我的心率和血氧水平。每隔几分钟，M博士就会打断我的演讲，要求说："告诉我你现在的焦虑指数。"

---

① 和平队于1961年3月由美国总统肯尼迪下令成立，任务是前往发展中国家执行美国的"援助计划"，意在向新兴的发展中国家输出美国文化及价值观念。——译者注

② 林登·约翰逊（1908—1973），美国第36任总统，当时任肯尼迪的副总统。——译者注

我就得告诉她此刻在一个 1~10 范围内对自己的焦虑做出的评估值，其中 1 表示完全平静，10 代表处于完全的恐惧状态。"差不多是 6。"我诚实地回答。我感觉更多的是窘迫和不舒服，而不是焦虑。

"继续。"她说。于是我继续演讲，伴随着屏幕中传来的刺耳的呕吐声。当我抬头瞥向那两女一男三位年轻的研究生时，能够看出他们努力试图集中注意力听我演讲的内容，但很明显他们由于背景中实实在在的巨大干扰而分了心。那位男学生看起来脸色苍白，他的喉结不停地抽动，我知道他正在努力克服呕吐反射。

我确实感到有点焦虑，但坦率地说也感觉很可笑。在一连串呕吐画面的伴随下，面对虚假的听众做一次虚假的演讲，如何能够治愈我对于当众演讲和呕吐的恐惧呢？

与这幕场景一样奇异的是，它背后居然有完善的治疗原则。暴露疗法——本质上就是暴露在引起病理性恐惧的事物面前，无论它是老鼠也好，蛇也好，飞机也好，高处也好，呕吐也好——几十年来都是对恐惧症的一种标准治疗方法，如今是认知行为疗法的一个重要组成部分。这种疗法的逻辑最近得到了神经科学研究的有力支持，就是在治疗师的指导下持续地暴露在恐惧的对象面前，能够降低对它的恐惧程度。比如患有恐高症的人可以在治疗师的陪同下，进入越来越高楼层的阳台，越来越靠近阳台的边缘。患有火车恐惧症（害怕坐火车）的人可以先乘坐一次短途的地铁，然后延长一些距离，再延长一些距离，直到恐惧减退，逐渐完全消失。有一种更为激进的暴露形式称为涌进疗法（flooding），要求患者得到更为充分的暴露。例如，用标准暴露疗法治疗飞机恐惧症时，最初可能会让害怕乘坐飞机的人先去机场观看飞机起降，直到他的焦虑水平出现下降。接着可能进一步让他走上飞机，适应待在飞机上，让生理反应和恐惧情绪的强度从峰值降下来。然后是由治疗师陪同乘坐一次短途的民航班机。最终，他会渐进到单独乘坐更长一些的航班。而用涌进疗法治疗飞机恐惧症的话，可能就需要让患者从一开始就坐上双引擎的小飞机上天，让他承受空中颠簸带来的反胃。根据其理论，患者的焦虑起初会迅速上升，但随后他很快会意识到自己既能承受得了飞行，也能承受自己的焦虑，焦虑便会由此平息。有些治疗师与当地的飞行员保持着良好的关系，因此后者会为这种治疗方式提供帮助（M博士曾向我提出过，但我拒绝了）。

焦虑障碍治疗中心前主任戴维·巴洛表示，暴露疗法的目标是"把病人吓得魂飞魄散"，以此让他明白自己是能够应付恐惧心理的。巴洛的暴露疗法听起来可能显得残酷且不同寻常，但他声称恐惧症的治愈率高达85%（通常只花费一个星期或者更短的时间），很多研究的结果也支持这一数字[①]。

在M博士试图将我在当众演讲方面和在呕吐方面的暴露治疗合二为一的打算背后，她想尽可能提高我的焦虑程度——让我更好地"暴露"在我害怕的东西面前，这样我就可以开始进行"根除"这些恐惧的程序了。问题在于，这些模拟实验的人工痕迹过于明显，无法在我体内引起所需的焦虑程度。在M博士的办公室里对几位研究生讲话让我感到紧张和不舒服，但是却远远不如一次真正的当众演讲造成的恐惧那么强烈。尤其是我心里明白，这几位研究生都是从事焦虑障碍方面研究的，所以我没有那种通常情况下的被迫隐藏自己的焦虑的感觉。我认为M博士的同事们已经知道我存在焦虑问题，因此我根本不需要为了隐藏我的

---

① 另一方面，大量证据显示恐惧性焦虑形成容易，根治却难。巴洛本人就有恐高症，他也承认没办法治愈自己。

缺陷而产生焦虑。尽管仅仅是工作中的小会议就能让我陷入惊恐的痛苦中，更不用说我会提前几个月就惧怕大型的公众演讲了，但是与 M 博士每周会面时进行的那些虚假展示感觉上只是真实情境的冷冰冰的复制品——的确有尴尬和不快的感觉，但是无法引起足够的焦虑，作为暴露疗法的手段来说效果不佳。

观看呕吐视频的体验很类似：虽然让人不舒服、不高兴，但没有产生任何近似于将要呕吐时候的那种手脚发颤、心烦意乱的恐惧感。我知道这些视频没法让我感同身受，也知道如果我承受不住焦虑的时候可以移开视线，或者干脆关掉电视。关键问题在于——也是致命的问题在于——对于行之有效的暴露疗法而言，永远都有逃避的可能。[①]

M 博士确信我对呕吐的恐惧是造成我的其他一些恐惧的核心——在她之前和之后有很多其他的治疗师也这么认为（比如，我害怕坐飞机的原因之一就是害怕晕机呕吐），于是她建议我们集中精力解决这个问题。

"言之有理。"我表示同意。

"只有一种方法是正确的。"她说，"你需要直面恐惧，大胆地面对自己最害怕的东西。"

［真的吗？］[②]

"我们得让你吐出来。"

---

① 这些呕吐视频的存在（我如今已经身经百战了）恰恰证明了呕吐恐惧症多么普遍，这些视频也成为治疗恐惧症的常见手段。也有治疗师会通过让呕吐恐惧症患者暴露在假的呕吐物面前来逐渐消除病人对呕吐恐惧症的条件反射（若您对此感兴趣，在此附上我 2008 年在一次会议上认识的两位埃默里大学的心理学家推荐的"食谱"：将一罐牛肉罐头和一罐奶油蘑菇汤罐头混合，加少量调味品和醋，将混合物倒入玻璃广口瓶中，密封，在窗台上放置一周）。

② 此处为作者的心理活动。——译者注

［不，不行。绝对不行。］①

她解释说自己的一位同事刚刚通过给呕吐恐惧症患者服用吐根糖浆（一种引起呕吐的液体）成功将她治愈。那位患者是一位女性企业主管，从纽约乘飞机过来接受治疗，已经在焦虑障碍治疗中心住了一周。她每天都在护士的照顾下服用吐根，然后呕吐，接着和治疗师一起进行认知行为治疗师口中的"去灾难化疗法"。经过一周的治疗，她的恐惧症被治愈了，飞回了纽约。M 博士说。

我仍然心存疑虑。M 博士给我看了一篇学术期刊文章，文章报道了一个用吐根暴露疗法成功治愈呕吐恐惧症的临床案例。

"这只是个例，"我说，"而且都是 1979 年的事情了。"

"之后也已经有很多其他的案例了。"她说，再次提醒我想想她同事的那位病人。

"我做不到。"

"你不需要做任何你不想做的事情。"M 博士说，"我是不会强迫你做任何事情的。但是战胜恐惧症的唯一办法就是直面它，而直面它的唯一办法就是吐出来。"

在长达几个月的时间里，我们以不同的形式进行了内容类似的对话。虽然 M 博士给我量身定制的暴露实验显得空洞而愚蠢，但我仍对她充满信心（她很和善、很漂亮也很聪明）。于是在秋天的某一天我对她说自己可以考虑接受这个主意，这令她有些吃惊。她以温和而带有鼓励的口吻给我讲解了这个治疗程序：她和护士会预约楼上的一间实验室以保护我的隐私，并且会一直陪着我；她们会安排我吃一些东西，然后服用吐根，

---

① 此处为作者的心理活动。——译者注

接着迅速呕吐（她说我可以安然度过）。接下来"重新构造"关于呕吐的认知，我会意识到这并不是什么需要害怕的事情，从而得到解脱。

她带我上楼去见了护士。R 护士带我去看了实验室，告诉我服用吐根是暴露疗法的一种标准形式；她说自己此前已经协助管理了许多呕吐恐惧症患者的暴露治疗。"就在几个星期以前，我们这里接诊过一位男病人。"她说，"他当时非常紧张，不过治疗效果还是很好的。"

我们回到了 M 博士在楼下的办公室。

"行。"我说，"我做吧，可能会做吧。"

接下来的几个星期里，我们一直在安排暴露治疗的时间表——每次到了约定的日期我都会反悔，跑到那里说自己撑不下来。如此这般好几次之后，在 12 月上旬一个温暖得有些反常的星期四，我来到 M 博士的办公室做定期检查，并且告诉她："我准备好了。"这大大出乎她的意料。

训练出师不利。R 护士的吐根已经用完了，于是她不得不跑去药店再买一些，而我在 M 博士的办公室里等了一个小时。然后我们又发现楼上那间实验室已经被预订了，于是暴露治疗只能在地下室一间狭小的公共厕所里进行。我一直处在想要退出的边缘，没有退出的唯一原因可能是：我清楚自己随时都可以退出。

事后，我在 M 博士的建议下补写了尽可能心平气和的情况描述。下面的内容是从中提取并编辑过的一段摘录（写一篇情感中立的描述，是抑制在令人不快的体验之后出现的后创伤压力障碍的一种常用方法）。如果你自己也是呕吐恐惧症患者，或者哪怕只是有些容易呕吐，你都可能会想要略过这一段。

　　我们在地下室的厕所与 R 护士见了面。经过一番讨论之后，我服下了吐根。

开弓没有回头箭，我感觉到焦虑汹涌而来。我开始有些发抖，仍然希望呕吐来得快，去得也快，这样体验就没有那么糟糕了。

M博士在我的手指上连接了一个脉搏与氧气含量监控器。在我们等待恶心的感觉来临时，她让我用1～10之间的数字来衡量目前的焦虑水平。"差不多是9。"我说。

这时我开始感到有一些恶心了。突然，我感到很想呕吐，于是转向了厕所。我反胃了两次，但是并没有马上要吐的感觉。我跪在地上等着，仍然希望能够速战速决。我手指上的监控器显得有些累赘，于是我把它摘掉了。

过了片刻，我又感到恶心，横膈膜在抽搐。R护士解释说干呕之后就会吐出来了。此时我迫切希望这一切赶快结束。

恶心变成一阵阵强烈的浪潮，劈头盖脸地向我砸来，然后退去。我不断感觉自己就要吐出来了，但接下来总是撕心裂肺地干呕一阵，却什么也吐不出来。有几次我能真切地感觉到胃部的抽搐，但我却还是只能干呕，而呕不出任何东西。

这时我对时间的意识已经模糊不清了。每一阵反胃袭来的时候，我都会大量出汗；当恶心过去之后，汗珠就大颗大颗地往下滴。我感到头晕，担心自己会失去意识、呕吐、吸入呕吐物，然后死去。我告诉R护士觉得头晕，她告诉我说脸色看上去还行。但是我认为她和M博士看上去稍微有些不对劲了，这更加重了我的焦虑——我觉得如果连她们都在担心，我自己应该害怕极了才是（另一方面，某种程度上我真希望失去意识，哪怕这意味着死亡）。

大约过了40分钟，又经历了几波反胃之后，M博士和R护士建议我再服些吐根。但是我害怕服下这第二剂药会造成更严重、持续时间更长的恶心。我想恐怕还是保持干呕上几个小时或者几天会比较好。在某些时刻，我希望自己赶快呕吐，好让这折磨结束。这种想法与认为自己能够战胜吐根、熬到恶心的感觉消失的想法之间来回切换着。我筋疲力尽、极度恶心、痛苦不堪。在两波反胃之间，我只能躺在厕所的瓷砖地上发抖。

又经过了很长一段时间。R护士和M博士一直努力说服我多服一些吐根，但是此刻我只想逃避呕吐。我已经有一阵没有反胃了，于是又一波剧烈的干呕惊吓到了我。我能感觉到自己的肠胃在翻江倒海，心想这一回肯定能吐出点东西来，然而没有。我强行咽下了反胃的余波，恶心的感觉大大减轻了。这时我开始感觉自己有希望在不呕吐的情况下躲过这痛苦的折磨了。

R护士似乎有些生气。"哥们儿，你是我见过的最有自制力的人。"她说。（其间她有一次焦躁地问我是不是因为还没准备好结束治疗而在抗拒。M博士插话说肯定不是这样——看在上帝的分上，我会服用吐根的）。最终，在我服下吐根几个小时之后，R护士离开了，她说自己从未见过有人服用了吐根而不呕吐的。①

又过了一会儿，在M博士又对我进行了几次鼓励，试图"完成暴露治疗"之后，我们决定"结束这次尝试"。我仍然感觉到恶心，但是比之前已经好多了。我们在她的办公室里进行了短暂的交谈，之后我便离开了。

开车回家的路上，我变得极其焦虑，担心自己会呕吐、会出车

---

① 后来我在文献中看到，有近15%的人服用吐根后不会呕吐，这其中很多都患有呕吐恐惧症。

祸。一路上，每次等红灯的时候，我都是在恐惧中度过的。

我一到家就爬到床上睡了几个小时。醒来的时候我感觉好多了，恶心的感觉也消失了。但是那天夜里，我一直做着自己在治疗中心地下室的厕所里干呕的噩梦。

第二天早上我去上班，参加会议，但是后来，惊恐的浪潮袭来，我不得不回家。接下来的几天，我太过焦虑，根本没法出门。

M博士第二天打电话给我，确认我的身体是否还好。她明显因为让我经历了如此痛苦的体验而感到抱歉。尽管整件事让我感到非常不舒服，但她强烈的负罪感令我对她报以同情。到目前为止，在记叙这件事情的时候，我尽力按照她的要求保持精确，而在记叙的最后，我掩饰了一些当时的真情实感（比如暴露治疗是一场不幸的灾难，R护士是个愚蠢的贱人），使用了一种冷静客观的口吻。"鉴于我以往的状况，服用吐根还是很勇敢的。"我写道，"我希望自己能够很快呕吐出来，但是整个经历太过痛苦，而我的总体焦虑水平（以及我对呕吐的恐惧）比开始进行暴露治疗之前更加强烈了。不过，基于这次抵抗吐根药效的经验，我也认识到自身抵抗呕吐的力量是很强大的。"

似乎比M博士自己的力量还要强大。她告诉我她自己在进行暴露治疗的那天不得不取消了下午所有的例行检查：看着我在那里作呕、与吐根做斗争让她感觉非常不舒服，在家里吐了整整一个下午。我承认自己从这种讽刺当中获得了一种病态的快感——我服下吐根，却让别人吐了出来——不过总体说来，我还是感觉心理受到了创伤，并收获了强烈的焦虑。看起来我虽然在克服自己的恐惧症方面不太擅长，但却很有本事让我的治疗师和她的助手不舒服。

在 M 博士那里的治疗又持续了几个月——我们"解读"了这次砸锅的暴露治疗后，都想忘记这整件事，把注意力从呕吐恐惧症转到其他几种恐惧症和神经症上——然而此时，这些治疗有了一种悲伤和散漫的感觉。我们都明白结束的时候到了。[①]

括约肌的作用是排空我们的胃，它可以适度地进行膨胀和收缩，而不以我们的意志为转移，有时甚至与我们的意志相悖。

——米歇尔·德·蒙田 《论想象的力量》（1574 年）

神经哲学家们认为，心理完全是身体化的；按照亚里士多德的话说是"物质化"的。与身体有关的古老说法包括：紧张又兴奋（"胃里的蝴蝶"）、焦急的期待（"松开的肠子"）、害怕（"吓得屁滚尿流"）或者恐惧（"感觉胃里被挖了一个洞"），但实际上它们不是陈词滥调，甚至不是比喻，而是事实，是对和焦虑情绪相关的生理状况的准确描述。数千年来，医生和哲学家一直在观察今天的医学期刊所说的"脑－肠轴"（brain-gut axis）。"甚至连恐惧症与牛排之间都可能存在某种联系。如此亲密的关系也存在于大脑和肠胃之间。"威尔弗雷德·诺思菲尔德于 1934 年在他的著作中这样写道。

神经问题导致腹部不适是现代人类的一大问题。哈佛大学医学院的

---

① 后来，她接受了西南地区某大学的教职，搬离了这里。我有次在一个关于焦虑症的会议上遇见了她。无论发生过什么，我还是很喜欢她这个人的。我一直好奇的是：我如今作为记者带着笔记本电脑来参加学术会议，虽说是外行，但颇懂得一些专业知识。和我这样的一个前病人说话，她有没有奇怪的感觉？她会不会常常想："这不是那个我开过好几次吐根，在公共卫生间里干呕、哭泣、颤抖了好几个小时的人吗？"

一份报告显示，前往初级保健医师那里求诊的美国病人中有多达 12% 的人病因是肠易激综合征（irritable bowel syndrome，IBS），这种疾病的特征是腹痛以及不断的便秘或者腹泻，大多数专家相信它完全是由压力或焦虑引起的，或者至少是部分原因。IBS 最初于 1830 年被英国医生约翰·豪希普发现，此后曾被称为"痉挛性结肠"（spastic colon）、"痉挛性肠道"（spastic bowel）、"结肠炎"（colitis）和"功能性肠病"（functional bowel disease）等［在中世纪时以及文艺复兴时期，医生称之为"忧郁性腹胀"（windy melancholy）或"忧郁症肠胃气胀"（hypochondriache flatulence）］。由于没有人确定发现究竟是哪个器官造成了 IBS，大多数医生将它的发病归因于压力、情感冲突或者其他心理根源。鉴于肠道的神经和肌肉并没有出现明显的问题，医生们倾向于假设脑部出现了问题——也许是对小肠内的感觉过于敏感。有一组著名的实验是将气球分别放在 IBS 患者与健康的对照组被试者的结肠里进行充气，IBS 患者们报告的疼痛触发点较低。这说明肠易激综合征患者的内脏与大脑之间的关联可能比正常人更加敏感。

这与一种叫作"焦虑敏感"（anxiety sensitivity）的特质是相符合的。研究显示，焦虑敏感与惊恐性障碍存在密切联系。在焦虑敏感指数量表（anxiety sensitivity index，ASI）上显示分值较高的人有着更高的内感受性知觉水平，说明他们与自身的内在运作和生理机能高度契合，他们比其他人更加关注自己的心率、血压、体温、呼吸频率、消化状况等。这种对生理活动的高度警觉让他们更容易发生"内在暗示的惊恐发作"（internally cued panic attacks）：ASI 指数较高的人能注意到心率的细微上升，或者轻微的眩晕感，或者模糊的、无法识别的胸闷。这种洞察力会反过来引起有意识的焦虑（"我是不是有心脏病"），更加增强了那些生理感觉。他们马上就察觉了这些感觉的增强，于是引发了更大的焦虑，然后又使得生理感觉越发强烈，不久之后他们便只能在惊恐中挣扎了。很多近期发表在《身心研究报》这样的期刊上的研究发现，在焦虑敏感、肠易激综合征、担心以及一种称为神经过敏的人格特质（心理学家对此的定义并不难猜：倾向于纠结负面的情况；极其容易陷入焦虑、负罪和抑郁的情绪中；往往对微小的压力反应过度）之间存在强有力的相互关系。不出所料，在神经过敏的认知测试中得分较高的人更容易患上恐惧症、惊恐性障碍和抑郁症（在神经过敏测试中得分较低的人则绝大多数能够抵挡这些疾病）。

有证据表明患有肠易激综合征的人的身体对于压力的反应更加显著。我最近偶然在医学期刊《内脏》上看到一篇解释认知（有意识的思考）与生理关联（身体对这种思考的反应）之间的循环关系的文章：当头脑经历焦虑时，焦虑程度较低的人的思维对压力产生过度反应的可能性更小，身体产生过度反应的可能性也更小；而存在临床焦虑的人从头脑到身体都更加敏感——极小的压力就能令他们担心，极小的担心就能让他们的身体机能出现故障。肠胃容易紧张的人也比肠胃健康的人更多地抱怨头痛、心悸、呼吸急促和疲劳等问题。有些证据表明患有肠易激综合征的人对疼痛更加敏感，更经常抱怨一些感冒之类的微恙，也比普通人更容易感觉自己身体有病。

1909 年，生理学家沃尔特·坎农写道，大多数肠胃不适的病例"根源都在神经上"。在他的文章《情绪状态对消化道功能的影响》中，坎农断定焦虑的思想——通过交感神经系统的神经——对胃的物理运动（也就是消化系统将食物运过消化道的蠕动）和胃液分泌两方面都能产生直接影响。坎农的理论已经得到了在初级护理中心进行的现代调查结果的支持，也就是说大多数常规胃病都源于精神苦闷：比例在 42% 至 61% 之间的功能性肠病患者曾经被正规医院诊断为患有精神疾病，通常是焦虑或者抑郁问题；一项研究发现惊恐性障碍患者与功能性胃肠道疾病患者之间的重合比例高达 40%。①

　　"害怕引起腹泻"，亚里士多德写道，"因为这种情绪会造成腹腔内的热量骤增。"希波克拉底将肠胃疾病与焦虑（还有痔疮与粉刺）都归因于黑胆汁过剩。古罗马医生盖伦则将其归咎于黄胆汁。"大量的黄胆汁流入被害怕困扰的人的胃部"，他说，"这让他们产生一种被噬咬的痛苦感觉，他们持续地感到精神和肉体上的痛苦，直到把胆汁都吐出来为止。"

　　但是到 1833 年，随着一部名为《胃液的实验与观察以及消化生理》的专著出版，情绪状态与消化不良之间的联系开始在最大限度上科学地、准确地被人们了解。1822 年 6 月 6 日，一位受雇于美国皮毛公司的猎人亚历克西斯·圣马丁意外地在近距离上被一支毛瑟枪击中了腹部，当时枪里装填的是打野鸭的弹丸。人们都认为他死定了，但在纽约州北部的威廉·博蒙特医生的治疗下，他活了下来，尽管伴随着一种异常的状况：他的胃部留下了一个无法愈合的开口，或者说是瘘管。博蒙特意识到这位猎人的胃部瘘管为科学观察提供了一个极好的机会：他能够直接用肉眼看到圣马丁胃里的情况。接下来的 10 年里，博蒙特以圣马丁的胃部瘘管作为观察他的消化系统运作的窗口，进行了很多实验。

---

① 有其他证据表明很多肠胃问题的根源在大脑，而不是在内脏。至今没有一种肠胃药物被证明是对肠易激综合征始终有效的，但是大量证据显示某些抗抑郁药物却颇有效果（20 世纪 60 年代前对肠易激综合征最常开的处方之一是吗啡和巴比妥类药物）。在最近的一项研究中，注射了 SSRI 抗抑郁药物喜普妙的肠易激综合征病人报告说他们内脏的高敏感性降低了。

博蒙特发现圣马丁的情绪状态对他的胃部有着很强大的影响，可以用肉眼很容易地观察到：圣马丁胃部的黏膜内层能够随着他的情绪变化而神奇地变色，就像一枚戴上就能随着人的情绪变化而变色的"心情戒指"一样。有时胃黏膜是鲜红色的，而当圣马丁感到焦虑时，它就变成了苍白色。

"我利用了这次千载难逢的机会。这种机会可能以后再也不会有了。"博蒙特写下了这句话，但他错了。医学文献记录了在圣马丁之后，还有两个20世纪的实例，同样是利用病人的胃部孔洞进行消化研究的。1941年，曼哈顿纽约医院的斯图尔特·沃尔夫和哈罗德·沃尔弗两位医生发现了一位叫汤姆的病人。

1904年的一天，当时只有9岁的汤姆以为他父亲的啤酒桶里装的是啤酒，于是猛喝了一口，但那其实是滚烫的蛤蜊浓汤。汤汁灼伤了他的上消化道，他顿时失去了知觉。等他的母亲把他送到医院时，他的食道已经融化封闭了。在汤姆之后的人生里，他吸收营养的唯一方式是通过胃壁上一个人工打开的洞。这个洞在体外用他的一段胃黏膜包裹住。他先自己将食物嚼碎，然后直接通过插在腹部那个洞里的漏斗将它灌进胃里。

1941年，已是一名下水道工人的汤姆由于伤口发炎不得不寻求医疗救助，于是引起了沃尔夫和沃尔弗两位医生的关注。他们意识到汤姆的情况是个不同寻常的研究机遇，于是立刻将汤姆雇为实验室助理，随后用了7个月时间在他身上进行了多项实验。实验结果发表在他们1943年出版的著作《人类的胃功能》中，这本书在身心研究领域具有划时代的意义。

以博蒙特的发现为基础，两位医生观察到汤姆的胃黏膜随着自身的活跃程度变化会有显著的变化——从"微弱的带黄的红色渐变为像红衣主教法衣那样的深红色"。消化活动越是剧烈，红色便会越深（表明有更多的血液流向胃部）；而消化活动程度较低时，包括由焦虑引起的活动程度下降时，便会呈现出苍白的颜色（表明血液从胃部流向了别处）。

医生们能够绘制出长期以来被认为存在却始终没能从科学上证实的关联关系了。一天下午，另一位医生闯进了实验室，一边骂骂咧咧，一边迅速地将一个个抽屉打开再关上，寻找自己放错了地方的资料。汤姆的工作是保持实验室的整洁，于是他惊慌起来——害怕这会导致他丢掉饭碗。他的胃黏膜立刻变得苍白，在颜色刻度上红色从"90%"跌到了20%。胃酸分泌几乎停止了。几分钟后，那位医生找到了丢失的资料，汤姆的胃酸重新开始分泌，胃部的颜色也逐渐得到了恢复。

从某种程度上来讲，所有这些并不令人意外。我们都知道焦虑会引起肠胃不适（我的朋友安妮说她体验过的最有效的减肥方法是压力分离节食法）。但《人类的胃功能》第一次准确、系统、详细地展现了其中的联系。汤姆的精神状态与他的消化之间的关系并不是模糊、散乱的，他的胃与他的心理存在具体、直接的对应关系。沃尔夫和沃尔弗根据对观察结果的总结，认为他们所称的"情感安全"与肠胃不适存在很强的负相关性。

在我身上当然也是如此。焦虑的时候我会肚子疼，想上厕所。而肚子疼和想上厕所令我更加焦虑，于是肚子更疼，更想上厕所了。于是每次离家长途旅行都以同样的方式收场：我急匆匆、疯狂地奔向厕所，每到一处就像是对当地的厕所进行一次观光似的。比如，我对梵蒂冈、罗马大角斗场和意大利的铁路系统都没有什么生动的回忆，然而却有着对梵蒂冈、大角斗场以及好几个意大利火车站的公共厕所不堪回首的记忆。

有一天我游览了特莱维喷泉——还不如说是我妻子和她的家人游览了特莱维喷泉。我游览的是附近一家冰激凌店的厕所，我在里面待着的时候不断有不耐烦的意大利人来敲门。第二天，全家人开车前往庞贝古城，我没有去而是在床上躺着。床离厕所不远，这让我感到安心。

更早几年，在柏林墙倒塌、华约组织解体之后，我前往东欧，看望当时在波兰上学的女朋友安。我到波兰的时候她已经在那里生活了半年了。此前我已经几次计划前去却都中止了（因为焦虑），最后是因为害怕不去的话安会跟我分手，我才努力克服了对乘坐飞越大西洋的航班的巨大恐惧，飞往华沙去见她。靠着服药服到几乎休克，我从波士顿飞到了伦敦又飞到了华沙。我被镇静剂、止吐剂和时差搞得昏昏沉沉，艰难地度过了我们见面的头一天半时间。晕海宁和赞安诺的药效过后，我的身体苏醒了，差不多同时我的肠胃也活跃起来。我们在东欧的旅行几乎就是疲惫地从一间厕所挪动到另一间厕所的过程。这令她感到沮丧，而对我来说简直是悲惨，主要是因为当时东欧的很多公共便桶还非常原始，我得经常提前根据用量向服务员购买粗糙的、质量糟糕的厕纸。旅行接近结束的时候我接受了现实，安出门观光，而我躲在宾馆房间里，起码这样我就不用提前计算好需要的卫生纸数量了。

安对此很不高兴，我完全可以理解她的心情。参观完弗兰兹·卡夫卡（我要加个注释，他也饱受慢性肠炎之苦）的故居后，我捂着作痛的腹部和她一起穿过布拉格的瓦茨拉夫广场。安再也克制不住自己的怒气了："也许你的博士论文就应该写写你的肚子。"她嘲笑的是我当时正全神贯注对付的事情。你可能已经注意到了，这件事情到现在我都没有成功克服。

然而当你的肚子支配着你的生活时，就很难不全力以赴地对待它了。

一些令人备感煎熬的经历，比如在飞机上或者在约会时控制不住排泄，会让你充分集中精力在自己的肠胃上。你需要付出更大的努力来围绕它制订计划，它可不常会围绕你来制订计划。

有一个充分的例证：15 年前，我正在为我的第一本书做调研，夏天有一段时间是在科德角与肯尼迪大家族一起度过的。有一个周末，正在马撒葡萄园岛度假的时任总统比尔·克林顿碰巧到南塔基湾找爱德华（泰德）·肯尼迪一起驾驶帆船。肯尼迪家族度假别墅所在的海厄尼斯港满是总统的助手和特工。晚餐前有一些时间可供消磨，我决定在镇上到处走一走，看看周围的情况。

这真是个糟糕的主意。与通常肠易激综合征会带给我的情况一样，我刚刚走出能够很快到达厕所的范围，原本堵塞的肠道似乎一下子就通畅了。在全速冲刺回住处的路上，我好几次都觉得自己肯定来不及了——我咬紧牙关、汗如雨下，几乎沦落到了想要把沿路的灌木丛和仓库都拿来当作临时厕所的地步。想象着如果让一位特工撞见我蹲在灌木丛里可能会发生的事情，我大感恐慌，这给了我超人的力量让自己保持冷静沉着。

当我快跑到大楼入口的时候，我一边在脑海里回放建筑平面图（"那么多厕所中，哪个是最接近大楼前门的那个呢？我还来得及跑上楼回到自己的房间去吗？"），一边祈祷不要走霉运被哪个迷路的肯尼迪家族成员或者名流给拦住（那个周末，阿诺德·施瓦辛格、丽莎·明尼里还有海军部长都在）。

幸运的是，我没有遇到搭讪就回到了楼里。接下来是快速的计算：我来得及一路跑上楼穿过大厅到自己的套房里吗？或者我是不是应该躲进前厅的洗手间呢？这时楼上传来了脚步声，我害怕遇到什么人会耽误时间，于是选择了后者，溜进了厕所里。厕所与前厅之间隔着一间接待室和两道门。我匆忙奔过接待室，一屁股坐到了马桶上。

这种解脱放纵且玄妙。

但是之后我一冲水，于是……就出事了。我的双脚都弄湿了。我低头一看，惊恐地发现水正从马桶的底部流出来，就好像有什么东西爆炸了一样。地面——还有我的鞋子、裤子、内衣——全都泡在了污水里，而且水位仍在不断上升。

我本能地站起来转向马桶。能止住这"洪流"吗？我移开了马桶水箱的瓷顶盖，拨开上面的干花瓣香料，开始疯狂地鼓捣它的内部结构。我盲目地尝试着，抬起这个，放下那个，抖抖这里，扭扭那里，在水里寻找有可能止住这股汹涌水流的东西。

不知怎么地，不清楚是出于它的自愿，还是我的胡乱鼓捣有了效果，水流开始减缓，随后消失了。我检查了一下现场。我的衣服全湿透了，而且弄得很脏；厕所的地毯也是。我毫不犹豫地脱掉外裤和平脚裤，把它们包在地毯里，接着把它们一股脑儿全塞进了垃圾桶，然后把垃圾桶藏在了收纳柜下面。我想，我得等会儿再来处理它们。

就在此时，晚餐的铃声不合时宜地响了起来，通知大家准备前往客厅集合，参加鸡尾酒会。

客厅就在厕所的正对面，中间只隔着一个大厅。

而我正站在厕所那及踝深的污水里。

我拽下墙上所有的擦手毛巾，把它们全扔在地上吸水。我跪在地上，手脚并用地展开一整卷厕纸，忙乱地擦拭周围的污水。这简直是要靠一块洗碗用的海绵吸干一个湖一样。

严格说来，我当时的感觉不算是焦虑，更准确地说是一种听天由命的感觉，就是这下完蛋了，我要彻彻底底地丢脸了。我把自己身上弄脏了，把房子的化粪池系统弄坏了，可能过一会儿还要半裸地出现在天晓得多少政界和演艺界精英的面前。

人们说话的声音由远及近。我想，这时我有两个选择：一个躲在厕所里，等着鸡尾酒会和晚餐结束（风险是不管那些要来上厕所的人怎么砸门都不让他们进来），然后利用这段时间把事故现场清理干净，等到所有人都睡了以后再溜回楼上自己的房间里去；另一个就是直接冲回房间去。

我拿起所有弄脏的毛巾和厕纸，把它们塞进收纳柜，然后开始准备逃跑。我找了一条相对最干净的毛巾（尽管也是又脏又潮的），小心地把它围在腰上，蹑手蹑脚地走到门边，听着外面的说话声和脚步声，判断他们的距离和速度。我觉得在所有人聚集到大厅中央之前应该没有足够的时间了，于是马上溜出厕所，穿过接待室，快步穿过门厅，奔上楼梯。当我爬到一楼和二楼之间的楼梯平台，一个急转弯踏上第二段台阶时，差点一头撞在小约翰·肯尼迪和另一个人身上。

"你好啊，斯科特。"肯尼迪说。

"啊，你好。"我一边回答，大脑一边高速运转，寻找一个说得通的理由来解释为什么我会在鸡尾酒会时间不穿裤子、满头大汗、裹着一条又脏又臭的毛巾从楼里跑过。但他和他那位朋友似乎毫不在意，仿佛已经对在他们家暂住的客人半裸着而且沾满了自己的排泄物司空见惯似的，就这样从我身边走下楼去了。

我仓皇地回到房间，拼命洗澡，换了衣裳，尽力让自己恢复平静。这并不是件容易的事，因为我还在不停地大量出汗，汗水甚至湿透了我的外套。这是焦虑、竭尽心力以及夏日的湿气。

如果那天晚上有人抓拍了一张鸡尾酒会的照片的话，照片上会显示这样的情景：众多明星、政治家和神职人员带着优雅与温和，在可以俯瞰大西洋的露台上轻松地交流着。与此同时，有一位汗流浃背的年轻作家尴尬地站在一边，不停地喝杜松子酒和汽水，在思考自己如何才能在这群杰出的人中游刃有余，还有，为什么自己不仅不够富有、不够有名、不够有成就，尤其是不够帅，甚至连自己的肠胃都管不住，因此更适合当个动物或是做个婴儿，总之不适合做个成年人，更别提做个像鸡尾酒会上的这些人一样耀眼、一样有影响力的成年人了。

这位汗流浃背的年轻作家同时也在担心，如果有人想用门厅的厕所怎么办。

那天深夜，当所有人都上床睡觉以后，我带着从食物储藏室偷拿的垃圾袋、纸巾和清洁剂悄悄下楼回到了那间厕所。我不知道在我离开以后有没有人去过那里，但是我努力不去想这件事，专心把原来藏在收纳柜下面的那些弄脏的地毯、毛巾、衣物和厕纸塞进垃圾袋里。接着我用纸巾用力擦洗地面，擦完后也把它们塞进垃圾袋。

在厨房的外面，主楼与一座外屋之间，有一个大垃圾箱。我的如意算盘是把所有东西都扔到那里面去。当然，我很害怕被人抓住——一位留宿的客人深更半夜跑出去扔一大袋垃圾，这到底是要做什么呢？（我担心可能仍有徒步巡逻的特工，他们会在我把这一大袋像是炸弹或者尸体的东西扔进垃圾箱之前开枪的。）但是我还有别的选择吗？我偷偷摸摸地穿过屋子，来到屋外的垃圾箱旁，处理掉那袋垃圾，然后就回到楼上睡觉去了。

没有人对我提起过有关门厅厕所或者是失踪的那些地毯和毛巾的事情。但是在那个周末剩下的时间里，包括我之后去那里的时候，我确信那里的员工们都在瞪着我窃窃私语。"就是他，"我想象他们厌恶的口吻，"他就是那个弄坏了厕所，弄脏了毛巾，连自己的排泄都管不住的家伙。"①

大部分结肠炎患者都有着紧张、敏感、神经质的气质。也许他们外表看起来很平静，其实内心非常激动。

——沃尔特·C.阿尔瓦雷茨 《神经质、消化不良与疼痛》(1943 年)

当然，我清楚不应该因为这样一种身体状况而承受如此的耻辱。肠易激综合征是一种常见的肠道疾病，从古代起人们就发现它通常伴随着情绪异常与焦虑症。1943 年，杰出的肠胃病学家沃尔特·阿尔瓦雷茨在他书名很有趣的著作《神经质、消化不良与疼痛》中指出，人们不需要因为肠胃问题而感到难为情，这就像听到别人的恭维时脸红，或者在观看一出悲剧时掉泪一样正常。阿尔瓦雷茨写道，这些生理反应造成的神经质和过敏，都与一种"如果恰当地运用和控制，便能极大地帮助你成功"的性格特质有关。

然而肠胃不好已经够成问题的了——对我来说最大的麻烦是肠胃紧

---

① 我的广场恐惧症已经让我的肠胃有时不堪重负了，还有人比我的情况更糟。2007 年，密歇根州卡拉马祖市精神病院有一位时年 45 岁的病人，他的病情更令我震惊。他当时患有严重的旅行焦虑症已经 20 年，自从一次惊恐发作让他腹泻不止起，他就无法离家超过 10 英里，否则就会控制不住地呕吐及腹泻。临床医师后来根据他的症状找出了他的舒适区间：离家越远，就会吐得越惊天动地。他的胃肠道的反应是如此剧烈，以至于有几次因为吐血不得不被火速送入了急诊室。医生排除了溃疡和胃癌的可能性后，他也终于被转入了心理诊所。他的治疗师在 2008 年的一次会议上告诉我说，已经通过暴露疗法和认知行为疗法相结合的方式将他成功治愈。

张搞得我自己也很紧张。这是身为一个焦虑的呕吐恐惧症患者非常可怕的一件事：事实就是腹痛本身往往是恐惧最强烈的来源。每次肚子一疼，就担心自己会呕吐。因此焦虑使你肚子疼，肚子疼又让你焦虑，如此交替往复，形成恶性循环，朝着惊恐的方向迅猛发展。真正的呕吐恐惧症患者们的生活大部分都是围绕着他们的恐惧症进行的——有些人由于恐惧，多年不工作或者多年足不出户，甚至仅仅是说出或者写出"呕吐"或者相关的词语都令他们难以忍受（呕吐恐惧症患者的在线社区通常规定类似的词必须用类似"v**"这样的形式来代替）。

直到最近几年，呕吐恐惧症在临床文献中出现的频率才开始上升。互联网的出现为呕吐恐惧症患者提供了一种找到病友的途径，而在此之前他们都以为自己的病情是很罕见的。在线社区和支持小组如雨后春笋般涌现。这些虚拟社区的出现，尤其是其中一些规模还相当庞大（根据统计，国际呕吐恐惧症协会这个论坛的规模足足是最大的飞行恐惧症论坛的5倍），引起了焦虑研究者的关注，他们开始更加系统地对这种恐惧症展开研究。

呕吐恐惧症的表现与其他焦虑症一样，包括生理反应升高、出现回避行为（专家也称之为安全行为或中和行为，指针对性的措施，比如我在紧急情况下会服用胃处方药和抗焦虑药）、注意力不集中（指当恐惧性刺激出现的时候，比如办公室或者家里发生病毒传染，我们很难关注它以外的其他事情），以及非常典型的自尊与自我效能方面受挫的问题。我们这些呕吐恐惧症患者通常对自己评价偏低，认为自己应付不了这个世界，尤其是应付不了像呕吐这样灾难性的事情。

我们可以看到，惊恐型障碍患者和肠易激综合征患者（两者大部分情况下是同一群体）都存在心理健康专家所称的"高躯体化易损性"（一种将情绪上的痛苦转变为生理上的症状的倾向）以及"识别和解读身体症状中的认知偏差"（他们特别关注生理上的微小变化，同时倾向于以一种负面的、最坏情况的方式来解读这些症状）。大多数惊恐症患者首先关心的是预示着心脏病、窒息、精神错乱或者死亡的因焦虑引起的身体症状，而呕吐恐惧症患者则害怕这些症状预示着自己马上就要呕吐了（也包括精神错乱和死亡）。除了极少数由焦虑造成的猝死情况，惊恐症患者害怕的事情极少会变成事实。与此相反的是，呕吐恐惧症患者的焦虑症状恰恰很可能引起他们最害怕的事情。这当然也是持续害怕自己处于持续害怕的状态下的原因之一。有人会对我有时觉得自己的大脑由内而外翻转了而感到惊讶吗？

　　心理学家已经成功开发了若干衡量控制欲的标准化量表，例如罗特的心理控制源量表（Locus of Control Scale）和健康心理控制源量表（Health Locus of Control Scale）。焦虑与抑郁不但紧紧地同自尊绑在一起，而且也与控制密不可分（焦虑症患者往往既感觉自己掌控不了自己的人生，也害怕会失去对自己的身体和思维的控制）。这一观点经过几代研究者的工作已经完全建立了起来，不过这种联系似乎在呕吐恐惧症患者的身上体现得尤其明显。一篇发表在《临床心理学杂志》上的研究文章发现"呕吐恐惧症患者似乎无法消除他们难以满足的对于维持控制力的欲望"。

　　W博士曾经指出他相信我的呕吐恐惧症存在明显的多层次象征。呕吐代表着失控，也代表我对暴露自己内心世界的恐惧。他认为最重要的是代表了我对死亡的恐惧。总体上看，呕吐以及我那难以驾驭的肠胃紧张都是我的恐惧反映在身体上的无可争议的证据——害怕我无法避免的死亡。[①]

有朝一日我会呕吐；有朝一日我会死去。

我战战兢兢地生活在这两者的恐怖之下，是不是我错了？

我发现面条跟肠胃合不来。是什么思绪在负责消化烤牛肉呢？我不知道，不过它们是两种亲密无间的能力。

——达尔文给他的姐姐卡罗琳的信（1838 年）

我希望知道自己并不是唯一一个头脑和肠胃都容易被焦虑扰乱的人，这样至少我还可以聊以自慰。早在亚里士多德时代，研究者们就发现神经性的消化不良与学术成就经常有密切的关系。1909 年，西格蒙特·弗洛伊德前往美国介绍精神分析理论的旅程就被他持续的肠胃紧张和腹泻给毁了（此后他经常抱怨这件事情）。威廉·詹姆斯与亨利·詹姆斯[②]都是极其严重的神经疾病患者，他们的往来信件中有很多主要是交流自己治疗肠胃疾病的不同方法。

但是，在关于肠胃紧张如何烦人的抱怨中，没有什么能够与可怜的达尔文所经受的相比。他的一生中有几十年都在与肠胃不适做斗争，却力不从心。

1865 年，时年 56 岁的达尔文给一位名叫约翰·查普曼的医生写了一

① 正如英国内科医生、哲学家雷蒙德·塔里斯写的那样："无论对自己的身体持有古怪还是有逻辑的观点，治愈这个的万无一失的方式就是呕吐。你的身体牢牢地掌控着你。呕吐时的恐怖在于，它高调地提醒着我们只存在于有着自己节奏的有机体内。"

② 亨利·詹姆斯（1843—1916），美国著名文学家，威廉·詹姆斯的弟弟。——译者注

封绝望的信，列举了一大堆几乎折磨了他 30 年的症状：

> 连续 25 年不分日夜一阵阵地肠胃胀气：偶尔会呕吐，间隔大约
> 有几个月。呕吐之前会浑身颤抖，歇斯底里地哭泣，有死亡的体验
> 或者出现半昏迷。小便量大且颜色非常暗淡。现在呕吐和每一段肠
> 胃胀气之后都有耳鸣、身体轻飘飘、出现幻象……在 E（指达尔文
> 的夫人艾玛）离开我的时候会感到紧张不安。

即使是列举了这么多症状，它也是远远不完整的。在另一位医生的
劝说下，达尔文于 1849 年 7 月 1 日至 1855 年 1 月 16 日坚持记录健康日
记，这本日记最终发展到数十页纸，列出的病情包括慢性疲劳、剧烈腹
痛和腹胀、频繁呕吐、眩晕（达尔文形容为"脑袋在游泳"）、战栗、失
眠、皮疹、湿疹、疖子、心悸、心脏疼痛与忧郁。

从达尔文的父亲开始，先后十多位医生都没能治愈他的疾病，这让
他泄气。在他给查普曼博士写信的时候，已在此前 30 年中绝大多数时间
因病足不出户了。在这段日子里，他英雄般地克服困难写成了《物种起
源》一书。根据他的日记和信件，我们可以毫不夸张地说，自从他 28 岁
以后，除了睡觉差不多有 1/3 的时间是在呕吐或者卧床中度过的。

查普曼曾经医治过多位身受焦虑困扰的维多利亚女王时代的知识分
子。据他自述，他专门治疗那些"受过高等教育、头脑高度开发，却常
常被微妙的影响复杂化、纠正以及控制"的神经高度紧张的患者。他为
几乎所有神经性疾病给出的治疗方法都是对脊髓进行冰敷。

1865 年 5 月末，查普曼前往达尔文在乡下的住所为他进行治疗。接
下来的几个月里，达尔文每天都要花好几个小时把全身包裹在冰块里。

他的著作《动物和植物在家养下的变异》中的几个关键章节就是在脊椎靠着冰袋的情况下完成的。

治疗没有见效。"无休无止的呕吐"仍在继续。尽管查普曼的陪伴令达尔文和他的家人感到非常愉快（"我们非常喜欢查普曼博士，对于冰块疗法的失败我们和他本人一样感到遗憾。"达尔文的夫人写道），但是到7月，他们放弃了这一治疗方案，让查普曼医生回了伦敦。

查普曼不是第一个治疗达尔文失败的医生，也不是最后一个。如果人们阅读了达尔文的日记和信件，会对他1836年结束了那次著名的乘坐贝格尔号的旅行返回后患上的持续身体衰弱感到惊奇。关于达尔文到底患了什么病的医学争论流行了150年之久。在他生前和身后被提及的名单有长长一串：阿米巴感染、阑尾炎、十二指肠溃疡、消化系统溃疡、偏头痛、慢性胆囊炎、阴燃肝炎（smouldering hepatitis）、疟疾、卡他性[1]消化不良（catarrhal dyspepsia）、砷中毒、卟啉症[2]（porphyria）、发作性嗜睡症、胰岛素过多致使糖尿病（diabetogenic hyperinsulism）、痛风、潜伏性痛风[3]（suppressed gout）、慢性布鲁氏菌病[4]（chronic brucellosis，这种病是贝格尔号曾经停靠过的阿根廷所特有的）、恰加斯

---

[1] 卡他性指黏膜渗出液多。——译者注

[2] 又名血紫质病，是血红素合成途径当中由于缺乏某种酶或酶活性降低而引起的一组卟啉代谢障碍性疾病。——译者注

[3] "到底这个'潜伏性通风'是什么？医生只要不知道是什么病，就都往这个病上靠。"达尔文的朋友约瑟夫·胡克（植物学家，著有《植物种类》）得知这个病后写信给达尔文说，"如果真是'潜伏'，那是怎么知道是痛风的呢？如果显而易见，到底为什么要叫作'潜伏'呢？"

[4] 由布鲁氏菌属的细菌侵入机体，引起传染—变态反应性的人畜共患的传染病。——译者注

病 ①（Chagas'disease，可能因为在阿根廷被虫子叮咬）、对用于实验的鸽子的过敏反应、他在贝格尔号上晕船未得到及时治疗引起的并发症以及眼球屈光异常 ②（refractive anomaly of the eyes）。而在我刚刚读到的一篇 2005 年发表在一本英国学术期刊上的文章《达尔文的病因揭晓》中，达尔文的疾病被归因为乳糖不耐症。

不过在我仔细研读了达尔文的生平之后发现，导致他所有疾病发作的诱因都是焦虑。精神病专家、历史学家拉尔夫·科尔普在 20 世纪 70 年代梳理了所有能找到的达尔文的日记、书信、病历，他认为达尔文病情最严重的时间段要么与他在进化论方面的工作压力有关，要么与来自家庭的压力有关（盼望婚礼的到来造成了"持续两天两夜的头痛，我都怀疑这是不是不让我结婚了"）。在一篇 1997 年刊登于《美国医学会杂志》的文章中，两位医生提出，根据达尔文本人对症状的描述，可以很容易地对应上 DSM-IV 中伴有广场恐惧症的惊恐性障碍的诊断标准，因为他表现出了 13 种症状中的 9 种（只要满足其中 4 种症状即可进行归类）。

为期 4 年零 9 个月的贝格尔号旅行，对于达尔文开展科研工作是一段核心的经历。③ 达尔文晚年这样形容贝格尔号出海之前在港口中停留的那几个月时间"是我所经历的最痛苦的一段日子"——联想到他后来所经受的可怕的病痛，这其实颇有深意。

---

① 由克鲁斯锥虫引起，又称美洲锥虫病。——译者注
② 指眼睛在不使用调节时，平行光线通过眼的屈光作用后，不能在视网膜上结成清晰的物像，而在视网膜的前或后方成像，近视、远视、散光均属此列。——译者注
③ 达尔文在加拉帕戈斯群岛发现雀类有各种各样不同的小雀科，这促使他领悟到物种不是一成不变的，而是随着时间的推移在变化的。后来，他将这种变化称为"进化"。

"当时想到我要离开家人和朋友如此长的时间，我就无精打采，在我看来天气也是难以形容的阴沉。"他回忆道，"同时我还有心悸和胸痛的问题，就像很多无知的年轻人，特别是对医学知识一知半解的人一样，我确信自己患了心脏病。"此外，他还饱受眩晕和手指刺痛之苦。这些都是焦虑的症状，尤其是与惊恐性障碍相关的呼吸亢进[①]的症状。

达尔文强迫自己从情绪低落中走出来，登船出发。尽管他被幽闭恐怖症（这使他处于长期的恐惧中）和严重晕船困扰，在旅程中他总的来说还是健康的，有能力去收集那些让他名声大噪、创建了毕生事业的科学证据。但是在贝格尔号于 1836 年 10 月 2 日返回英格兰的法尔茅斯港之后，达尔文终其一生再也没有踏出过英格兰国门一步。旅行结束 5 年之后，达尔文的活动范围已经越发受限。他告诉表哥："我害怕去任何地方，因为我的肠胃稍一激动就会崩溃。"

写出《物种起源》这本书是非常伟大的。达尔文婚后不久便热情地投入进化方面的研究中，其间他遭遇了第一段"周期性呕吐"的打击，他因此卧床好几周，每天要呕吐多次。有几次，病症持续了几年才结束。任何形式的激动或者社交都会给他的身体带来剧烈的反应。参加聚会或者会议都会让他"瞬间"产生焦虑，导致"猛烈的颤抖和呕吐"（"因此有好几年时间我不得不放弃了所有的晚餐会。"达尔文写道）。他在书房的窗外放了一面镜子，这样当客人们沿着小路来访的时候，他们还没看见达尔文，达尔文就能先发现他们，从而有时间打起精神迎接或者避而不见。

除了查普曼博士的冰敷疗法，达尔文还尝试了著名的詹姆斯·古利

① 急性焦虑引起的生理、心理反应。发作时患者会感到心跳加速、心悸、出汗，因为感觉不到呼吸而加快呼吸，引起呼吸性碱中毒等病症。——译者注

博士，医治过阿尔弗雷德·丁尼生、托马斯·卡莱尔和查尔斯·狄更斯的"水疗"（water cure）、运动、无糖饮食、白兰地与"印第安麦酒"混合饮品、化学混合物（数十种）、身上固定着金属板刺激内脏、"电路"（黄铜和锌制成的金属丝）电疗、醋浴等方法。无论是心理安慰、分散注意力也好，还是真的有效也好，在有些时候有些疗法还是有些作用的，但病魔总会卷土重来。当天往返伦敦，或者是把他井井有条的日程表进行一点轻微的改动，都会导致"严重的呕吐"，让他在床上躺上几天甚至几个星期。任何工作，尤其是与《物种起源》相关的工作——达尔文称之为"我最令人憎恶的一本书"——都会让他卧床几个月。"我的身体很不好，讨厌的校对工作让我大吐了两天。"他在 1859 年上半年给朋友的信中说，当时他正在仔细检查印刷者提供的勘误。他在书房安装了一个特殊的厕所，这样就能在一块帘子后面呕吐了。1859 年 10 月 1 日，他在阵阵呕吐中完成了校对。这 15 个月以来，每天他的肠胃几乎从未让他能够舒服地连续工作 20 分钟，现在，这段日子终于结束了。

　　经过 20 多年的酝酿，当《物种起源》于 1859 年 11 月最终出版时，达尔文正在约克郡的一处温泉水疗浴场卧床休养，他的肠胃仍然不时骚动，皮肤呈现赤红色。"我最近身体很差。"他写道，"遇到了可怕的'危机'，一条腿像得了象皮病①似的肿胀起来，眼睛几乎睁不开，身上长了皮疹和灼热的疖子……简直像是活在地狱里。"②

---

① 因血丝虫感染引起的疾病，患处肿胀，外观如同大象的皮肤。——译者注

② 达尔文的传记作家之一、英国心理分析专家约翰·鲍尔比在 20 世纪 80 年代发现达尔文患的疖子和皮疹的种类在皮肤科医生看来与"努力压抑的情绪及长期较低的自尊感和工作过度"有关。他和其他的传记作家都注意到任何压力或者"哪怕极微小的心理变化"都会让达尔文出现生理上的症状。

《物种起源》出版后，达尔文的身体状况依然不佳。"我觉得自己到了入土的时候了，每天，甚至每个小时都在痛苦地呻吟。"在 1860 年他这样写道。有些人依据他的病情的严重程度和持续时间认为他患的是某种细菌引起的疾病，或是结构性的疾病（"我必须告诉你查尔斯的病严重到了什么程度。"他的夫人在 1864 年 5 月给家族的一位朋友写信说，"他天天呕吐已经有差不多半年了。"）。但是也有理由对此进行反驳：当达尔文放下工作去骑马，或者到苏格兰高地和北威尔士之类的地方去散步时，他的健康便会得到恢复。

> 如你所知，查尔斯已经习惯于身处焦虑之中了。
> ——艾玛·达尔文给一位朋友的信（1851 年）

如果我看上去过分关注达尔文的肠胃，也许你们能够理解其中的缘由。开启了对恐惧的现代研究，将恐惧确定为一种对生理，尤其是对肠胃存在具体影响的达尔文，自己却不幸地遭受着肠胃紧张的折磨，这是件多么正常又讽刺的事情啊。

此外，他还有过分依赖自己的夫人艾玛的问题。"如果没有你，当我生病的时候简直感觉太孤寂了。"达尔文有一次在给她的信中写道。"哦，妈妈，我渴望和你在一起，并且被你保护着，那样我会感到安全。"这是另一封信中的话。

妈妈？难怪后来有些弗洛伊德的支持者提出达尔文像那些有恋母情结的人一样，存在依赖问题。我想现在是时候这样说了——根据我对我妻子，还有更早以前对父母沉重的过度依赖——W 博士曾经诊断我患有依赖性人格障碍，按照 *DSM-IV* 的定义，它的特征是对他人过度的心理依赖（通常来说，是所爱的人或者照顾自己的人）以及认为自己没有能力独立处理好自己的事情。

　　当然，最后还有达尔文数十年来持续呕吐的问题。对于一个像我这样的呕吐恐惧症患者来说，这有着一种病态的魅力。他的焦虑导致了呕吐，而他的呕吐并没有（或者看上去没有）导致更多的焦虑。而且，尽管达尔文这么多年以来都有呕吐的毛病，他仍然活到了在当时算是高寿的 73 岁。难道达尔文在抵抗如此伤人的肠胃疾病上取得的成绩不应该让我放心吗？比如我只是呕吐一次，甚至五次，甚至是一天五次——甚至和达尔文一样，连续几年每天呕吐五次——我可能不仅能挺过来，而且或许依然可以事业有成？

　　如果你没有得呕吐恐惧症，那么这个问题肯定会令你觉得非常奇怪，这也是我的精神疾病的核心——不理性的困扰。正是如此。但如果你是呕吐恐惧症患者，那么你一定会明白我指的是什么。

如果你能够训练自己的头脑，让它无论在你单独一人还是面对众人的时候都以同样的方式工作，你便不会因为怯场而发挥失常。

第四章
紧张棒极了，这说明你在乎

我最终将演讲前要走的固定程序确定了下来，这能够让我免受公开演讲前几周产生的痛苦折磨。

假设我正在某个公共集会上对你做演讲，之前我可能会这样进行准备：大约在演讲开始四个小时前，第一次服用半毫克赞安诺（如果太长时间没有服用它，我的交感神经系统会过度工作，连药物也不足以将它拉回正轨）；然后，大约在离演讲还有一小时的时候，第二次服用半毫克赞安诺，可能还会服用 20 毫克心得安（我需要整整一毫克的赞安诺再加上心得安。心得安是一种降压药，或者说是一种 β 受体阻滞剂，它能够抑制交感神经系统的反应，以防被当我站在你们所有人面前时产生的焦虑刺激压垮——流汗、颤抖、恶心、打嗝、胃痉挛、喉咙与胸部发紧）；可能会用一杯苏格兰威士忌或者伏特加送下这些药片，即便服下两片赞安诺和一片心得安都不足以让我那被各种想法充斥的头脑冷静下来，也不足以让我的喉咙和胸部从让我无法开口的紧张中放松下来，我需要酒精来延缓和抑制药物无法抑制的多余生理反应。事实上，在此之前 15~30 分钟，我很可能会喝第二杯酒——是的，哪怕演讲时间定在上午 9 点也是如此——只要演讲前的安排让我有机可乘，我就会溜出去喝一杯。根据自己对观众令我害怕的程度的预估，我可能还会喝第三杯或者第四杯酒。通常情况下，当我站在那里开始演讲的时候，会在一边的衣袋里放着赞安诺（以防在被叫上台前觉得有必要再吃一片），在另一边衣袋里放一两瓶（小瓶）伏特加。大家都知道我在走上讲台时还会出于谨慎再喝一大口——即使出于焦虑我还想多喝一些，但是由于之前服用了酒和镇静药，我的抑制能力下降了，判断力也受到了影响。如果我成功地把握住了"甜点"，也就是时机与剂量最完美的结合，酒精和药物在认知与精神上的镇静作用抵消了焦虑造成的生理高度觉醒状态，我在台上的表现应该就会不错：紧张但不痛苦；头脑有些迷糊但仍能表达清楚。这种情形下引起的焦虑就会被我服用的药物抵消。但是如果我服用了过量的药物——过多的赞安诺或者酒——我看上去会显得有些呆头呆脑、口齿不清，或者存在其他的问题。那么，要是我服用的剂量不够会怎么样呢？嗯，那样的话，我可能会感觉很不舒服，大量出汗，嗓音无力地颤抖，只能把注意力集中在自己身上；更有可能的是在出现严重反应之前我就已经跑下台了。

我很清楚自己应付公开演讲时的焦虑的方式并不健康。毫无疑问，我是在酗酒。很危险，但很有效。我只有在镇静药与酒精的共同作用下，处于安静和接近麻醉状态之间时，才会（相对）对自己毫无痛苦地、出色地当众演讲抱有信心。只要我知道自己还可以利用赞安诺和酒精，我就只需要在演讲之前的几天里承受适度的焦虑，而不是在之前几个月里都要忍受痛苦的、令我难以入睡的恐惧。

自我治疗是一种预防怯场的方法，它经受了时间的考验，但有时也存在危险性。曾多年担任英国首相的威廉·格莱斯顿从 30 岁起，每次在议会演说之前自己开始感觉口渴时，都会在喝咖啡的同时服用一些鸦片酊，也就是将鸦片溶解在酒精里的饮料（有一次他不小心服用了过量的鸦片酊，不得不前往疗养院进行康复治疗）。18 世纪英国著名的反对奴隶制政治家威廉·威尔伯福斯每次在议会演说前都会服用鸦片这种"神经镇静剂"。威尔伯福斯评价自己演说前的鸦片疗法时说："靠着这么做，我才成为一位成功的公开演讲者。"劳伦斯·奥利弗为怯场所困而有了退休的念头，深信媒体会称之为"神秘和过分突然的退休"。后来，他向演员、女爵士西比尔·桑代克和她的丈夫吐露了自己承受的压力。

"吸毒吧，亲爱的。"桑代克对他说，"我们就是这么做的。"

我试图从格莱斯顿、奥利弗和其他成功且高尚，却被怯场搞得疲惫不堪的人身上找到一些安慰。

以口才著称的古希腊政治家德摩斯梯尼，在年轻的时候却因为焦虑和口吃饱受嘲讽。伟大的古罗马政治家和哲学家西塞罗，曾经在一次重要的广场审判上演讲时中途呆住，跑下台去。"演讲开始的时候我的脸色变得苍白，从身体到灵魂都在颤抖。"他写道。对《出埃及记》第 4 章第 10 节的各种不同解读都一致认为，摩西害怕当众演讲，或者有口吃的毛病。他最终克服了这些，成为民族的领袖。

历史长河中的每个时代似乎都会出现过一些杰出的、成就卓著的人物，他们在与严重的演讲焦虑的斗争中要么铩羽，要么奏凯。一天早晨，18 世纪的英国诗人威廉·柯珀在前往上议院参与关于自己是否够格出任一个政府职位的讨论之前试图上吊自杀，宁愿死也不愿意忍受一次公开露面（自杀没有成功，讨论也延期了）。"那些视在任何场合参加公开考试为毒药的人也许能在一定程度上理解我当时面临的恐惧。"柯珀写道，"其他人对此毫无概念。"

1889 年，一位年轻的印度律师在首次出庭时因为紧张在法官面前愣住了，然后耻辱地跑出了法庭。"我感到眩晕，仿佛整个法庭都在旋转。"他在自己后来被称作"圣雄甘地"之后写道，"我连一个可以问的问题都想不出。"另有一次，当甘地在当地素食社团的一次小型集会上起立朗读自己准备的一些评论时，发现自己怎么也开不了口。"我感觉视线模糊，身体发抖，而这篇演讲稿甚至连一大张纸的篇幅都不到。"他说。这种被甘地自己称为"公开演讲造成的可怕紧张"的症状让他有很多年即便在朋友间的晚餐会上都不敢当众讲话，而且差点就让他无缘精神领袖的身份了。托马斯·杰斐逊也是因为对公开演讲的恐惧而终止了律师生涯。他的一位传记作家说如果杰斐逊试图大声慷慨陈词，他的声音会"堵在喉咙里"——他在第二届大陆会议期间从未发过言。值得一提的是，在他的总统任期内，他也只进行了两次公开演讲——他的两次就职演说。杜克大学的精神病专家们在考察了杰斐逊的生平后，在《神经与精神疾病杂志》上发表文章，认为这位已故的著名人物患有社交恐惧症。

小说家亨利·詹姆斯因为感觉自己在一次模拟法庭的竞赛中"颤抖、崩溃、沉默"的表现很难堪而从法学院退了学。从那以后，他就回避正式的公开演说，尽管他是因宴会上的妙语连珠而闻名天下的。弗拉基米尔·霍洛维茨可能是20世纪最富有才华的音乐会钢琴家，却因为严重的怯场问题有15年拒绝当众演奏。当他终于重返舞台时，必须能够清楚地看到自己的私人医生一直坐在观众席的前排才会登台演奏。

芭芭拉·史翠珊在她演艺生涯的巅峰期被严重的怯场压垮，有27年拒绝参加商业演出，只在慈善场合现身，认为这种场合所承受的压力会小一些。1981年，卡莉·西蒙在匹兹堡举行的一场有上万观众到场的演唱会前精神崩溃，此后告别舞台7年。在她重新恢复演出后，有时在登台前需要通过用针刺自己的皮肤或者让乐队成员拍打她来转移焦虑。歌手唐尼·奥斯蒙德曾因为惊恐发作退出乐坛若干年（他现在是美国焦虑与抑郁症协会发言人）。喜剧演员杰·摩尔自述他曾经在《周六夜现场》节目上出演滑稽短剧时突然惊恐发作。因为他担心这会严重到导致演艺生涯终结的地步，于是在电视直播中就疯狂地想找一片氯硝西泮来服下（在那种情形下，最终拯救了摩尔的不是氯硝西泮，而是他的搭档克里斯·法利的嬉闹，这让他从焦虑中分了心）。就在几年前，休·格兰特宣布自己处于半退休状态，因为一面对镜头他的惊恐就会发作。他几乎是靠着"用劳拉西泮喂饱自己"才撑过电影的拍摄的（劳拉西泮是一种短效镇静剂，商品名称叫作安定文锭）。"我遇到各种各样的惊恐发作，"格兰特说，"状况太糟糕了。我呆若木鸡，无法说话，无法思考，像牛一样拼命出汗。当我终于结束工作回到家里时，我告诉自己：'别再演戏了，别再拍电影了。'"橄榄球运动员里基·威廉姆斯在 1998 年获得了海斯曼奖杯[①]，几年后却因为焦虑症从国家橄榄球联盟退役了。社交令他感到非常紧张，以至于连接受采访都要戴着橄榄球头盔。2004 年获得诺贝尔文学奖的奥地利女作家埃尔弗里德·耶利内克拒绝到场领奖，因为她患有严重的社交恐惧症，根本无法在公众场合露面。

西塞罗、德摩斯梯尼、格莱斯顿、奥利弗、史翠珊、威尔伯福斯、威廉姆斯、耶利内克：有医生，有科学家，有演说家；有奥斯卡奖得主，有海斯曼奖杯得主，有诺贝尔奖得主。还有甘地、杰斐逊和摩西。这么多比我伟大得多的人物都会时不时被怯场击倒，我难道不应该从中得到安慰吗？在一些案例中，他们坚持克服焦虑的能力难道不应该给我希望和鼓舞吗？

---

① 授予每年由美国体育记者从大学橄榄球队中投票评选出的最优秀队员的奖杯。——译者注

为什么要让"别人在看着我"的想法影响到我们的微血管循环呢？
——查尔斯·达尔文 《人类与动物的表情》（1872 年）

怯场症状的表现形式之一是表面上拙劣，实际上是为侮辱而说的笑话。
——约翰·马歇尔 《社交恐惧症》（1994 年）

DSM 官方将社交焦虑障碍划分为两个子类别：特殊与一般。被诊断为特殊社交焦虑障碍的患者在非常特殊的情况下会产生焦虑，通常与某种公开表现有关。截至目前，最为常见的特殊社交恐惧症是对公开演讲的恐惧，但仍存在害怕当众进餐、害怕当众写字，还有害怕在公共厕所方便的情况。有数量惊人的人群在生活中尽力回避在别人面前吃东西，对将要在别人面前签支票充满恐惧，或是站在公共厕所的小便池前面时会出现"膀胱害羞症"（撒不出尿）。

而患有一般社交焦虑障碍的人在任何社会情境下都可能感到焦虑。鸡尾酒会、商务会谈、求职面试、晚餐约会，这些日常事件都可能带来明显的情感痛苦和生理症状。对于情况最严重的患者来说，人生简直是无尽的痛苦。最普通的社会互动（比如与售货员交谈或者与办公室同事闲聊）都会引起某种惊恐。很多社交恐惧症患者经历了可怕的孤独和事业的挫折。研究发现，社交恐惧症与抑郁症和自杀都存在密切的关联。同时，社交恐惧症患者中酗酒与滥用药物的比例较高，这毫不令人意外。

社交恐惧症无比讽刺的一点在于：患者最害怕的事情之一就是自己的恐惧会暴露在他人面前，而这恰恰是焦虑的症状会造成的结果。社交恐惧症患者担心自己笨拙的人际交往技巧或者焦虑的生理表现（比如脸红、发抖、口吃、出汗等）会出卖他们的软弱或无能。于是他们变得紧张起来，于是就会口吃、脸红，于是就更加紧张，于是就更加口吃、更加脸红，这将他们推进了焦虑逐步上升而表现越来越差的恶性循环。

在这一点上，脸红是十分可恨的。有关赤面恐惧症（erythrophobia，害怕在公众场合脸红）的第一个案例研究发表于 1846 年，作者是一位德国医生。他描述了一位 22 岁的医学院学生因对难以自制的脸红感到羞愧而自杀的故事。几年之后，达尔文在《人类和动物的表情》一书中花费整整一章来讨论脸红。他论述了在人们最希望隐藏自己的焦虑的时刻，脸红是如何出卖了他们的。"激发我们脸红的并不是思考自己的外表如何这一简单的举动，而是对别人怎样看我们的思考。"达尔文写道，"众所周知，最能让一个害羞的人脸红的就是对他外表的评论，无论这个评论是多么微不足道。"

达尔文的理论非常正确：我曾经有几位同事，一紧张就会脸红，而让他们脸红得最厉害的就是他们的大红脸被当众评论的时候了。其中一位女同事在自己的婚礼之前尝试了多种不同组合的药物来治疗，甚至打算动手术，只希望能让自己从这种她认为无法忍受的耻辱中解脱（每年都有成千上万会因紧张而脸红的人接受内窥镜的胸腔交感神经切除术，手术会破坏靠近胸腔的交感神经神经节）。幸运的是，我的常规紧张症状中不包括脸红。我观察着她，心想她真可笑，居然会认为在自己的婚礼上脸红是件丢脸的事情。随即我就想到我对自己在婚礼上出汗和颤抖感到多么难为情，不知道和她相比，我是不是没有那么可笑。

羞耻也许是在这里产生作用的情绪，是焦虑与脸红二者背后的引擎。1839 年，英国医生托马斯·伯格斯在其著作《脸红的机制与原理》中提出是上帝设计了脸红，以使得"灵魂能够拥有将各种道德情感的内在情绪展示在人的脸颊上的主权"。他写道，脸红可以"作为对我们自己的一种检查，能够让他人看到我们违反了一些神圣不可侵犯的规则"。伯格斯和达尔文都认为，脸红是我们的自我意识和社交习性的生理学证据：不仅显示出我们对自我的意识，也显示出我们对于"他人如何看待我们"的敏感性。

达尔文以及其他一些现代进化生物学家在此之后的研究中提出，脸红不仅是我们的身体向我们发出的在社交中出现了某种不体面的越轨行为的信号（你能够通过皮肤温度的升高感觉自己的脸红了），也是向他人传递我们自己感到羞怯和难为情的一种信号。这是一种对种群中社会地位更高者表现出社会尊重的方式，同时也是伯格斯所说的一种对我们的反社会冲动的检查，避免我们偏离主流的社会规范。社交焦虑与它所产生的脸红是具有进化适应性的：它提倡的行为能够维护社交礼仪，防止我们受到所属种群的排斥。

尽管在精神病学的历史上，社交焦虑障碍作为一种正式诊断的时间相对来说还不长——它诞生于 1980 年，是 *DSM-III* 从旧的弗洛伊德神经症中分离出来的几种新的焦虑障碍之一——但它描述的症候群却有着悠久的历史，对应的症状也世世代代始终如一。[①] 1901 年，法国小说家、精神病专家保罗·哈登伯格描述了一种综合征，其生理与情绪症状显著符合 *DSM-V* 对社交焦虑障碍的定义。哈登伯格在《害羞与害羞的人》中写道，社交恐惧症患者（害羞的人）害怕其他人、缺乏自信、逃避社会

---

① 术语"社交恐惧症"于 1903 年首次出现。当时颇有声誉的法国精神病学家、弗洛伊德同时期有力的竞争者皮埃尔·让内在一篇关于精神疾病分类的文章中将脸红归在他称为"社交恐惧症"（法语为 phobies sociales 或 phobies de la société）的类别下。

互动。哈登伯格笔下的社交恐惧症患者在面临社会情境时会出现心跳加速、打寒战、出汗、恶心、呕吐、腹泻、颤抖、说话困难、窒息以及呼吸急促等症状，以及感觉迟钝和"精神错乱"。社交恐惧症患者也会产生羞耻感。哈登伯格甚至预见到了现代会对在所有社会情境下都会感觉焦虑的人与只有在当众表现之前才会感到焦虑的人进行区分——后者是一种他称为"怯场"的特殊情绪体验，他认为正是它让许多学者、音乐家和演员在演讲或者表演之前感觉深受折磨（哈登伯格写道，这种体验类似眩晕症或者晕船，往往毫无征兆、突然降临）。

　　然而，尽管有关社交焦虑的描述数千年来似乎始终保持一致，对社交焦虑障碍的诊断在部分时间段仍然存在争议。即使是在这一症候群于 1980 年被 *DSM* 正式收录之后的多年间，仍然只有为数不多的病例被诊断为社交恐惧症。西方心理治疗师倾向于将它视为一种显著的"亚洲障碍症"——一种大量出现在日本和韩国这样的"耻感文化"（shame-based culture，一位人类学家这样形容）国家的疾病。在这些国家，人们非常重视社会行为的正确性。在日本的精神疾病中有一种叫作"恐人症（Taijin-kyofu-sho），与我们所说的社交焦虑障碍大致相近，长期以来一直是日本最为常见的精神疾病之一。1994 年进行的一项跨文化比较显示，社交恐惧症在日本相对流行，可能与"日本社会中羞耻感出现上升"有关。这项调查的首席研究员提出，日本社会自身可能存在"伪社交恐惧"，因为一些在西方可能会被视为精神疾病症状的感觉和表现，比如过分的羞耻感、回避目光接触、煞费苦心地表示对别人的尊重，在日本都是文化的规范。①

---

① 不说别的，这里体现了文化和药物互动有多种形式：某些文化中稀松平常甚至根深蒂固的东西，在另一种文化里可能是病态的。

在美国，社交焦虑障碍研究领域有一位有先见之明的斗士，他就是哥伦比亚大学的精神病专家、将这种疾病收录入 *DSM* 的小组委员会成员迈克尔·利博维茨。1985 年，利博维茨在《普通精神病学文献》上发表了题为《社交焦虑——被忽视的疾病》的文章。他在文中提出，这种疾病没有得到充分的诊断和治疗，这是非常不幸的。[①] 文章发表之后，关于社交恐惧症的研究开始呈现缓慢的增长。截至 1994 年，"社交焦虑障碍"这一术语在大众媒体上仅仅出现了 50 次；而又过了 5 年，这一数字已经达到 100 万次。是什么原因使得社交焦虑障碍吸引了大众的注意力呢？很大程度上是因为美国食品药品监督管理局（FDA）于 1999 年批准将帕罗西汀（Paroxetine）用于治疗社交焦虑障碍。[②] 史克必成公司迅速投入数百万美元，同时向精神病专家和公众发起了广告宣传活动。

"想象一下你对人群过敏，"一则广泛传播的帕罗西汀广告词中写道，"你脸红、出汗、发抖甚至感到呼吸困难，这就是社交焦虑障碍的感觉。"在这种疾病突如其来地被广泛接受的情况下——同一则广告声称"超过 1000 万美国人"正在遭受社交焦虑障碍的折磨——帕罗西汀的处方量呈现爆炸性的增长，超越百忧解和左洛复，成为全美销量最大的 SSRI 抗抑郁药物。

在 1980 年以前，从未有人被诊断为社交焦虑障碍；20 年后，相关研究估计有 1000 万~2000 万美国人患有这种疾病。如今，美国国家心理健康研究所的官方数据显示，超过 10% 的美国人在一生中曾经出现过社交焦虑障碍，其中差不多有 30% 属于重度焦虑（发表于著名的医学杂志

① 利博维茨还发明了用于测量病人的社交恐惧程度的标准心理评定量表。

② 帕罗西汀早前被批准用于治疗抑郁症、强迫观念与行为障碍及广泛性焦虑障碍。

的统计数据也与此相近）。

争议无疑是存在的：在不到 20 年的时间里，患者人数居然从 0 达到了几千万！这种鬼把戏很容易设计：他们发明了一种经不起推敲的新的精神疾病诊断方式。一开始根据它的定义只有很少的患者，随后一种药物被允许用来治疗它，诊断数量猛然上升，制药行业收获了数十亿美元的利润。

不仅如此，批评者们还声称这种表面上给社交焦虑障碍患者带来困扰的症候群还有另一个名字："害羞"，不过是一种性格倾向，不应该被认为是一种精神疾病。2007 年，西北大学的英文教授克里斯托弗·雷恩出版了一本名为《害羞：正常行为成为一种疾病》的书来阐述这一观点。书中称精神病专家们与制药行业合谋，成功地将一种正常的人类性格病态化。[1]

一方面，社交焦虑障碍的诊断数量突然大幅增长，无疑反映了制药行业在为产品创造生产需要方面强大的营销力量。此外，对社会互动有一定程度的紧张情绪是完全正常的。当我们知道自己将要在聚会上对陌生人做个小演讲的时候，能有几个人完全没有任何不自在的感觉呢？必须当众进行表演或者接受观众评判的时候，谁能做到不出现任何焦虑呢？这样的焦虑是健康的，甚至是具有进化适应性的。把这样不自在的感觉定义为需要用药物治疗的病症，就是用医学方法处理人的天性。从这点看来，"社交焦虑障碍"这个概念仅仅是制药行业用来追逐利润的产物罢了。

另一方面，我敢肯定地说，无论从深入研究还是从亲身体验的角度，有些社交恐惧症患者感受到的痛苦是真实而又强烈的，这与雷恩以及跟他同一阵营的那些反对用药的批评者的案例同样具有说服力。那么有没

---

[1] 雷恩的书是大量的并且数量仍在不断增长的控诉制药业为了利润不惜创造出新的疾病种类的书籍的代表。我会在本书的第三部分进行详细说明。

有"正常的"害羞、不存在精神疾病、不需要在神经病学层面给予关注的人，却也被划入了被制药公司追逐利润的欲望大大膨胀了的宽泛的社交焦虑障碍诊断的范围中去了呢？当然有。那么是否存在从药物治疗和其他形式的精神治疗中正当获益（比如经过药物治疗从酗酒、绝望和自杀中走出来）的社交焦虑患者呢？我想是有的。

几年前，我供职的杂志刊登了一篇关于内向与挑战的文章不久，我的办公室收到了这样一封信：

> 我刚刚读了你们关于内向的那篇文章。一年前，我26岁的儿子因为自己性格内向而感到哀伤。我向他保证他没问题，因为我们家族的人都是安静而内向的性格。三个月后，他留下一张字条，买了一把猎枪自杀身亡。他在遗言里说自己脑子有问题……他和别人在一起的时候感觉焦虑和尴尬，没法继续下去……他很聪明、很温和、受过良好的教育，不久前刚刚开始在公务服务机构实习。我想这是压垮他的原因。我多么希望他在买枪之前能跟我们说些什么。也许他觉得这是他唯一的选择吧。他是个抽血之前都会紧张的孩子，你无法想象这件事情有多可怕。

一项研究表明，在被诊断为社交焦虑障碍的患者当中，有高达23%的人曾经试图自杀。谁还能认为他们只是害羞，或者认为一种可能让他们的痛苦得到缓解的药物纯粹是一出追逐利润的戏剧呢？

没有任何情感能够像恐惧那样使人丧失行动和理性的思维。
——埃德蒙·伯克 《论崇高与美丽概念起源的哲学探究》（1756年）

记忆里，我的怯场问题最早出现于 11 岁那年。在那之前，我曾经在班上及全校同学面前做过演讲，有的只是紧张和兴奋的感觉。因此，当我在六年级的一个假期里演出戏剧《圣乔治斗恶龙》时，站在舞台上却突然说不出话，这实在有些猝不及防。

那是 12 月中旬的一个晚上，礼堂里挤进了几十位学生的家长、兄弟姐妹和老师。我记得自己当时预先站在后台，等待从舞台右边出场的提示时，只是稍微有点儿紧张。尽管现在让我去回忆已经有些困难了，但我想自己当时甚至有些享受这种期待自己作为剧中明星备受关注的感觉。但是当我走上舞台，看到礼堂里所有人的目光落在自己身上时，我的胸部一阵发紧[1]。几秒钟后，我感觉自己从身体到头脑都已经被惊恐控制，几乎开不了口了。我勉强用颤抖的、越来越弱的嗓音说了几句台词，就到了几乎一个字也说不出的地步。刚说了半句台词，我就停了下来，感觉自己马上就要呕吐了。经过了极度痛苦的几秒寂静，扮演我的男仆的我的朋友彼得说出了他的下一句台词，将我从水深火热中解救了出来。[2]这对于观众来说有些摸不着头脑，但它将这一幕剧情推向了结尾，我便可以幸运地下台了。到我的下一次出场前，焦虑造成的身体症状有了一些缓解。全剧的最后，我按照剧本杀死了恶龙。演出结束后，大家说他们都很喜欢我的打戏，没有人谈起我第一次出场时发生的事情（我确信他们是出于礼貌才没有说的），最好的观感应该是我忘词了，最坏的是我

---

[1] 研究显示作为他人直视的对象对心理和生理都是具有高度刺激性的。刺激测试对象杏仁核中的神经元最有把握的方法之一就是注视他。很多研究成果显示被诊断为患有社交焦虑障碍的病人的杏仁核与健康的对照组测试对象的杏仁核相比大多对这类刺激更为敏感。

[2] 我能够肯定的是，彼得没有这种焦虑。他后来成了奥巴马总统第一个任期的内阁成员。

被吓呆了，愣在那里。

那天晚上就好像在我脚下打开了一个陷阱，从那以后公开表演再也不是原来那么回事了。当时我还在一个专业的男生合唱团里唱歌，这个合唱团会在新英格兰的各地教堂和礼堂里进行演出。音乐会简直就是酷刑。我算不上团里最好的歌手，因此没有独唱的机会，不过是24个站在舞台上的默默无闻的小男孩之一。尽管如此，每分每秒仍然都是受罪。我会把乐谱举在自己面前，让观众看不见我的脸，只对口形而不发出声音。我有可怕的窒息的感觉，并且肚子疼，害怕一旦出声就会呕吐出来。

我退出了合唱团，但我无法彻底躲开公开表演，尤其是随着我焦虑症状的恶化，对"公开"的定义也越发宽泛了。第二年，我在亨特先生的七年级科学课上要做一次报告。为了真实地直面恐惧症，我选择做一个有关食物中毒的生物学现象的报告。当我站在全班面前时，我被眩晕和恶心击垮了，仅仅说了几个断断续续的句子就停了下来，用一种哀怨刺耳的声音说："我不太舒服。"亨特先生让我坐下。"可能是他自己食物中毒了吧！"一位同学开玩笑说。大家都笑了起来，而我在耻辱中煎熬着。

又过了几年，我在当地一家俱乐部赢得了一项少年网球比赛的冠军。赛后有一次午宴，宴会上将要颁发奖杯。我需要做的只是在自己的名字被叫到时走上讲台，与赛事的负责人握手，对着镜头微笑，然后再走下讲台，甚至都不需要开口说话。

然而当赛事组织者按照不同的年龄组别一一颁奖时，随着轮到我领奖的时刻越来越近，我开始发抖和出汗。想到有这么多双眼睛会盯着我，让我很受惊吓——我确信自己会以某种未知的方式让自己蒙羞。在我的名字将要被叫到之前几分钟，我从后门溜了出去，跑到地下室的一间厕所里藏了起来，直到几个小时过去，确定午宴结束了之后我才出来（这样极端的回避行为在社交恐惧症患者中是极其常见的。一篇1991年发表在《临床精神病学杂志》的文章提到一位女士原本要在公司的宴会上领取工作表现突出的奖励，却假装生病逃离会场，因为成为众人关注的焦点会令她非常紧张。在她错过那次晚餐后，几位同事计划为她举办一次更加私密的宴会，而她宁愿辞职也不去参加）。

上大学时，我曾经申请了一项奖学金，要求通过由6位教师组成的委员会的面试，其中大部分委员和我关系都很好。在面试程序正式开始之前，我们在一起轻松地说笑。但是当面试开始，他们向我提出第一个正式问题的时候，我又感觉胸部发紧，一个字也说不出来。我坐在那里，嘴巴无声地半开又闭上，像是一条鱼或者一只未断奶的哺乳动物。当嗓子终于恢复工作时，我找了个借口匆匆溜了出去，能感觉到委员会的老师们看着我的背影惊诧莫名。当时就是这样了。

唉，这个问题在我成年以后仍在持续，也因此曾经出现过很多令我感到丢人的小灾难（在公开展示的过程中，话说到一半就跑下台去），还有很多次只是侥幸没有出事（在电视节目上已经开始感觉胸部发紧；在讲话采访中感觉眩晕、反胃，声音也直接减弱成生了病般的颤音）。一般在这些几乎出现状况的情形下，我都设法成功地克服了它，让事情得以继续进行。但是在所有这些情境中，即便是在看起来进展顺利的那些中，我都感觉自己处于成功或失败、赞扬或羞辱这类证明我的存在及暴露我的人生毫无价值的关键境地。

困扰人们的并不是事物本身，而是人们看待事物的方式。

——爱比克泰德　《论焦虑》（公元1世纪）

我的身体为什么会在这些情况下出卖我？

怯场并不是一种虚无缥缈的感觉，而是一种生动的精神状态，伴有具体的、能够在实验室中衡量的生理现象：心率上升、心悸、血液中的肾上腺素和去甲肾上腺素水平升高、胃蠕动减慢，以及血压升高。几乎每个人在当众表现时都会经历明显的自主神经反应：在开始进行演讲时，大多数人血液中的去甲肾上腺素含量会上升两三倍。去甲肾上腺素的提高有利于更好地发挥，但是在社交恐惧症患者身上，这种自主反应会显得更加强烈，变成令人身体虚弱的生理反应和情绪痛苦。威斯康星大学的一项研究发现，在演讲的准备阶段，患有社交焦虑的人的右脑会呈现高度活跃，这似乎会同时干扰他们的逻辑处理与语言能力，出现年轻的甘地在法庭上经历的那种大脑一片空白的状态。这种在社交压力下竭力试图清晰地思考和表达的经历不乏生物学基础。

认知行为治疗专家提出，社交焦虑障碍是一种因混乱的逻辑或错误的思维造成的问题。如果我们能够纠正自己错误的信念和不恰当的态度，即这些专家所谓的"认知"和"计划"，就能够治愈焦虑。公元 1 世纪的、曾被卖到罗马为奴的希腊斯多葛学派哲学家爱比克泰德是认知行为治疗师的祖师爷，他的文章《论焦虑》既是有史以来最早对"自助"概念有所贡献的作品，似乎也是人类做出的第一次将怯场与我们今天所说的"自尊问题"联系在一起的尝试。

"每当我看到一个焦虑的人，我都会问：'这个人想要的是什么呢？'"爱比克泰德写道，"除非他想要的是这样或者那样超出自身能力所及的东西，否则他为什么还会焦虑？比如，当一位音乐家自己一个人唱歌的时候不会感到焦虑；但是当他站在舞台上的时候他就会焦虑，即便他的嗓音和他的演唱都处于最出色的状态——他希望得到的不只是出色的演唱，还有听众的掌声，而这不是他自己能决定的。简而言之，他的能力有多少，勇气就有多少。"换句话说，你无法从根本上控制听众鼓掌与否，既然如此，担心它又有什么用呢？爱比克泰德认为，焦虑是一种应该被逻辑克服的欲望与情绪出现的混乱。如果你能够训练自己的头脑，让它无论在你单独一人还是面对众人的时候都以同样的方式工作，你便不会因为怯场而发挥失常。

两位在 20 世纪颇具影响力的精神治疗专家——阿尔伯特·艾利斯和阿朗·贝克分别创立了理性情绪行为疗法（REBT）和认知行为疗法（CBT）。他们都提出对社交焦虑的治疗归根到底是要克服对遭到非难的恐惧。他们说，要克服社交焦虑，必须适应那些毫无必要的羞耻感。

为了达到这个目的，当身为 CBT 模式从业者的 M 博士在波士顿大学焦虑障碍治疗中心对我进行治疗时，她打算通过治疗性训练的方式，刻意地让我感觉窘迫：她会陪我去治疗中心隔壁的校园书店，小心地藏在一边，看我故意向店员询问一些愚蠢的问题，或者跟他们说因为自己要呕吐所以想要用一下厕所。我觉得这一切令人难以忍受地笨拙和尴尬（这正是它的全部意义所在），而且也没有多大作用。可这是针对社交恐惧症患者的标准暴露治疗方法，有越来越多的对照研究支持它的效果。某种程度上，它的思路是向患者展示：暴露自身缺陷或者做了什么蠢事并不意味着世界末日或自我的丧失①。

偏爱精神分析理论的治疗师更注重于社交恐惧症患者对自己的那些顽固的看法，比如认为自己具有深层的缺陷，或者认为自己是个没有内

---

① 有些时候我看到这个中心的其他医生也在这家书店让病人面对类似的情境，强迫他们问些奇怪的问题、犯明显而又令人尴尬的错误。那家书店的店员肯定对为什么每天都要和这么多看起来精神失常的人交流深感疑惑。

在价值、令人讨厌的人。俄勒冈州波特兰市的精神病医生凯瑟琳·泽布曾经撰文指出，社交恐惧症患者最大的恐惧就是其他人会认识到真实的，而且是能力不足的自我。在他们的眼中，任何形式的表演（音乐、体育、公开演讲）都令人害怕，因为一旦失败就会暴露自身的弱点和不足。反过来说，这也意味着患者想要持续地营造出一个虚假的形象——和自信、能力、完美有关的形象。W 博士称之为"印象管理"。同时，他也发现，这不仅是社交焦虑的一种症状，甚至更是重要的原因。一旦你陷入不符合核心自我的公众形象中难以自拔，你就会时刻感觉处在好像骗局会被揭穿一般的危险中：错误、暴露焦虑或者弱点，及有能力与成就的表象都暴露了它们的本质——为了隐藏脆弱的自我而营造的伪装。因此对于给定的表现来说，赌注变得异乎寻常的大：成功意味着保护了对价值和尊严的认知；失败则意味着暴露了自己全力隐藏的那个不体面的自我。印象管理令人疲惫不堪、压力巨大。W 博士说，这会让你生活在一间纸牌屋里，时刻担心你设想的自我会完全坍塌。

一个口吃的人并不是无价值的人。生理学会告诉你这是为什么。造成他口吃的原因是他对同类的存在过度敏感。社交恐惧症是对我们生活的时代的一种无声但顽固的抗议。

——托马斯·卡莱尔致拉尔夫·沃尔多·爱默生的信（1843 年 11 月 17 日）

早在 1901 年，保罗·哈登伯格便预测了对社交恐惧症患者的现代研究中的一个关键发现。他在《害羞与害羞的人》中写道，社交恐惧症患者非常在意他人的感受，会仔细审视对话者的语调、面部表情和肢体语言，寻找能说明人们对自己如何反应的迹象；同时，他们对自己基于这些观察结果所做出的结论，特别是在那些负面的结论上过分自信。也就是说，社交恐惧症患者比普通人更善于注意到社交暗示，但是他们往往会对可能被分析为负面反应的事物进行过度解读。由于他们事先设定去相信人们不喜欢自己，或者对他们做出不友好的反应（他们往往存在强迫性的思维，比如我很无聊、我会因为说了什么蠢话而让自己丢脸），所以总是寻求能证明这种感觉的证据，比如把别人忍住的一个哈欠或者嘴角的轻微抽动都解读为一种非难。"焦虑程度更高的人们阅读面部表情的速度也更快。"伊利诺伊大学香槟分校（UIUC）的心理学教授 R. 克里斯·弗雷利说，"但是他们误读的可能性也更大。"加州大学洛杉矶分校（UCLA）焦虑障碍项目负责人亚历山大·比斯特利茨基说，焦虑的人确实拥有"敏感的情绪晴雨表"，焦虑能够帮助他们察觉细微的情绪变化，但是同时"这个晴雨表也会让他们对表情过度解读"。

至少从这一方面来说，社交恐惧症患者其实是有天赋的——能够更快更好地从他人那里获取行为线索，依靠敏感的社交直觉，他们能够接收到"正常"人难以接收到的信息传递。反过来说，健康人的直觉可能出现了自适应迟钝的情况，无法获取事实上出现的负面线索——他人因为厌倦而打哈欠，或者因为蔑视而抽动嘴角。

瑞典乌普萨拉大学的神经科学家阿恩·奥曼撰写了大量关于恐惧症行为的进化生物学方面的著作，他相信过分敏感的情绪晴雨表是植根在社交恐惧症患者的基因当中的，这使得他们对人际互动中的社会地位有着极其清楚的认识。我们来看看内德的例子吧。他是一位 56 岁的牙医，拥有 30 年的从业经验，是他人眼中的成功人士。但内德却前往精神病医生那里求诊，说自己的职业生涯已经被对于"做了什么蠢事"的恐惧毁掉了。[1] 人们担心自己做了错事而在社交中丢脸是非常普遍的情况。但是内德的恐惧比较特别：只有当他治疗那些在他看来社会地位高于自己的病人时（他判断的依据是对方所持有的保险类别），他才会出现严重的怯场。当他面对拿医疗补助计划的病人，或者是没有医疗保险的病人时，他几乎不会感到焦虑。但是如果内德治疗的病人拥有昂贵的保险，表明他们从事的是高社会地位的工作，他就会感到恐惧，双手明显地发抖，大汗淋漓，把自己的焦虑暴露在病人面前。他相信这样的病人是对焦虑免疫的，（用他的话来说）"无论在哪里都轻松自如"的，因此更有可能指摘甚至嘲笑他的弱势。

这类基于身份地位的社交焦虑的症状，尤其是害怕在别人面前暴露自己的相对"弱势"，在近一个世纪的精神疾病治疗文献中时有出现。许多证据都支持奥曼的主张，即像内德这样的人对社会地位和人际中的轻视的意识过于敏感。美国国家心理健康研究所 2008 年发布的一项研究发现，患有广泛性社交恐惧症的人的大脑对批评的反应与普通人存在不同。当社交恐惧症患者与正常对照组阅读关于自己的中性评价时，他们的大脑活动看上去是一样的；但是当这两组实验对象阅读关于自己的负面评价时，患有社交焦虑障碍的人体内流向杏仁核和内侧前额叶皮质（它们是大脑中与焦虑和压力反应相关的两个部位）的血量出现了显著上升。社交恐惧症患者的大脑似乎从生理上做好了对负面评价做出积极响应的准备。

这项研究成果与多项研究都显示社交恐惧症患者对于负面的面部表情会表现出更高度活跃的杏仁核反应。当社交恐惧症患者看到愤怒、受

---

[1]　内德的故事选自约翰·马歇尔的书《社交恐惧症》。

惊或者反对的表情时，他们杏仁核中的神经元会比正常对照组兴奋得更快且更强烈。研究人员表示："通过内侧前额叶皮质来具体地体现的、与广泛性社交恐惧症相关的功能紊乱可能至少部分地反映了对于自我的一种负面态度，特别是对社会刺激的响应。"用大白话说，这句话的意思就是造成羞耻感与自尊心低落的生理原因明显在于：杏仁核与内侧前额叶皮质的互相联系。

如今，功能性磁共振成像研究的一个子类别显示，杏仁核对于没有被意识察觉到的社会刺激有生动的反应。当让实验对象进入功能性磁共振成像仪器，并向他们展示害怕或者愤怒的面部表情时，他们的杏仁核由于剧烈活动出现了亮斑。这并不意外：我们知道恐惧反应就来自杏仁核。社交恐惧症患者们杏仁核中的神经元在面对害怕或愤怒的表情时往往比普通人的神经元闪烁得更频繁、更强烈。这同样也不意外。而令人意外的是，所有的人——无论是社交恐惧症患者还是正常对照组——对他们没有明显意识的图片也会出现显著的杏仁核反应。也就是说，如果给你看一组幻灯片，内容是无伤大雅的花的图片，其中穿插着用极快的速度播放的害怕或愤怒的表情图片，快到让你的肉眼意识不到它们的存在，你的杏仁核仍然会由于对这些面部表情的反应而闪烁，即使你都不知道自己看见了它们。询问这些实验中的被试对象是否看见了害怕或愤怒的表情，他们会回答没有。图像一闪而过，大脑的意识来不及记录它们。但是在意识觉察之下，杏仁核依靠闪电般的敏感度察觉到了那些表情，并且在磁共振成像仪中闪烁起来。有些被试对象报告说自己在这些时刻感觉到了焦虑，但无法辨别焦虑的来源。这也许是一个清楚的神经系统科学证据，表明弗洛伊德对于潜意识的存在的观点是正确的：大脑对于我们没有意识到的刺激做出了强烈的反应。

　　数百项研究揭示，人类存在一种针对社会刺激的无意识的神经生物学压力反应。试举一例，2008 年发表在《认知神经科学杂志》上的一项研究发现，以 30 毫秒的速度向人们展示面部表情的图像时——这个速度比人的意识察觉它们的速度要快——被试对象会表现出"显著的"大脑反应（其中对社交焦虑的大脑反应最为强烈）。引人注意的一点是，当被试对象被要求评判惊讶的表情是正面还是负面的时候，他们的判断受到前一张闪过的潜意识图像的极大影响：如果在惊讶的表情之前出现的是愤怒或者害怕的表情，被试对象倾向于说他们看到的惊讶的表情是负面的，表现出害怕或者愤怒；而如果在惊讶的表情之前闪过的是开心的表情，被试对象倾向于说同样的那张惊讶的表情表现的是快乐。一位研究人员说："我们无意识地察觉到的威胁信号……冒了出来，在不经意间影响了社会判断。"

　　我们拥有能够如此精确调整的社会知觉系统到底意义何在？为什么我们的大脑要对我们没有意识到的事物做出判断？

　　一种理论认为这种快速的社会判断增大了我们生存的概率。在狒狒群或者狩猎—采集者部落中，你可不想表现出会招致同类攻击或者造成你被驱逐的社会印象。对于狒狒来说，被踢出族群往往等同于死亡：落单狒狒一旦被其他族群发现，很可能会遭遇攻击并被杀死。而对于一个被逐出部落的早期人类来说，他既断绝了公共的食物供应，又暴露在易受掠食者攻击的境地之下。因此，拥有一种特定的社会敏感性——敏锐地根据族群的标准要求来调整自己、意识到社会威胁的存在、了解如何表现出顺从，以免被部落中社会地位更高的成员打击或者驱逐——是具有进化适应性的（这时脸红就很有帮助，因为它是一种对他人表示顺从的自然信号）。认识到你的社会行为（你的"表现"）是如何被他人领会的，能够帮助你活下来；引起他人的注意和受到负面的评价总是存在风险的：由于坏印象，你面临着自己的社会地位受到挑战，或者被踢出族群的危险。

加州大学圣选戈分校（UCSD）的精神病学专家默里·斯坦因观察发现，狒狒和其他灵长类的社会顺从与人类的社交恐惧症存在惊人的相似。斯坦因说，社交恐惧症患者在面临正常的人际互动，尤其是公开表现时感受到的压力会造成皮质醇增多症——应激激素水平的上升以及下丘脑—脑垂体—肾上腺（HPA）轴的激活——这与在狒狒群中身处从属地位的表现完全一样。反过来，皮质醇增多症使得杏仁核亮起，会立即造成焦虑加剧，在未来会将社会互动与压力反应更深入地联系在一起。

斯坦因的工作是建立在斯坦福大学的神经科学家罗伯特·萨珀尔斯基的工作基础上的。后者完成了有趣的研究，研究结果显示，一只狒狒在族群中的地位与其血液中的应激激素含量呈正相关。一个狒狒群有着严格的雄性等级制度：有一只雄性首领，通常是体型最大、最强壮的一只，拥有最多的食物和雌性，其他雄性狒狒都服从于它；接着是二号狒狒，除了首领之外的其他狒狒都服从于它——以此类推，直到社会阶梯最底端等级最低的那只雄狒狒。如果在两只狒狒之间爆发打斗，而等级较高的狒狒取胜的话，社会秩序保持不变；如果等级较低的狒狒取胜，便会重新排序，获胜者登上社会阶梯的更高处。经过细致的观察，萨珀尔斯基的团队已经能够判断若干狒狒群的社会等级。通过对这些灵长类动物进行血液检测，萨珀尔斯基发现它们的睾丸酮水平与社会地位直接相关：狒狒的等级越高，睾丸酮含量也越高。当一只狒狒的社会等级上升时，它产生的睾丸酮含量也随之上升；当一只狒狒的社会地位下降时，它的睾丸酮含量也会下降（这样的因果关系似乎是双向存在的：睾丸酮产生统治力，而统治力又制造了睾丸酮）。

正如较高的社会等级与睾丸酮含量相关一样，较低的社会等级与皮质醇这样的应激激素含量同样相关：一只狒狒在等级阶层中排名越低，它体内的应激激素浓度就越高。一只地位较低的雄狒狒不仅需要付出更多努力才能获得食物和异性，而且必须小心行事以免被占据优势地位的雄狒狒暴打。我们还不清楚到底是较高的皮质醇含量使得狒狒表现出顺从，还是社会地位低下的压力使得狒狒体内的皮质醇含量上升。最可能的情况是两者皆有：地位较低的狒狒有着生理与心理的双重压力，引起应激激素水平上升，由此产生更大的焦虑，焦虑制造出更多的应激激素，从而令这只狒狒更加顺从，同时总体健康状况不佳。

尽管在动物研究中的发现只能被间接地应用于我们对人类本性的理解（我们能够以其他灵长类动物做不到的方式来进行思维），内德在给"地位更高"的病人看牙时的焦虑反应的根源可能仍然来自对在身份等级中越界的原始担忧。当等级较低的狒狒或者红猩猩没有在等级较高的成员面前低下视线（低下视线是表示顺从的信号）时，就会有招致攻击的危险。一只狒狒在社会等级中的地位及其与等级相符的行为技巧都对它的身体健康起重要的作用。[1]

社会地位较低的狒狒和患有社交焦虑障碍的人们都更容易诉诸顺从的表现。患有广泛性焦虑障碍的人们与社会地位较低的动物一样，往往

---

[1] 有趣的是，近年来研究发现看起来最幸福且生活得最没有压力的猴子实际上是我们口中的雄性二号首领，也就是那些接近社会顶层的、更为平易近人、更有社交技巧的猴子。最高等级的雄猴比最低等级的健康得多，压力也小得多。然而，较高等级的雄猴要比最高等级的雄猴更为健康，所承受的压力也较小，这是因为这些猴子完全不用担心宫廷政变，也没有会倒台的威胁。

会看向地面，回避目光接触，脸红，做出表现顺从的行为，急切地想要取悦与自己同等级或者更高等级的人，积极地服从他人以回避冲突。对于等级较低的狒狒来说，它们的行为是一种自我防御的适应性行为。这种行为对人类来说也算是具有适应性的。但在社交恐惧症患者身上，这往往会违背初衷，让他们感觉更加受挫。

同时，社会地位较低的猴子和存在社交恐惧的人们往往会在某些神经递质的加工中出现显著的不合常规的情况。研究发现，血清素激活功能有所加强 [本质上是大脑突触（神经细胞之间狭小的空间）中的血清素含量更高] 的猴子往往表现得更具统治力、更友善，与血清素水平普通者相比，它们更容易与同类亲近。与之相反，血清素水平比同类低的灵长类动物更容易表现出回避行为：它们不与同类来往，回避社会互动。一些有关人类的近期研究发现，在确诊为社交焦虑障碍的病人大脑中的部分区域，血清素功能发生了改变。这些发现有助于解释为什么像百忧解和帕罗西汀这样的选择性血清素再摄取抑制剂在治疗社交焦虑障碍方面显得颇有成效（研究也发现如果并无焦虑或抑郁现象的人服用了 SSRI 药物，也会变得更加友善）。

多巴胺也在社会行为的塑造中发挥作用。当把一直单独饲养的猴子从笼子中放出，让它们进入猴群，在统治等级中到达的位置最高的猴子的大脑中多巴胺含量往往会升高——这很有意思，因为研究发现被确诊为社交焦虑障碍的人往往多巴胺含量低于平均水平。有些研究发现在社交焦虑与帕金森综合征（一种与大脑中多巴胺含量不足有关的神经疾病）之间存在突出的联系。2008 年的一项研究发现，半数的帕金森综合征患者在利博维茨社交焦虑量表中的分值达到了确诊为社交恐惧症的标准。近期的多项研究发现社交焦虑患者的大脑中存在"变异的多巴胺结合潜力"。① 其中，默里·斯坦因猜想社交焦虑症患者的尴尬和人际交往中的笨拙与多巴胺功能方面的问题有着直接关系，健康人大脑中帮助引导正确社会行为的多巴胺"增强/回报"路径在社交恐惧症患者的大脑中可能会出现某种偏差。

我的姐姐多年来受到社交焦虑的折磨，她非常认同这一观点。她对神经生物学一窍不通，但一直坚持认为自己的大脑"安装错了"。

"那些正常人不假思索就能轻松应对的社会情境让我的大脑短路。"她告诉我，"我完全想不起来该说些什么。"

尽管我姐姐的大脑的其他部分功能正常（她毕业于哈佛大学，是位成功的漫画家、编辑以及儿童读物作家），但是她从初中开始就有所谓的"说话问题"。几十年的心理治疗和服用多种药物都没能让症状得到减轻。她曾被认为患上了阿斯伯格综合征或者其他几种自闭症范畴的疾病，但她并不像阿斯伯格综合征患者那样缺乏共情能力。②

多巴胺和血清素与社交恐惧症之间的关系并不能证明是神经递质的不足引起了社交焦虑。恰恰相反，这些不合常规的现象可能是社交焦虑造成的后果：当大脑由于必须一直保持警惕，持续地审视环境以发现社会威胁而变得压力过大时，就会形成这样的神经化学"伤疤"。但是近期的研究表明，多巴胺和血清素在突触之间传递的效率是由基因决定的。研究人员已经发现，你拥有的血清素运输基因种类决定了你的神经元中

---

① 所有会导致滥用的药物都会升高基底神经节中的多巴胺水平，而社交焦虑的病人脑中的基底神经节中多巴胺的水平很低。长期缺乏多巴胺也许可以解释为什么社交恐惧症病人会比其他人更易药物上瘾。

② 尽管阿斯伯格综合征和社交恐惧症从很多方面来说症状类似（都在社交经营方面有困难，并且不喜欢与他人接触），但成因却几乎完全相反：阿斯伯格综合征病人难以揣度别人的心思，而社交恐惧症患者则是过分擅长此事。

血清素受体的密度，而这个相对密度决定着你的性格落在从内向到外向的图谱的什么位置。我会在第九章中更为深入地讨论基因和焦虑症的关系。

在一群狒狒中引入社会不确定性会对焦虑指数产生有趣的影响。等级较低的狒狒通常在任何时候都会感到压力。但是罗伯特·萨珀尔斯基发现，只要有一只新的雄性狒狒加入族群，所有的狒狒——不只是那些等级较低的狒狒——体内糖皮质激素的含量都会上升。当新的成员加入到社会等级中时，类似谁应该服从于谁这样的行为规则突然变得不清楚了，打斗和一般的躁动增加了。一旦新加入的狒狒被族群吸纳之后，压力水平和糖皮质激素浓度都会下降，社会行为恢复正常。

同样的情况也在人类身上发生。20 世纪 90 年代后期，德国精神生物学家德克·海尔海默根据新兵训练营中 63 位新兵在社会等级中的不同位置（由人类学观察确定）对他们进行了编码，每周都对他们的皮质醇水平进行记录。在稳定的周期内，占有统治地位的新兵相对于从属地位的新兵有着更低的唾液皮质醇基本水平，这和狒狒的情况一样。但是在用实验方法引起了心理与生理压力的周期内，所有士兵体内的皮质醇水平都上升了：占统治地位的士兵上升明显，从属地位的士兵上升较少。作为族群中等级较低的成员总是压力很大，而对社会秩序的破坏似乎会让每个成员都感觉到压力，即便是那些等级较高的成员也不例外。①

　　我们当中有很多人竭尽全力追求完美，以期主宰世界……觉得自己
不够好、在某一方面存在不足和缺陷，或者是与他人不同，不被他人接
受。这种感觉不仅存在，而且通常是根深蒂固的，它造成了一种羞耻感：
害怕在他人面前暴露真实的自我会蒙受尴尬和耻辱。

　　——珍妮特·埃斯波西托　《聚光灯下》(2000 年)

　　最近，我在仔细查阅接近 10 年前接受 M 博士治疗的记录时，无意
中发现了自己在她的要求下写的一份文件。她要求我写出公开演讲失败
的最坏情况会对我造成什么后果。这类练习的意图是充分地想象可能发
生的最坏情况（彻底的失败、足够的羞辱），一旦真的想了一遍以后，便

---

① 现代化的特征之一就是一直存在社会阶层的不确定性。大多数狩猎—采集社会
的社会分层都不明显。在人类历史上的大多数时期，人类都生活在人人平等的
群体中。这种状况在中世纪时发生了改变。从大约 12 世纪到美国独立战争时
期，社会的阶级化现象十分严重，而阶级是相对固定的：人们不会在封建制的
阶级间流动。与此形成鲜明对比的是现代社会，阶级化严重（在许多国家都存
在高度收入不均现象）且流动性高。人人都可以凭借运气和勇气从一贫如洗升
入中产阶级，或从中产阶级变成富翁的想法是我们通往成功的信念中不可或缺
的组成部分。并非所有的阶级变动都是由下而上的。和有较为固定的社会经
济的社会不同的是，在这个社会中，永远存在着对堕落的恐惧。这种恐惧在
如今这种经济化的时代里显得更为突出。压在美国工人身上的几座沉重的大
山——自由市场资本主义的创造性解体，科技发展带来的对劳动力市场的扰乱，
以及变幻不定的性别及其相关的性别角色的令人困惑的关系——共同造成了持
久的不确定性。人们很自然地开始担心："我是不是被更有相关工作技术的人取
代了？会不会因为失业跌出中产阶级？"有些人认为这种长期的不确定性让我
们的大脑变得更为焦虑了。

可以得出结论：第一，最坏情况不太可能发生；第二，即便发生了，也不会是灭顶之灾。一般认为做出这个结论并且从理智和情感上接受它，可以减少我们在自己的表现上押下的赌注，因此降低焦虑。

总之理论上就是这么回事。但是当我把自己想象的公开演讲的最坏情况（彻底的羞辱和身体垮掉，随之而来的是失业、离婚、被社会排斥）用电子邮件发给 M 博士，周四午餐去她的办公室接受约定的治疗时，她看上去很受打击。

"你写的材料，是我读过的最负面的东西。"她说自己被我写的东西吓坏了，觉得必须把我的病历拿给部门主管看，以寻求更有经验的建议。她看我的目光带着同情、担心，我相信还有不小的警觉感。我猜想她应该已经在思考我是不是有严重的抑郁症，甚至可能有精神病。

也许是我的想象力过于丰富了，也许是我过度悲观了。但是现在我知道消极和自我感觉不佳——还有绝望地试图隐藏自我感觉不佳——都是教科书般的社交恐惧症症状。几乎所有关于这种疾病的书籍——无论是面向大众的还是面向学术界的——都指出社交焦虑障碍与自卑感以及对任何批评或者负面评价的极端敏感存在着联系。[1]

"天，"一天，当我告诉 W 博士自己在即将到来的公开活动上押下了多大的赌注，以及我认为它对于维持我表面的形象、隐藏我的欺骗感和虚弱感有多么重要时，他对我说，"你有没有意识到羞耻感在你患上焦虑

---

[1]　甚至（也许尤其是）心理治疗师也不能对此免疫，因为他们认为病人和同侪指望着自己帮助他们控制好情绪，所以心理治疗师给自己的、要求自己不表现出焦虑或气愤的压力非常大。这反而能让他们更为焦虑和失控。我书架上好几本书的作者都是心理治疗师，他们有时会因为焦虑而觉得自己无能、（接 140 页）

症这件事情上发挥了多大的潜在作用？"

M 博士和 W 博士——更不用说爱比克泰德了——都认为治疗这类社交焦虑的最佳途径是降低羞耻的力量。M 博士要求我做的令人尴尬的暴露治疗就是为了让我对羞耻感产生一定的免疫力而设计的。

"继续，把它说出来。"W 博士指的是我的焦虑，"你可能会对人们的反应感到惊讶。"

"不要过多在意别人是怎么想的。"他说。这和无数的自助书籍上说的一样。

要是事情真的这么简单该有多好啊。

如果有一天我不再紧张，那就说明我退役了。对我来说，紧张棒极了。这说明你在乎。而我在乎自己做的事情。

——泰格·伍兹在 2009 年埃森哲比洞锦标赛前一次新闻发布会上的发言

我才不在乎你们说什么呢。如果我在场上投失了制胜一球而人们说"科比掉链子了"或者"科比在压力状态下出手多少多少次才进了 7 个球"，那么去你们的吧。我才不是为了你们可笑的认可打球，我是为了自己对篮球的热爱和享受打球。还有就是为了赢得比赛。这是我打球的目

（接 139 页）感到丢脸。《焦虑症专家：一位精神病医生的恐惧症经历》是马乔里·拉斯金 2004 年出版的书。她是位专治焦虑症的精神科医生，会因为公众演讲而惊恐发作，下了很大功夫隐藏自己的焦虑症，也和我一样服用了大剂量的苯二氮镇静药。另一本 2001 年出版的书《痛苦地害羞着：如何克服社交焦虑和重获新生》的作者之一芭芭拉·马科维是位心理学家。她承认自己实际上从未完全"克服社交焦虑和重获新生"。

的。当人们感觉到压力时，他们总是担心其他人会说些什么。我没有这种恐惧，这让我能够忘掉那些糟糕的表现，继续出手，按照我自己的风格打球。

——科比·布莱恩特

七年级时，我在和同班同学保罗的一场网球比赛中被焦虑压垮了。我感觉肚子胀，控制不住地打嗝。比赛开始之前，我觉得最重要的事情是赢球。但是当我在比赛中途肚子痛，担心会呕吐的时候，最重要的事情就变成了尽快离开赛场。离开赛场的最快方式就是输球。于是我不断地击球出界、击球下网、双发失误，很快以 1∶6、0∶6 告负。在和对手握手、离开赛场后，我首先感到的是解脱：肚子平静了，焦虑也缓解了。

这之后我开始自我厌恶：因为我输给的是胖得流油的保罗，而他此刻正在骄傲地四处炫耀自己让我输得有多惨。其实输掉这场球没什么大不了的：不过一场初中校二队中排名靠后的选手的挑战赛而已。但我感觉代价非常之大：我输给了保罗，而他算不上是高手——他的技术水平、敏捷程度、身体状况都明显不如我——而比赛的结果写在记分表上、在更衣室墙上的名次上，从保罗高高挺起的胸脯上洋溢了出来，所有人都能看到：他赢了，所以他比我强；而我输了，所以我按照定义来说就是个失败者。

这类事情——故意输掉比赛来逃避无法忍受的焦虑——在我学生时代的体育生涯中发生过几十次。并不是所有被我放弃掉的比赛都和输给保罗这场的原因相同——我通常会故意输掉与那些即使在我没有因为焦虑而垮掉的情况下也不太可能击败的选手的比赛——但有些也很令人吃惊。我的教练们都很困惑，想知道为什么我在训练中看上去技术如此高超，却几乎赢不了任何一场重要的比赛呢？

例外的一次是我十年级时，代表校壁球二队打出了全胜战绩：17 胜 0 负。你可能会问，这是为什么呢？

因为服用了安定。

壁球比赛，甚至是壁球训练都会让我非常痛苦。我当时常去求诊的儿童精神科医生 L 博士给我开了小剂量的苯二氮镇静药。那一年的壁球赛季期间，每天午餐时我都偷偷地把药片和花生酱三明治一起吃下去——我一场比赛都没输。但是赛季期间我仍然不开心：广场恐惧症和分离焦虑症让我讨厌到外地打比赛，竞赛焦虑还让我讨厌打球。但是安定在与紧张的较量中占据了足够的优势，让我能够集中精力努力打好比赛，而不是试图尽快离开赛场。我没有需要被迫故意输掉比赛的感觉了。药物让我进入了焦虑对表现有正面作用的阶段。

1908 年，罗伯特·耶基斯和约翰·迪林厄姆·多德森两位心理学家在《比较神经学和心理学杂志》上发表文章论证了如果让受训练完成一项任务的动物在开始任务之前处于"适度焦虑"的状态，它们的表现会稍微出色一些。这一论点后来成为著名的耶基斯－多德森定律，它的原理已经多次在动物和人类身上得到了证实，和金发姑娘定律（Goldilocks law）类似：在考试或者壁球比赛中，过低的焦虑会令你无法表现出最佳水平；过分的焦虑同样会令你表现不佳；但是如果焦虑程度合适——足以唤起你的生理反应，让你充分地集中精力在要做的事情上，同时又不至于令你由于自己的紧张而分心——你就更有可能发挥出最佳水平。显然，如果我要从焦虑曲线上过分焦虑的位置转移到能有最佳表现的位置，需要服用小剂量的安定。

我多么希望竞赛焦虑只是青少年时期的回忆。但是大约 10 年前，我在一项壁球锦标赛的决赛中和我的朋友杰伊相遇了，他是位风度翩翩的年轻医生。那天是壁球俱乐部的冠军之夜，有好几十人到场观看比赛。我俩只是比平均水平稍好一些的俱乐部球员，也没有任何重要的东西会与比赛的结果有关（没有奖金，奖杯也只能勉强算是个奖杯）。

比赛采用五局三胜制，每局先得 9 分者为胜。第一局一开始，我就取得了较大的领先优势，但是没能维持到最后。我赢下了第二局，他赢下了第三局。我只能背水一战，赢下了第四局。杰伊的状态明显出现了下滑。我能看出来他很疲惫——比我要累。在第五局也就是决胜局中，我一路领先。7∶3，只差两分就可以拿下比赛了。杰伊看起来败局已定，胜利已是我的囊中之物了。

然而事实并非如此。

胜利即将到来的想法让焦虑迅速传遍了我的全身。我感到口干舌燥，四肢显得异常沉重。最糟糕的是，我的肚子背叛了我。在无法克服的恶心和惊恐中，我的击球绵软无力、令人绝望。刚刚还郁郁不乐、接受败局的杰伊此时重整旗鼓。我给了他一线希望，势头也倒向他的一边。我的焦虑不断增长，一瞬间我仿佛回到了七年级时和保罗的那场球赛：一心只想离开赛场。众目睽睽之下，我畏缩了，开始故意输球。

杰伊抓住了机会，就像拉撒路①从坟墓中复活一样。他击败了我。随后，我试图表现出失败者的礼貌，但是当大家不可避免地评论我是如何戏剧性地让即将到手的胜利飞走时，我把理由归咎于自己有背伤。我的背确实在疼，但不是我输球的原因。我曾经把胜利掌握在手中，却让它

① 《圣经》人物，病死后因耶稣的祈祷而复活。——译者注

溜走了：因为我过于焦虑，无法比赛。

我掉链子了。

"掉链子的家伙"几乎可以说是用来批评一个运动员的最差绰号了。某种程度上比"作弊的家伙"还要差：掉链子指的是在压力之下退缩，在至关重要的时刻发挥失常（芝加哥大学的认知心理学家西恩·贝洛克是这方面的专家，他给出的技术定义是"表现不佳——比根据执行者的自身能力和以往表现做出的预期要差的表现"）。"焦虑"一词的词源 anx来自拉丁语单词 angere，意为"窒息"；拉丁语单词 anxius 可能指的是人们在惊恐发作时体验到的胸部发紧的感觉。掉链子在体育或者其他表演的语境中，意味着勇气的缺失和性格的懦弱。体育赛事中对于掉链子最常见的解释是体育记者简称的"紧张"。换句话说，掉链子是焦虑造成的；而在体育馆、战场或者工作场所里，焦虑本身就是懦弱的信号。

自从在那年的俱乐部决赛中崩溃后，我了解到了赛前服药的有益作用，同时在测量预防性抗焦虑药物的用量方面也更有心得。我的妻子生了两个孩子。这本应让我正确地认识到消遣性体育赛事的存在并不怎么重要，但问题仍然存在。

不久之前，我正在参加一项壁球锦标赛的半决赛。

"既然这些比赛令你感到如此痛苦，为什么还要参加呢？"W 博士几年前曾经这样问我，"如果你无法学会享受比赛，就不要参加了，省得自我折磨！"

于是我有一段时间没有参加比赛。后来我又开始参赛，不过已不再投入那么多的感情了。打比赛只是为了锻炼身体，我这样对自己说。我可以享受竞争，而不会让自己为了结果而焦虑和痛苦。在这次壁球比赛的前几轮，我做到了。当然，比赛中我也有过紧张的时刻。有时也会感受到压力，这令我疲惫、比赛质量下降。但这很正常，只是竞争的紧张而已，它并不足以伤害到我。我一路过关斩将，未遇敌手。

所以当我走上半决赛的赛场时，我还是告诉自己不要在乎结果。比赛总共只有五位观众。我在第一局中惜败，但打得很开心。没什么了不起，我不在乎。我的对手很强。我输掉这场比赛是正常的。没有期待就没有压力。

但我随后赢得了第二局。等一下，我想，我还有赢的机会。我可以赢的。当我的竞争冲动涌起时，那种熟悉的沉重感又降临了，我的肚子里胀满了气。

加油，斯科特。我对自己说，享受比赛，谁会在乎谁赢了呢？

我试图放松下来，呼吸却变得越发沉重，汗越出越多。而且当这场球很激烈的消息传开后，越来越多的人开始聚集到场边观战了。

我试图把一切都放慢下来——我的呼吸、我的击球节奏。随着焦虑的上升，我的比赛质量越发恶化了。但无论怎样，我当时还是集中精力在努力打好比赛、努力赢球上。令我惊讶的是，放慢节奏的策略奏效了：我逆转赢下了第三局，再赢一局就将晋级决赛。

就在此刻我发现焦虑已经令我无力继续比赛了。对手迅速赢得了第四局，将比分扳成了 2 ∶ 2。下一局的胜者将获得决赛权。

我利用两分钟的局间休息时间跑到男厕所，试图让自己镇定下来。我脸色苍白，浑身颤抖。最可怕的是，我还感觉恶心。当我回到赛场时，裁判问我是否不舒服（显然我看上去气色不太好）。我含糊地回答说还好。第五局开始了，我不再关心任何和胜负有关的事情，就像 30 年前和保罗的比赛一样，只希望自己在离场之前不要呕吐出来。我又一次开始试图尽快输掉比赛：不再全力奔跑追球，故意胡乱击球。我的对手大惑不解。在我没有追上一个并不困难的吊球后，他转过身问我的状况是否还好。我很窘迫地点头表示还行。

我的状况并不好。我甚至担心自己输得不够快，无法在丢脸地呕吐之前输掉比赛离场。七年级的时候，至少我还能够待在场上直到和保罗的比赛结束；而这回，在如此多双眼睛的注视下，在反胃的侵袭下，我连这点也做不到了。又打了两球之后，在离比赛结束还有很多分的情况下，我举手认输。

"我认输。"我对对手说，"我不舒服。"然后我带着失败逃离了赛场。

我不仅仅输掉了球，还放弃了比赛。我感觉自己既窘迫又悲哀，就像一张廉价的躺椅，被折叠收了起来。

观众中的几位朋友向我低语表示安慰。"我们都看出你身体不太舒服。"他们说，"是有些不对劲。"我摆脱了他们（"午餐时吃鱼吃坏肚子了。"我嘟囔道），匆忙跑回更衣室。和以往一样，只要我一离开竞争环境，逃到公众的视线之外，我的焦虑就减轻了。

可是我输给了又一位我很可能击败的对手。我并不真的在乎输掉比赛，而令我困扰的是，焦虑又一次击败了我，将我打入无助颤抖、绵软易欺的废物行列，曝光在公众场合的难堪之中。

我知道其实没有人在意我的表现，这让一切显得更加悲哀了。

我在自己的职业生涯中从来没有经历过类似的事情。我完全控制不了自己，而且我也搞不懂这是怎么回事。

——格雷格·诺曼在 1996 年大师赛上挥霍了巨大的领先优势后对《高尔夫杂志》说

　　说到曾经在关键时刻大掉链子，或者出现奇怪的怯场而造成严重后果的精英运动员，这名单可以列出一长串。

　　澳大利亚高尔夫球运动员格雷格·诺曼在 1996 年的大师赛上出现了彻底的心烦意乱。由于紧张，他在比赛的最后几洞浪费了看似不可能被逆转的领先优势，赛后他在击败了自己的尼克·费度怀中泣不成声。捷克网球明星雅娜·诺沃特娜在 1993 年的温布尔顿网球公开赛决赛中仅差 5 分就能获得冠军，却在重压下崩溃，将巨大的领先优势付诸东流，不敌施特菲·格拉芙，赛后也在肯特女公爵怀中哭得稀里哗啦。1980 年 11 月 25 日，当时拥有世界次重量级拳击冠军头衔的罗伯托·杜兰迎战舒格·雷·伦纳德，这是史上最著名的比赛之一。在第八回合还剩 16 秒的时候，面对高达数百万美元的奖金，杜兰转向裁判举手投降，并且恳求道："别打了，别打了。不要再打了。"赛后杜兰说自己肚子疼。在那之前，杜兰一直公认是不可战胜的，也被视为拉丁男子气概的象征。而从那以后他声名狼藉，被认为是体育史上最大的逃兵和懦夫之一。

　　这些都是掉链子的经典案例：他们都在高度紧张的时刻出现了心理或是生理上的崩溃。更加令人困惑的是，有些职业运动员在公众面前表现出了极其痛苦的怯场，最终发展成了一种慢性的掉链子。20 世纪 90 年代中期，尼克·安德森作为一名后卫效力于奥兰多魔术队。在 1995 年 NBA 总决赛之前，他是一位可靠的罚球手，职业生涯罚球命中率大约有 70%。然而，在那一年与休斯敦火箭队的总决赛系列赛第一场中，安德森在常规时间结束前几秒钟获得了连续 4 次用罚球为奥兰多锁定胜局的机会：只需罚中一球就够了。

　　他四罚全失。魔术队最终在加时赛中输掉了那场比赛，接着被对手 4 ∶ 0 横扫。此后，安德森的罚球命中率直线下降，在余下的职业生涯中，成了罚球线上的灾难。这使得他在进攻端缩手缩脚，因为害怕自己被对手犯规而要去罚球。安德森后来回忆说，总决赛上错失的罚球"就像一首歌在我脑海中一遍一遍又一遍地不断回响"。他不得不提前退役。

1999 年，纽约洋基队的二垒手查克·纳布劳克丧失了将球从二垒传向一垒的能力，而如果不是当时他碰巧成为球队的首发，这种事情本来是不会发生的。纳布劳克没有任何妨碍到掷球的伤病，训练中他向一垒掷球的成功率尚可。然而在比赛中，在球场里 4 万名观众和电视机前数百万观众的注视下，他一而再，再而三地用力过猛，将球扔上看台。

20 年前，洛杉矶道奇队的二垒手史蒂夫·萨克斯在当选美国职棒大联盟年度最佳新秀之后的那个赛季遇到了和纳布劳克同样的苦恼。但是他在训练中并没有这样的问题，即使为了纠正坏习惯而蒙上眼睛的那些掷球也都能成功。

最臭名昭著的例子要数匹兹堡海盗队的全明星投手史蒂夫·布拉斯了。他一度是棒球界最出色的投手，却在 1973 年 6 月时突然无法将球投进好球区了。在训练中，他的表现和以往一样好；但是到了比赛中，他就无法控制球的方向了。在尝试了心理治疗、药物治疗、催眠以及各种荒诞的偏方（包括穿着宽松的内衣），问题都没有得到解决后，他选择了退役。

更诡异的是迈克·伊维和马基·萨瑟的例子，他们分别是圣迭哥教士队和纽约大都会队的捕手。两人都对将球掷还给投手感到异常恐惧，而这种事情就连少年选手们都可以毫不费力地完成。最终他们不得不离开自己的位置（体育精神病专家阿兰·兰斯半开玩笑地创造了一个术语"回投恐惧症"来描述这种问题）。

关于掉链子的明确监控理论源自认知心理学与神经科学的近期研

究，这种理论认为当运动员过度地集中精力在自己的表现上时，他的表现会被削弱。对自己正在做的事情想得太多其实会损害表现水平。这似乎与一切关于"你的表现质量与你的专注程度密切相关"的标准的陈词滥调背道而驰。但是看起来关键在于你有着怎样的一种专注。西恩·贝洛克在芝加哥大学的实验室里研究掉链子的心理学问题，认为一个人如果越是强烈地担心把事情搞砸，便越有更大可能真的把事情搞砸。要想实现最佳表现——有些心理学家称之为"心流"——你必须让大脑的一部分自行工作，不要总是想着（或者说"明确地监控着"）自己正在做的事情。根据这个逻辑，伊维和萨瑟的"回投恐惧症"变得那么严重的原因就在于他们对将球掷还给投手这件事情想得太多，而它本来应该是无须动脑的机械行为（"我的握球方式是否正确？我的手臂跟随动作是否到位？我看起来会不会很滑稽？我会不会又搞砸一次？我出了什么问题？"）。贝洛克发现，她可以通过让运动员专注于自身击球或摆臂技术要领之外的东西来改善他们的表现（至少在实验环境下可以实现）；让他们在头脑中背一首诗或者唱一支歌，将他们"有意识的"注意力从肢体工作中转移开，可以迅速改善他们的表现。

　　但是焦虑的人往往会不停地思考，以一切错误的方式，在任何时间思考所有的事情。"这会怎么样？那会怎么样？我做得对吗？我看上去会不会很蠢？如果我出洋相了会怎么样？如果我又把球扔上看台了会怎么样？他们能看见我脸红了吗？他们能看出我在发抖吗？他们能听出我的声音发颤吗？我会不会丢掉饭碗，或者被下放到小联盟去？"

　　体育心理学家布拉德利·哈特菲尔德说，如果观察一下运动员在掉链子之前或者掉链子当时的脑部扫描图片，能够看见担心和自我监控造成的神经"交通堵塞"。而另一方面，世界上类似汤姆·布雷迪和丹尼·曼宁那样不会掉链子的人在压力之下仍能游刃有余——他们的脑部扫描显示出"高效而精简"的神经活动，仅仅使用大脑中与高效表现相关的部分。

在某种意义上，这些掉链子的运动员表现出的焦虑是另一种形式的脸红问题：正是他们对于自己当众出丑的恐惧导致了他们当众出丑。他们的焦虑驱使着他们去做自己最害怕的事情。你越是具有自我意识（对羞耻越敏感），你的表现就会越糟糕。

如果你是个男人，你的自尊不会允许你焦虑，也不会允许你害怕。
——第二次世界大战时期盟军在马耳他阵地上的标语

1830 年，英国驻巴格达领事 R. 泰勒上校在一处古亚述 ① 宫殿的考古挖掘现场视察时，无意中发现了一枚写满了楔形文字的六边形黏土棱柱。这就是今天收藏在大英博物馆中的泰勒棱柱。它记录了在公元前 8 世纪统治着亚述的辛那赫里布② 国王的军事行动。这枚棱柱对于历史学家和神学家都有着极高的价值，因为它为《圣经·旧约》中描述的历史事件提供了同时代的记录。不过对我来说，棱柱上叙述的最有趣的一件事是亚述与埃兰 ③（在今天的伊朗西南部）的两位年轻国王之间的战争。

"为了保住自己的性命，他们踏过己方士兵的尸体逃走了。"棱柱上

① 古代西亚的奴隶制国家，位于底格里斯河中游。约公元前 19—公元前 18 世纪发展为王国，公元前 7 世纪被巴比伦消灭。——译者注
② （？—公元前 681），亚述政治家、军事家。——译者注
③ 古代亚洲西南部的城邦国家，约公元前 3000 年建国，公元前 7 世纪被亚述攻灭。——译者注

的文字叙述着辛那赫里布的军队征服对手时的情景，"他们就像被捕获的幼鸟一样，失去了勇气。他们屎尿齐流，连战车都弄脏了。"

这是迄今发现的最早用文字记录的对于焦虑的武士那虚弱的肠胃和品德的不值一文的评价。

体育界许多关于英雄主义、勇气以及"压力下的从容"的比喻同样也适用于战争。但是赛场上的表现所关系的赌注相比于战场上表现的赌注就是小巫见大巫了，战场上成功与失败的区别往往就是生与死的区别。

社会给予了那些在压力下从容不迫的士兵（和运动员）最大的认可，同时强烈地蔑视那些在压力面前畏缩不前的人。焦虑的人是易变而软弱的，勇敢的人是镇静而强大的。懦夫被自己的恐惧支配，英雄却丝毫不受恐惧影响。希罗多德在他的《历史》一书中讲述了阿里斯托德穆斯的故事。他是一位斯巴达的精锐战士，却在公元前480年的温泉关战役中失去了勇气：他留在了后卫部队中，没有参加战斗。从那以后，阿里斯托德穆斯被人们称为"颤抖的懦夫"，他"感觉蒙受了巨大的耻辱，于是上吊自尽了"。

军队让自己的士兵适应焦虑有着悠久的历史。维京人使用鹿尿制成的兴奋剂来获取对恐惧的化学抗性。英国军队的指挥官曾经让士兵饮用朗姆酒。俄罗斯军队则饮用伏特加（还有缬草——一种温和的镇静剂）。五角大楼一直在寻找关闭战斗或逃跑反应的药理学方法，以期能够根除战场上的恐惧。约翰·霍普金斯大学的研究人员最近设计了一个系统，能够让指挥官通过测量激素皮质醇来实时监控部下士兵的压力水平：如果一名士兵的压力荷尔蒙超出了特定的水平，他就应该被从战场上撤下去。

军队是有正当理由来轻视恐惧行为的：焦虑对于士兵及其所属的军

队都可能是毁灭性的。《盎格鲁－撒克逊编年史》记载了发生于 1003 年的一次英格兰与丹麦之间的战争，此战中英格兰的指挥官埃尔弗里克由于过于焦虑，以至于出现了呕吐的症状，无法再指挥他的部下，导致军队惨遭丹麦人血洗。

　　焦虑是会传染的，因此军队都会积极地寻找控制它的办法。在美国南北战争中，联邦军对因胆怯而犯错的士兵施以文身或烙刑。在第一次世界大战期间，所有由于战争创伤而患上神经疾病的英国士兵都被形容为"往好了说是天生的下等人，往差了说是装病的逃兵和懦夫"。当时的医学作家形容焦虑的士兵是"道德不健全的人"（一些进步的医生，尤其是曾经医治过诗人西格夫里·萨松的 W.H.R. 里弗斯——提出战争疲劳症是一种医学病症，即便是意志坚定的士兵也会受到影响——但这样的医生只是少数派）。1914 年刊登在《美国评论综述》上的一篇文章提出"军官们可能会检查并枪毙那些惊慌的士兵"。直到第二次世界大战期间，英军仍然会对逃兵施以死刑的惩罚。

　　精神病医生在第二次世界大战中扮演了重要的角色，这在战争史上是第一次。他们既在战前为士兵们屏蔽干扰，又在战后治愈他们的精神创伤。超过 100 万美军士兵曾经因为战争疲劳症入院接受心理治疗。然而，由于这种处理方式对于士兵来说更为人道，部分高级军官出于保证战斗力的考虑对此感到不安。后来成为国务卿的美军将领乔治·马歇尔叹息那些在前线被视为懦夫和装病逃避的士兵却成了精神病医生眼里的病人。马歇尔抱怨说，精神病医生们"过于体谅的职业态度"会造就大量娇惯的懦夫。英军将领们在颇具声誉的医学期刊上声称应当对那些在战争中表现出恐慌的士兵实施绝育，"因为只有这样才能防止人们表现出恐惧，并且防止他们把自己精神上的弱点传给下一代"。大西洋两岸的高级军官们都提出不能允许那些被诊断为"战争神经症"的士兵以他们的懦弱来污染人类的基因库。"现在是我们的国家告别软弱的时候了，"一位英军上校宣称，"是放弃对那些无能之辈无度溺爱的时候了。"美军的乔治·巴顿将军则干脆拒绝承认"战争神经症"这种疾病的存在。他更倾向于"战意衰竭"这个术语，认为完全是"意愿的问题"。为了防止战意衰竭蔓延开来，巴顿向最高指挥官德怀特·艾森豪威尔将军建议可以对存在战意衰竭的士兵使用死刑（艾森豪威尔拒绝了）。

现代军队仍然就如何应对那些被战争引起的紧张困扰的士兵感到烦恼。在伊拉克战争期间，《纽约时报》报道了一位由于怯懦而被部队开除的美军士兵。这位士兵就开除提出抗议，声称自己并不是个懦夫，而是患有生理疾病的病人，认为自己应该体面地退伍：战争的压力让他患上了惊恐性障碍，导致焦虑发作，令他身体虚弱。他的律师提出，他只是生病，而不是胆怯。在这种情况下，军方起初拒绝分辨这两者有何区别。不过随后军方官员撤销了怯懦的指控，将其降低为玩忽职守的较轻指控。

纵观历史，在关键的时刻被神经或者被身体出卖的焦虑的士兵不胜枚举。1862 年，联邦军宾夕法尼亚第 68 志愿团一位名叫威廉·亨利的年轻士兵在自己首次上战场时出现了严重的腹痛和腹泻。医生认为他身体的其他方面都很健康，于是亨利成了第一个被正式诊断为战争压力导致的"士兵心理综合征"患者[①]。针对第二次世界大战中的美军士兵所做的

---

① 法国大革命后对在战斗中崩溃的诊断都是非正式的。直到 1871 年一位名叫雅各布·门德斯·德·科斯塔的内科医生在《美国医学科学杂志》上发表了对亨利的案例分析后，这种病症才作为"士兵心理综合征""激惹心脏"或"Da Costa 综合征"正式进入科学文献中。精神病学历史学家通常认为这篇文章是第一篇描述我们今天称为"惊恐性障碍"或"创伤后压力心理障碍症"的医学文献。

"失禁率"研究一致显示，有5%~6%的士兵出现了大便失禁，在有些师这个比例超过了20%。美军在1945年6月的硫磺岛登陆战之前遭遇了大面积的腹泻，有些士兵以此为借口逃避作战。1944年针对在法国的一个美军师所做的调查显示，超过半数的士兵在战斗中出现过冒冷汗、头晕或者大便失禁的症状。另一项针对第二次世界大战中的步兵所做的调查发现，只有7%的人声称自己从未感觉到害怕，而75%的人说自己曾经双手发抖，85%的人说自己曾经手心出汗，12%的人说自己曾经大便失禁，25%的人说自己曾经小便失禁。（当某位上校听到有1/4的调查对象承认在战场上小便失禁时说："见鬼……这只能证明另外3/4都是大骗子！"）五角大楼发布的调查结果显示，部署在伊拉克的士兵中有为数极多的人在出发去战区执行巡逻任务前会因为焦虑而呕吐。

后来成为杰出历史学家的威廉·曼彻斯特于第二次世界大战期间曾在冲绳作战。"我能感觉到自己的下巴在抽搐，就像闪烁不定的光，发出某种表示出现混乱的信号。"他在回忆自己第一次直接参与战斗的经历时这样写道，当时他正在接近一个躲藏在棚屋中的日军狙击手。"我肚子里的瓣膜一个个都在开开合合。我口干舌燥，双腿发颤，两眼无神。"曼彻斯特开枪打死了那个狙击手后就小便失禁了，还吐了自己一身。他想："我的这种表现难道就是所谓的'杰出勇敢'？"

在我看来，曼彻斯特的焦虑造成的生理反应几乎可以代表他有较高的道德水准，也就是对当前状况的严重性非常敏感。从奥古斯丁的时代开始，人们就发现焦虑紧密地与道德联系在一起，在这些情况下没有任何生理反应的人都是公认的冷血杀手。没有人认为作家克里斯托弗·希钦斯是个懦夫，他曾经这样说："如今，那些在压力面前神色平静的人往往绝对是出色的军官胚子，但是高度的坚忍也可能掩藏内心的不安。就那些感觉不到战争疲劳症或者创伤后压力的军官来说，他们拥有一种病态的冷静，因而可以让整个排的士兵去爬布满了带刺的铁丝网的壕沟而不会心生怜悯。"

自古以来，人们就从文化上认同胆量和男子气概之间存在联系，也认为能在绝境中控制自己的身体机能的能力是一种值得肯定的道德水准。据说当拿破仑需要一个有"钢铁般的神经"的人去执行一项危险的任务的时候，他会命令几个志愿者站在假的行刑队面前，对他们放空枪，选择面对枪口时"没有被吓尿裤子"的那个。

我的同事杰夫曾经作为战地记者从世界各地的战场发回报道，其间不止一次被恐怖组织绑架。他说初出茅庐的战地记者总是在担心自己被炮火锁定了会发生什么事情。"直到你遭到攻击，"他说，"你都会问自己：我会尿裤子吗？有些人会，有些人不会。我没有尿裤子。从那时起我就知道自己不会有事，但是世事难料。"

我很高兴从未有人对着我开枪。不过我想我能猜出自己属于杰夫口中的哪一类人。

胆小鬼的脸色总是阴晴不定，并且因为紧张而坐不住，只能跪坐着，一会儿坐在左腿上，一会儿坐在右腿上；当他想到自己死亡的样子时，能够听到心脏在胸腔里怦怦直跳和自己牙齿打架的声音。而勇敢的人自从和其他人一起埋伏了下来，就一直脸色平静，气定神闲。

——荷马 《伊利亚特》(约公元前 8 世纪)

为什么有些人能够在炮火中从容不迫，有些人则轻易就崩溃了呢？研究表明，几乎每一个人（除了那些最具弹性和最反社会的人以外）都有一个崩溃临界点，一旦超过了这个心理阈值，他便无法承受更多的战斗压力，出现心理和生理上的衰颓和崩溃。但是有些人的阈值要远远高于其他人。因此有些人在崩溃之前能够抵挡巨大的压力，并且能够迅速地从战意衰竭中恢复过来；其他人则轻易崩溃，而且恢复得很慢、很费力——如果他们真的在恢复的话。

在不同的人类族群之间似乎存在一种显著的一致性：有固定比例的个体会被压力压垮，另有固定比例的人则在很大程度上对压力免疫。第二次世界大战期间进行的综合性研究发现，在一个典型的战斗单位中，有相当恒定比例的士兵会很早就出现精神崩溃，通常甚至是在进入战场之前；另一部分相对固定比例的人（其中有些是反社会的）能够抵挡极为巨大的压力，而不会造成不良影响；而绝大多数人位于这两个极端之间。

约翰·利奇是一位英国心理学家，研究的重点是极端压力下的认知。他观察到，平均来讲有10%～20%的人在战斗情况下能够保持冷静和镇定。"这些人能够快速地进行思考，"他在《生存心理学》一书中写道，"他们对形势的认识不会存在偏见，而且他们的判断和推理能力也不会受到明显影响"。而在另一个极端，有10%～15%的人会出现"控制不住地哭泣、骚乱、尖叫，在焦虑下陷入瘫痪"的反应。但是利奇说，约占总数80%的"大多数人"在压力极大、可能致命的情况下会变得迟钝、困惑，被动地等待指令（这也许可以解释为什么很多人在压力极大或极度分裂的时代会如此轻易地服从于威权主义）。

另一方面，英国精神病专家们观察到，当第二次世界大战期间纳粹德国空军对伦敦狂轰滥炸时，此前已经患上了神经官能症的市民发现自身焦虑的总体水平居然下降了。一位历史学家写道："神经疾病患者们对于空袭的威胁显得特别冷静。"很可能是因为"正常"的人们发现在大规模空袭期间曾受到过这样的恐惧威胁，而这让他们感到安心。一位精神病专家推测神经疾病患者们看到其他人"看上去很焦虑，就像他们多年来亲身感受到的那样"，因而心安理得。如果神经疾病患者们感觉焦虑是可以接受的，他们也就没那么焦虑了。

V. A. 克拉医生于第二次世界大战期间曾被关押在特莱西恩施塔特集中营，他在战争期间开展了一项有名的关于压力的研究。1951 年，他在《美国精神病学杂志》上发表了一篇文章，报告说尽管在特莱西恩施塔特有 33 000 人被害（另有 87 000 人被转移到其他纳粹集中营屠杀），但没有新的恐惧症、神经症或者病理性焦虑的病例出现。克拉在集中营医院工作时，注意到大多数被关押的人会变得沮丧，但极少有人出现临床焦虑。他写道，那些在战前就受到"持续的严重的精神性神经疾病，比如恐惧症和强迫症"折磨的人发现自己的病情得到了缓解。"（患者的）神经症要么在特莱西恩施塔特完全消失，要么改善到了患者不必寻求医疗帮助就能够工作的程度。"有趣的是，那些幸存的患者战后都旧病复发了，仿佛当时他们的神经质焦虑是被真实的恐惧给挤了出去似的，一旦恐惧感降低，焦虑便溜了回来。

军队的精神病专家们收集了大量关于何种情况会给士兵们造成最严重的焦虑的资料。许多研究显示，士兵的焦虑水平很大程度上是由他们对自己控制力大小的判断决定的。对此的首次描述出现在罗伊·格林克尔和他的同事们所著的《压力下的男人》一书中：第二次世界大战期间有关战斗神经症的经典研究显示，战斗机飞行员们非常害怕来自地面的高射炮射击，但觉得同敌机作战是件令人开心的事情 ①。

　　战斗创伤会给人的心灵造成严重摧残：许多士兵在战争期间精神崩溃；战争结束后崩溃的士兵人数更多。越战导致成千上万的士兵心理受创，他们当中许多人只能依赖药物，并且无家可归。1965—1975 年，有大约 58 000 名美军士兵在越南的激战中丧生，战后自杀身亡的人数则远远超过这个数字。参加了美国近年在伊拉克和阿富汗的战争的老兵中，自杀也是非常普遍的情况。根据美军行为健康综合数据环境（Army Behavioral Health Integrated Data Environment）提供的数据，现役军人中的自杀比例在 2004—2008 年上升了 80%。2012 年发表在《伤害预防》上的一项研究报告称，自杀的人数之多 "在美军 30 多年来的记录中是史无前例的"。近期刊登在《新英格兰医学杂志》上的一项研究断定，有超过 10% 的阿富汗战争老兵和接近 20% 的伊拉克战争老兵受到焦虑症或者抑郁症的折磨。另有研究发现，伊拉克战争老兵中使用抗抑郁药物和镇静剂的比例非常高；ABC（美国广播公司）新闻报道称，每三位士兵中就有一位正在服用精神病药物。那些在战斗压力下崩溃的人死亡率要大大高于没有崩溃的人：近期发表在《流行病学年鉴》上的一项研究显示，那些被诊断患有创伤后应激障碍症的老兵早逝的可能性是他们未曾患病的战友的两倍。近年来，战后自杀的比例大幅上升，美军因此将提供创伤后应激障碍症的预防治疗放在了高度优先的地位。2012 年，自杀比例达到了 10 年来的最高峰——前任参谋长联席会议主席、海军上将迈

---

① 缺少控制力与焦虑症之间的关系这些年来已经多次在非战斗情境中得到证明。研究人员仅仅让老鼠失去对周围环境的控制就足以让老鼠患上溃疡。另有大量研究证明，在职场中如果人们认为自己没有控制力，更易于患上临床焦虑症和抑郁症以及溃疡、糖尿病等和压力有关的疾病。

克·穆伦声称，在美国每天有 18 名现役或退役军人自杀身亡。这真是个惊人的数字。

当然，在被收录进 1980 年出版的 *DSM-III* 后，创伤后应激障碍症（PTSD）[①] 才第一次正式与其他已经在列的焦虑症共同存在于文献中。如同社交焦虑障碍一样，仍有一些关于创伤后应激障碍症到底是否属于自然存在，以及它的范围应该怎样确定的争论。这些争论因为关系到老兵的医疗福利领域和制药公司收益方面价值数十亿美元的利益，不可避免地被政治化了，而关于它到底是品德的懦弱还是身体的症状的激烈辩论也由来已久。美军如今认为 PTSD 是一个真实而严肃的问题，并且投入了大量的资源来研究它的成因、治疗方法和预防措施。海豹突击队的成员被公认为是美军中最强硬、最坚韧的士兵，五角大楼为针对他们的许多研究提供资金支持，以了解基因、神经化学以及（尤其是）训练究竟应该怎样组合才能使他们在精神上如此强大。实验一致发现海豹突击队队员们在混乱和充满压力的形势下比其他士兵思路更清晰，能够以更快的速度做出更好的决定。

近期神经化学以及基因方面的研究认为，相比于士兵感受到的战斗压力的性质，士兵本人的个性可能在决定他是否会精神崩溃方面扮演着更为重要的角色。你更可能会在适度的战斗压力下就崩溃，还是即使在极端的战争环境中也能面不改色，很大程度上要取决于你带着什么样的神经化学物质上战场。从一定程度上说，这种物质就是你自身基因的产物之一。

耶鲁大学医学院的精神病专家安迪·摩根曾经对在布拉格堡受训的

[①] PTSD 是继"士兵心理综合征""炮弹休克症""战斗疲劳症"及"战争神经症"后出现的名词。

特种部队新兵进行过研究，训练项目是著名的 SERE[生存，躲避，抵抗，逃脱（Survival, Evasion, Resistance and Escape）] 科目。这些未来的海豹突击队或者绿色贝雷帽（Green Berets）[1] 成员将经历三周极端严酷的生理和心理考验，用来判断他们能否顶得住成为战俘的压力。他们要忍受拷打、睡眠剥夺、单独监禁和审问（包括水刑之类的"先进技术"）。被选择参加这个科目的受训士兵此前已经在类似布拉格堡的约翰·F. 肯尼迪特战中心和学校接受了为期几年的训练，生理和心理弱点在参加 SERE 之前就早已清除。然而即便是对这样的精英部队来说，SERE 造成的压力也是相当惊人的。摩根与他的合作者们在 2001 年的一篇论文中指出，SERE 训练期间记录到的应激激素皮质醇的变化幅度"算得上是人类有记录以来最大的"，甚至比心脏外科手术造成的变化幅度还要大。

前不久，摩根发现在那些于 SERE 训练中表现更出色的特种部队新兵的大脑中，一种叫作神经肽 Y 的化学物质的水平明显要比表现不佳的士兵脑中的该物质水平高出了将近 1/3。神经肽 Y（研究人员也称之为 NPY）在 1982 年被发现，是大脑中含肽量最丰富的物质，其作用是调节饮食、平衡和压力反应。有些 NPY 水平较高的人似乎对 PTSD 完全免疫——无论压力多大都无法将他们压垮。由于 NPY 与抗压性之间存在着极高的相关性，摩根发现自己能够简单地通过验血就相当准确地预测哪些人能通过特种部队的训练，而哪些人不能：NPY 水平较高的能够通过，NPY 水平较低的则通不过。NPY 某种程度上给予了他们抗拒和恢复力。[2]

特种部队中那些在压力下成长的队员的快速复原能力有可能是习得

---

① 美国陆军特种部队的别称。——译者注
② 研究人员目前正在调查研究是否能够通过鼻腔喷射来调节 NPY 的水平，从而控制 PTSD 的发展。

的，那么他们较高的 NYP 水平就是训练或者教育的产物。抗拒是一种能够习得的特性，五角大楼投入了数百万美元试图弄清楚如何更好地把它传授给士兵。但是有研究指出，一个人的 NPY 含量是生下来就相对固定的——更多的是遗传，而不是通过学习获得的。密歇根大学的研究人员已经发现了每个人 NPY 基因的种类与产生的神经递质多少之间存在关联，而且一个人产生 NPY 的多少与他对负面事件的反应的强烈程度也有关。NPY 水平较低的人大脑的"负面情绪回路"（比如右杏仁核）表现出比 NPY 水平较高的人更加强烈的高敏感性，经历压力事件后恢复到冷静的大脑状态的速度也要慢上不少。同时，他们也更容易出现阶段性的重度抑郁，而这完全不受任何与血清素系统相关的事物的支配（血清素系统是近几十年来神经科学专注研究的重点）。反过来，拥有更高的 NPY 水平似乎能够帮助你在压力下不屈不挠，茁壮成长。

还有的研究发现那些身体对应激激素反应更大的士兵更容易被压力压垮。一篇 2010 年发表在《美国精神病学杂志》上的文章得出的结论是，那些血液细胞中含有较多糖皮质受体的士兵在战斗之后有更大的患上 PTSD 的风险。这些实验是为了验证一个人在压力下有多大可能崩溃很大程度上取决于他的下丘脑—垂体—肾上腺（HPA）轴的相对敏感程度的观点：如果你的 HPA 轴是高度敏感的，那么你在一次惨痛的经历之后有更大的可能会患上 PTSD 或者其他的焦虑症；如果你的 HPA 轴敏感度较低，即便不是在很大程度上对 PTSD 免疫，也比其他人更具有抵抗力。我们知道有很多东西决定着的 HPA 轴的敏感程度——父母的喜爱程度、饮食结构、精神创伤本身的性质等，不过基因是主要的决定因素。这一切都说明基因所赋予的生理机能与是否容易被压力压垮之间存在着很强的相关性。

不过，如果"在压力下表现出风度"① 很大程度上由大脑中特定的肽的含量或者是你先天具有的 HPA 敏感度水平来决定的话，还能说这是风度吗？

英雄和懦夫感受到的恐惧是相同的，但英雄利用自己的恐惧，将它投射到对手身上，而懦夫逃跑了。恐惧是相同的，不同的是你如何处理它。

——库斯·达马托（训练出弗洛伊德·帕特森和迈克·泰森的拳击教练）

我们当中那些 HPA 轴高度敏感的人面对最轻微的干扰时身体也会像老鼠一样颤抖不停，他们是否注定会在最重要的时刻掉链子呢？就像"颤抖的懦夫"阿里斯托德穆斯和罗伯托·杜兰一样摆脱不了羞愧和耻辱的命运呢？成为抽搐的身体和失控的情绪的受害者是不是他们的宿命呢？

不一定。因为当你开始厘清焦虑与表现以及从容与勇气之间的关系时，它们就会显得比最初看起来的要复杂得多。或许在焦虑的同时表现得高效、在胆怯的同时表现得坚强、在惊慌的同时表现得英勇都是有可能做到的。

比尔·拉塞尔是一位篮球名人堂成员，他随波士顿凯尔特人队赢得了 11 次 NBA 总冠军（美国体育史上的冠军次数纪录），12 次入选 NBA 全明星阵容，5 次当选联盟最有价值球员（MVP），被广泛认为是那个时代最出色的（如果不是历史上最出色的）防守者和全能冠军。在任何体

---

① grace under pressure，海明威语。——译者注

育项目的运动员中，他都是史上唯一一个赢得过大学冠军、奥运会金牌和职业联赛冠军的人。没人能够质疑拉塞尔的坚韧、冠军素质或他的勇气。然而令我惊讶的是，他在参加的大多数比赛之前都会因为焦虑而呕吐。根据一份表格上的数据显示，拉塞尔在 1956—1969 年参加的 1128 场比赛之前呕吐过，这几乎达到了达尔文的程度。"（拉塞尔）曾经在每场比赛的赛前或者中场休息时呕吐。"他的队友约翰·哈夫利切克在 1968 年告诉作家乔治·普利姆顿说，"而这也是我们乐意听到的，因为这说明他对比赛感到紧张激动。我们在更衣室内外相互笑着说：'哥们儿，今晚的比赛稳了。'"

和那些患有焦虑症的人一样，拉塞尔不得不与给他的肠胃造成严重破坏的神经做斗争。但是拉塞尔与典型的焦虑症患者之间的关键差异在于（当然，除了他不可思议的运动能力以外）拉塞尔的焦虑和他的表现之间，也就是在他的肠胃不适和他的表现之间成正相关。1960 年，凯尔特人队的教练有一次特地留意到拉塞尔还没有呕吐，于是他立刻叫停赛前热身，直到拉塞尔感到反胃为止。1963—1964 年赛季的常规赛接近尾声时，拉塞尔有一段时间没有呕吐，那段时间也是他职业生涯中表现最差的时段之一。幸运的是，那年的季后赛刚开始，拉塞尔在揭幕战之前看到蜂拥而至的观众时，感到自己的神经紧绷了起来，重新开始出现神经性呕吐，接着就在场上打出那个赛季的最佳表现。对于拉塞尔来说，肠胃紧张是与高效甚至强化的表现相关联的 ①。

怯懦也并非永远都是伟大人物的绊脚石。1956 年，21 岁的弗洛伊德·帕特森成为最年轻的世界重量级拳击冠军。随后，在 1959—1961 年与伊格马·约翰森的一系列经典的比赛中，他成为拳击史上首位在丢失头衔后重新夺回冠军的选手。在接下来的一年里，他在与桑尼·里斯顿的一场比赛中失利，永久地失去了冠军头衔，却在之后的十来年里不断成为冠军竞争者，与里斯顿、吉米·埃利斯和穆罕默德·阿里都有过交锋。

帕特森非常坚韧、凶猛、强壮——在他获得重量级冠军头衔的那几年时间里，可谓是世界上最坚韧、最凶猛、最强壮的人之一。然而按照他自己的说法，他同时也是个懦夫。在他第一次被里斯顿击败后，帕特森开始乔装（戴假胡须、戴帽子）去参加比赛，生怕自己万一失去勇气，想在赛前溜出更衣室，或是在输掉比赛以后躲起来。1964 年，作家盖伊·塔利斯要为《时尚先生》杂志撰写帕特森的简介，于是针对他的乔

---

① 当然，如果肠胃不适影响到发挥的话，性质就完全不同了。想想比尔·拉塞尔和 2005 年超级碗费城老鹰队的四分卫多诺万·麦克奈伯的区别吧。麦克奈伯和拉塞尔同为顶尖的运动员，曾 6 次入选明星碗，是老鹰队的传球成功率的纪录保持者，也是同时代最成功的大学生四分卫和职业四分卫之一。和拉塞尔不同的是，尽管他随队取得过多次季后赛的胜利，却从未获得过总冠军——自从他 2005 年输掉超级碗以后，就深陷几位队友的言论中（虽然他本人并不承认）。他们声称麦克奈伯悄悄呕吐，无法比赛（关于麦克奈伯有没有偷偷呕吐的争论在赛后持续了 8 个年头，也因此被称为"体育史上最大的未解之谜之一"）。事实就是，尽管在体育上天赋异禀，麦克奈伯被临场压力和神经紧张压垮，缺乏领导力和韧性来控制住肠胃，带领老鹰队取得胜利。这之后麦克奈伯的名声便大不如前（宣传一下这位被紧张扼住了命运的喉咙的倒霉蛋的事迹：他在季后赛关键场次中的统计数据和常规赛中的统计数据相比有大幅度下滑）。

装瘪好向他提出了问题。

　　"你肯定好奇是什么会让一个人做出这样的事情。"帕特森说，"嗯，其实我也很奇怪。答案就是，我不知道……但是我认为在我身上，在每个人身上，都有自己的弱点。这是一种当你独处时会暴露得更多的弱点。我已经弄明白了自己乔装的原因，而且似乎无法战胜自我的原因就是……就是……我是个懦夫。"

　　当然，帕特森对于胆怯的定义可能不同于你我，应该也绝非我们都了解的那个。[①] 不过至少这让我们想到内在的焦虑可以与勇敢的外表相伴随，而软弱与力量也未必不相容。

　　在极少数的情况下，焦虑甚至可以成为英雄主义的源泉。在 20 世纪 40 年代，朱塞佩·帕尔多·洛克是意大利比萨的犹太社区领袖。作为精神导师，他受到了广泛的尊重，但是同时，焦虑——尤其是无法克服对动物的恐惧症——也严重地损害了他的健康。为了战胜焦虑，他尝试了各种方法：镇静剂、"滋补药"（磷酸盐对于保持神经系统强健很重要）、在弗洛伊德的一位追随者处进行心理分析治疗，以及（这是我支持的方式）阅读他能找到的各种从希波克拉底到弗洛伊德的关于恐惧症的理论与科学的书籍。这些都没有效果，他的人生一直被恐惧症支配。因为毫无理性地害怕自己会受到狗的攻击，他无法出门旅行，几乎不能走出他的住所。当他终于鼓起勇气上街的时候，他会不断向周围大幅度地挥舞拐杖，

---

① "什么时候第一次认为自己是懦夫的？"塔利斯问。"是在第一次和伊格马的比赛赛后。"帕特森说，"只有在失败中才能看清自己。失败的时候，我无法面对他人，没有力量对别人说'我尽力了，但很抱歉'之类的话。"

以挡开那些他害怕会攻击自己的动物。所以要是邻居养了一只宠物狗，他总会想方设法把他们都赶走，因为他无法忍受有一只动物离自己如此之近。他每天都要花上几个小时煞费苦心地忙上一番，以确信自己的房子里没有动物存在（在今天，他会被诊断为强迫性精神障碍）。

洛克意识到自己的恐惧非常不合理，但无力克服。"这种恐惧有多荒谬，它就有多强烈。"他曾经这样表示，"我迷失了。我的心脏跳得很快，脸色无疑在变化。我不再是我自己了。惊恐在增加，对恐惧的害怕造成了更大的恐惧。渐渐增强的痛苦吞噬了我。我相信自己无法继续下去了。我到处寻求帮助，但又不知道谁能给我帮助。我耻于求助，但是害怕恐惧会让我送命。我就像个懦夫一样，有千万条命也没用。"

希尔瓦诺·阿里厄蒂是居住在这个社区中的一位年轻人，对洛克非常着迷。他想，像洛克这样一位杰出、睿智的人怎么会允许自己的生活被如此不理性的恐惧限制呢？洛克害怕旅行（在他一生的 60 年中从未离开过比萨），有些时候他的焦虑过于严重，甚至只能待在自己的卧室里。但是——令阿里厄蒂着迷的地方就在于——洛克在其他方面表现得"是一位完全无所畏惧的人，做好了勇敢地以任何方式捍卫那些贫穷、地位低下、受苦的人的利益的准备……他几乎时刻心怀恐惧，也几乎永远充满勇气"。他能够应付"真实的"恐惧，并且事实上勇敢地帮助其他被恐惧困扰的人。但是他对于自己的"悲惨而强烈"的恐惧症却无能为力。阿里厄蒂想，在洛克的道德力量与精神疾病之间会不会存在某种联系呢？

多年以后，阿里厄蒂移居美国并且成为世界上在精神疾病领域首屈一指的学者。他出版了一本名为《帕纳斯：犹太大屠杀中的一幕》（1979）的书，书中回忆了德国占领了意大利的部分领土后在比萨发生的事情。

1943—1944 年，由于意大利法西斯和德国纳粹先后对比萨的犹太社区实施了恐怖统治，大部分犹太人逃离了家园，但是洛克因为旅行焦虑症而留在了比萨。"一想到要离家远行，去另一座城市或者另一个国家，就使得我的焦虑朝着惊恐的程度靠近。"洛克告诉 6 位由于不同的原因选择和他一起留下来的朋友，"我知道这有些可笑，但是这样告诉自己也是没用的，我无法克服它。"当他的朋友们试图将他面对炸弹和纳粹时的勇敢归为勇气或者"属灵的恩惠"①时，洛克表示反对。他说自己的疾病"让我的人生变得如此狭隘，更不用说那些留言和嘲笑了，这让我的整个存在都蒙上了阴影。我颤抖着，带着一种毫无理性的对动物，尤其是对狗的恐惧生活着。我还对恐惧这件事情本身感到恐惧……如果我不是一直感受到这种病态的恐惧，我不会还在这里，已经身在万里之外了。你们所说的特殊的恩惠，其实是一种病。"事实就是，洛克表现得很勇敢的原因是他对狗的恐惧要远远超过对炸弹和纳粹的恐惧。

1944 年 8 月 1 日清晨，纳粹来到了洛克的家，要求他交出和他待在一起的人。他拒绝了。

"你难道不怕死吗？"纳粹问他，"我们会杀了你的，你这个肮脏的犹太人。"

"我不怕。"洛克回答。

根据后来接受阿里厄蒂采访的幸存者们的说法，洛克显得并不害怕，即使他很清楚纳粹会杀害他。当真实的威胁逼近时，他表现得无所

---

① 属灵是基督教用语，指凡事不按自己的意愿，而按神的意愿成就。——译者注

畏惧。①

　　朱塞佩·帕尔多·洛克并不是唯一一个被焦虑束缚住手脚的比萨人。当炸弹从天而降，将这座城市变为废墟的时候，大多数人都离开了。但是住在离洛克家不远的一位名叫彼得罗的年轻人因为患有广场恐惧症而无法到离家一个街区以外的地方去。于是他待在了家里。根据当时的状况，彼得罗可能在感受到因为走出家门太远而产生的恐惧之前就命丧在轰炸中。"神经官能症引起的恐惧要比战争引起的恐惧更加强烈。"阿里厄蒂说。

　　但彼得罗幸存了下来，并且由于他的勇气受到了英雄般的礼遇。每次轰炸过后，他都会跑出门到废墟中去（只要在距离他家一个街区的范围之内）解救那些被困在其中的人，挽救了好几条人命。正是因为被恐惧症困在家中他才有机会帮助那些轰炸中的受害者。"他的疾病使他成为英雄。"阿里厄蒂写道。

　　对于那些被焦虑症困扰着的人来说，洛克、彼得罗还有比尔·拉塞尔和弗洛伊德·帕特森的故事都具有极强的吸引力。在他们的焦虑中，有的并不只是救赎，还有道德英雄主义的源泉，或许还有着一种异常的勇气。

---

① 阿里厄蒂在书中详尽地叙述了为什么这应该是事实的理论。他的看法是，洛克对动物的恐惧和厌恶是对人性本恶的厌恶的置换。当年还是小男孩的他幸福又乐观，而进入青春期以后，他通过学习了解到了十字军、宗教法庭及历史上不计其数的人类之间的相互残杀。他无法接受这一切。阿里厄蒂推测（接 168 页）（接 167 页）认为，洛克为了保留对人间的爱，认为世界是友爱的，于是将人性的恶投射到了动物的身上，宁愿害怕动物，而不放弃对人类本善的看法。当洛克不可避免地直面纳粹的恶行时，他对动物的恐惧消失了。阿里厄蒂认为，这给了他的恐怖性焦虑一种精神品质，让他能够将厌恶和焦虑投射到没有感情的生物身上，让他能够保留对人的爱。

第三部分　药罐子

自古以来，药物一直在帮助人们实现某种程度的自我超越，并且让人们从紧张中获得暂时的释放。

第五章
这"一堆酶"，让我对焦虑的态度发生了改变

2004 年春，我的第一本书即将按期发布，出版商组织了一次简单的宣传之旅，需要我在国家电视台和广播中亮相、在全美各地参加读书会、做公众演讲。出发点本应是令人愉悦的：这次机会可以让我宣传自己的作品，不花自己的钱旅行，与读者接触，享受暂时的、微不足道的名气，但我简直无法表达这次新书宣传之旅给自己带来了多么强烈的恐惧。

绝望中，我通过多种渠道寻求帮助。我首先拜访了一位哈佛大学的著名精神药理学专家，他是由我一年前的首席精神病医生推荐的。"你患了焦虑症。"这位专家在初次咨询时看过我的病历后说，"幸运的是，治愈的概率很大，只需要对你正确用药即可。"当我一如既往地就药物依赖提出异议时（担心副作用、害怕药物成瘾、想到服药可能影响我的头脑，让我变成另一个人就不舒服），他引用的还是老生常谈的，但仍威力强大的糖尿病理论："你的焦虑存在生物的、生理的和基因的基础，这是一种内科疾病，就像糖尿病一样。如果你是一位糖尿病患者，你对于使用胰岛素不会有这么多疑虑，对吧？你也不会觉得自己得了糖尿病是一种道德缺失，对吧？"多年来，我和好几位精神病医生之间都发生过这样的对话。我会努力抗拒任何新出的药物，觉得这种抗拒在某种程度上是高尚的、品行端正的，因为依赖药物说明我的性格懦弱，说明焦虑是我的个性中有意义且不可或缺的一部分。而我，要在痛苦中得到救赎——直到我的焦虑不可遏制地越来越严重，直到我愿意尝试包括最新药物在内的任何治疗方式的地步。于是，和往常一样，我屈服了，当新书宣传之旅即将到来时，我重新开始服用苯二氮类镇静药（白天吃赞安诺，晚上吃氯硝西泮），同时增大了我本已在服用的 SSRI 抗抑郁药西酞普兰的剂量。

然而，尽管吃了一肚子药，我仍然对即将到来的新书宣传之旅充满恐惧，于是前去一位斯坦福大学毕业的、年纪很轻却备受推崇的心理学家那里求医——她颇擅长认知行为疗法。"我们要做的第一件事，"在我们的一次初期会面中她说，"就是让你远离这些药物。"在几次治疗过后，她提出从我身边拿走赞安诺，并把它锁在她办公桌的抽屉里。她拉开抽屉，给我看了她的其他病人放在那里的药瓶，还拿起一瓶摇了摇来制造效果。她说这些药物相当于一种支撑，我没有真正地通过体验来直面焦虑；如果我没有把自己暴露在焦虑的原始体验面前，就永远也无法意识到可以靠自己的力量来应付它。

我知道她是对的。暴露疗法是以充分体验焦虑为基础的，如果服用了抗焦虑药物，就很难实现。但是随着新书宣传期的临近，我害怕的是：事实证明，我自己应付不了它。

我回头去找了那位哈佛的精神药理学专家（就叫他哈佛博士吧），向他描述了那位斯坦福心理学家（就叫她斯坦福博士吧）建议的治疗方法。"你自己决定吧。"他说，"你可以尝试停止服药。但很明显的是，你的焦虑深深扎根于你的体内，哪怕是轻微的压力都会诱发它，只有药物能够控制你的生物反应。而且你的焦虑可能已经过于严重，如果你想让那些认知行为疗法见效，唯一的办法就是通过药物来减轻你的身体症状。"

"如果我对赞安诺上了瘾，一辈子都得靠它过日子该怎么办？"我问道。苯二氮类药物的名声并不好，因为它很容易上瘾，如果突然停止服用,则会引发可怕的副作用。

"那么你会怎么做呢?"他说,"今天下午有一位病人要来,她已经服用赞安诺 20 年了,完全离不开。"

在之后一次去斯坦福博士那里就诊时,我告诉她自己害怕不再服用赞安诺会出现哈佛博士提到的那种状况。她露出一副被我背叛了的表情,我一度觉得她就要哭出来了。从那以后,我不再跟她说去哈佛博士那里的事情了。而继续去哈佛博士那里咨询就像是在做什么见不得人的事情一样。

同哈佛博士相比,斯坦福博士要更加令人喜爱,我跟她交谈也更开心。她尝试理解我焦虑的原因,似乎也关心着我的个性人格。至于哈佛博士,他好像将我看作某一类人中的一员:患了焦虑症的人,可以用一种普适的方法来治疗——药物。有一天,我在报纸上看到他在当地动物园治疗一只患了抑郁症的大猩猩的新闻。那么哈佛博士是选择用什么方法来治疗那只大猩猩的呢?西酞普兰。他为我开的也是这种 SSRI 药物。

我没法确定地说这药物对大猩猩是否有效,据报道说是有用的。但是有没有更有说服力的证据表明哈佛博士的治疗方案一定是生物方面的呢?他认为,一切精神痛苦的内容(当然还有它们的意义)都不如事实来得重要,这个事实就是——无论在人类还是灵长类动物身上,痛苦其实是一种能够被药物治愈的生物医学的功能失调。

我该怎么做?哈佛博士告诉我,我就像那只大猩猩一样,出现了一个需要用药物干预的医学问题。斯坦福博士告诉我,我的问题主要不是出在生物方面,而是认知方面:只要我能够修正思维中的功能失调(通过意志力、认知的再训练和直面最大的恐惧等方式),焦虑就会减轻。可是,斯坦福博士又说,我正在服用的药物会阻碍我有效地处理这些功能失调。①

我一直坚持尝试通过停止服用氯硝西泮和赞安诺来正确地进行认知的再训练，有时在一些小的方面取得了成功——结果却是再次被焦虑征服，不得不悲惨而笨拙地摸索口袋，寻求赞安诺的帮助。尽管我非常希望通过修正我的思维，实现心灵的安宁或者只是学会应对焦虑来治愈自己，但最终似乎总是像那只抑郁的大猩猩一样，需要通过对自己的神经递质进行人工调节，来修复焦虑且破碎的大脑。

镇静剂能够减轻焦虑对我们头脑的破坏性影响，为更好地、更协调地运用我们的天赋开辟了道路。这样，我们的幸福、作为人类的成就和尊严就得到了增强。

——弗兰克·伯格 "焦虑与镇静剂的发现"，发表于《生物精神病学发现》（1970年）

镇静剂的广泛使用会在多大程度上影响和改变西方文化？美国人会丧失进取心吗？这种消除焦虑的化学方法有害吗？

——斯坦利·约尔斯 美国国家心理健康研究所主任，1967年5月出席美国参议院小企业特别委员会时的证词

精神分析之父西格蒙德·弗洛伊德严重依赖药物控制自己的焦虑。

---

① 实际上，斯坦福博士也同意焦虑症有很强的生理因素，她认为生理问题是可以靠认知再训练克服的。研究的确也说明认知再训练以及其他形式的谈话疗法和药物治疗一样可以改变生物机能，有时甚至更深刻也更持久——这是精神超越物质的书面宣言。

在他早期发表的科学论文中，有 6 篇是关于可卡因的益处的。从 19 世纪 80 年代开始，他至少有 10 年时间定期服用可卡因。"在我最近一次严重抑郁的时候，我又服用了可卡因。"他在 1884 年给他夫人的信中写道，"服用一点点就能让我舒服到极点。我现在正在搜集辞藻来歌颂和赞美这种神奇的物质。"他相信自己对可卡因的药用价值的研究能够让自己名声大噪，认为这种药物并不比咖啡更容易上瘾，不但自己用它治疗神经紧张、忧郁症、消化不良和吗啡成瘾，还给别人开类似的药方。弗洛伊德称可卡因为"灵丹妙药"："我每次遇到抑郁或者消化不良的时候就服用一点点，总能取得最大的成功。"他在前往导师让 - 马丁·沙可在巴黎的家参加沙龙晚会之前，也会服用可卡因来减轻自己的社交焦虑 [①]。直到弗洛伊德给一位亲密朋友开了可卡因，导致后者出现了致命的上瘾症状之后，他对于这种药物的热情才渐渐消退。但是到那个时候，弗洛伊德自身关于可卡因的经验已经让他坚定地确信一些精神疾病在大脑中都是存在物理基础的。对医学史来说，具有讽刺意味的是弗洛伊德此后的研究使他成为现代精神动力学心理治疗的先驱，这一学说的基本前提是精神疾病来自无意识的心理冲突，而他有关可卡因的论文使他成为生物精神病学的创始人之一。这一学说认为造成精神痛苦的部分原因是生理上或者化学上的功能失调，而这又是可以通过药物来治疗的。

现代精神药理学的历史就像弗洛伊德关于可卡因的实验一样，在很大程度上具有即兴的特质。最近 60 年来所有最具经济价值的抗焦虑和抗抑郁药物要么是偶然被发现的，要么最初是为了与焦虑和抑郁

① 弗洛伊德亲口承认他自己也尼古丁上瘾，一生中的大部分时间每天吸烟都不少于 20 支。这个习惯也让他在 60 岁时得到回报：口腔癌。

完全无关的目的而研发的：为了治疗肺结核、外科休克或者过敏症，原本打算用作杀虫剂、青霉素防腐剂、工业染料、消毒剂、火箭燃料等。

尽管精神药理学近期的历史具有偶然性，但是它仍然深刻地塑造了现代人对于精神疾病的理解。要知道无论是"焦虑"还是"抑郁"——这两个如今既是医学词汇也是流行词汇的术语——在半个世纪之前都不属于临床疾病分类的范畴。在 20 世纪 20 年代以前，没有人被诊断为抑郁症；在 20 世纪 50 年代以前，也只有极少的人被明确诊断为焦虑症。

那么变化到底在哪里呢？一种解释是制药公司在事实上创造了这些分类。最初的市场营销目标被具体化为疾病。

我说这些，并不是想说在 19 世纪 50 年代以前，按照我们今天对"焦虑"和"抑郁"的理解，没有人焦虑或抑郁。总有些人在某些时候会因为疾病感到不开心和害怕。在"焦虑"和"抑郁"这两个词被广泛用来描述情绪状态或者临床疾病之前，这种情况已经延续了数千年（就像塞缪尔·贝克特说的那样："世界上的眼泪总量是一定的。"）。直到 20 世纪中期，减轻这些情绪状态为目的的新药被研制出来以后，这些状态才被限定为我们今天所理解的这些"疾病"。

1906 年，羽翼初丰的美国食品药品监督管理局开始要求制药商们列出自己产品的配方。在那之前，消费者们并没有意识到当他们服用当时最流行的一些抗焦虑药物的时候，比如神经平（Neurosine）、迈尔斯博士的健神经（Nervine，广告中宣称是"治疗神经紊乱的科学药方"）、威乐公司的神经活力药，还有瑞克苏尔公司的治疗过度神经紧张的灵药

（Americanitis Elixir），他们吞下的其实是酒精、大麻或者鸦片①。1897年，德国拜耳制药公司开始销售二乙酰吗啡（diacetylmorphine）②，这种化合物作为镇痛药和止咳药被广泛应用于普法战争和美国南北战争的战场上。③直到1914年，这种品名为海洛因的新药在美国的药店里仍然作为非处方药出售。《默克诊疗手册》现在已是颇受推崇的最新医疗信息纲要，它1899年的版本中曾经推荐鸦片作为治疗焦虑症的标准疗法。

　　1899年版《默克诊疗手册》以及当时的医生和药剂师们带着满满的自信，将那些如今我们明白是不健康、易上瘾、没效果，而当时却被推荐的药物广泛地应用开来。这带来了一个问题，即我们是否应该充分信任今天那些同样自信满满的医生和医药手册？没错，如今的研究人员和临床医生既拥有来自对照实验、神经成像和血液化验的数据参考，也得到了态度更加谨慎的食品药品监督管理局方面的支持，它在批准一种药物上市之前要求经过多年的动物实验和临床试验——当然根据视角不同，这也可能是一种阻碍。但是再过100年，医学史学家没准会再次惊讶于

---

①　有些医生会直接开酒精饮品。19世纪90年代，颇有影响力的伦敦内科医生阿道弗斯·布里吉——他同时也是一系列流行的医学书籍如《消化不良的恶魔》和《男人及他的疾病》的作者——让紧张、忧怕的病人喝波尔图葡萄酒或者白兰地。他写道，"适当的酒精"——尤其是"高浓度的勃艮第葡萄酒、高级波尔多红葡萄酒、波尔图葡萄酒及较好的法国、德国或意大利的白葡萄酒、黑啤酒或上好的白兰地"——会比其他任何药物都能使病人"更好地恢复神经健康"。

②　二乙酰吗啡是海洛因的主要成分。——译者注

③　两年后，拜耳公司又推出了另一种镇痛药——乙酰水杨酸，用"阿司匹林"这一品牌名称上市。后来，因为海洛因和阿司匹林无所不在，所以都从商品名变成了一类药品的通称。20世纪初的英美内科医生对这些药品或多或少有些落后的见解，常常给病人开海洛因止痛（说句公道话，这还是有些道理的），将阿司匹林用于治疗"神经过敏"（这点说不通）。

我们现在居然如此大量地消耗这些容易上瘾、有毒或者没用的化学物质。

20 世纪前半叶，巴比妥酸盐是最常用的治疗神经紧张的药物。1864 年，一位德国化学家将浓缩的尿素（urea，从动物粪便中发现）与丙二酸二乙酯（diethyl malonate，提取自苹果的酸性成分）混合，首次合成了巴比妥酸。起初它似乎并没有被积极利用，但是 1903 年，当拜耳的研究人员在狗身上使用巴比妥酸盐时，他们发现它能使狗睡着。仅仅几个月之内，拜耳便开始向消费者出售巴比妥，这也是第一种能够购买的巴比妥酸盐。他们将这种药物命名为佛罗拿（Veronal），因为其中一位科学家认为意大利的维罗纳（Verona）是世界上最宁静的城市。1911 年，拜耳推出了一种长效巴比妥酸盐——苯巴比妥（phenobarbital），品名叫作鲁米那（Luminal），随后成为世界上最受欢迎的一种安眠药。到 20 世纪 30 年代时，巴比妥酸盐几乎已经完全取代了 19 世纪末的前辈药物 [水合氯醛（chloral hydrate）、溴化物及鸦片] 成为治疗神经问题的选择。

早在 1906 年就有为数众多的美国人在服用佛罗拿，有时还过量服用。《纽约时报》曾经发表社论反对滥用这种"快速治愈的秘方"，但收效甚微；《默克索引》在 20 世纪 30 年代仍然向人们推荐使用佛罗拿来治疗极度紧张、神经衰弱、臆想病和忧郁症，以及其他"焦虑的病情"。佛罗拿和鲁米那在广告中被称为"头脑的阿司匹林"，统治了焦虑药物市场达数十年之久。到 1947 年，美国有 30 种以不同的商品名称出售的巴比妥酸盐，其中最著名的三种是阿米妥 [Amytal，成分为异戊巴比妥（amobarbital）]、宁必妥 [Nembutal，成分为戊巴比妥（pentobarbital）] 和速可眠 [Seconal，成分为司可巴比妥（secobarbital）]。由于当时"焦虑"和"抑郁"的概念还没有正式存在，医生用这些巴比妥酸盐治疗的是"神经质"（或者"神经问题"）、"紧张"和失眠。

然而，巴比妥酸盐有两个很人的缺点：它们很容易成瘾，并且很容易意外服用过量，后果往往是致命的。在 1950 年，至少有 1000 名美国人由于服用巴比妥酸盐过量而丧命（20 世纪 60 年代仍有很多人因此失去生命，其中包括我的曾外祖母和玛丽莲·梦露）。1951 年，《纽约时报》称巴比妥酸盐"对社会的危害比海洛因和吗啡都要大"，并且宣称"将睡前服用粉色药片看得如同刷牙一样必须的主妇、在重要会议前咽下一粒白色胶囊来放松神经的紧张的商人、吞下一枚黄色'镇静丸'减轻考试压力的大学生，还有服用'蓝天使'来保持自信的演员，他们都明白过度使用巴比妥酸盐是对身体不好的，但却没有意识到风险到底有多大"。

你可能会以为巴比妥酸盐如此畅销会让制药公司热衷于研发更新更好的灵丹妙药。卡特制药公司下属的华莱士实验室的科学家弗兰克·伯格在 20 世纪 40 年代后期合成了一种新的抗焦虑药物，但是当他试图吸引制药公司高管的注意时，他们对此显得毫无兴趣。他们认为，首先对焦虑的治疗应该专注于心理问题和尚未解决的个人问题方面，而不是在生物方面或者化学方面——从现代生物精神病学的角度来看这个区别是很离奇的。此外，精神药物并不属于卡特公司通常的商业领域，他们生产最多的是泻药（卡特利肝小药丸）、除臭剂 [艾瑞得（Arrid）]、止汗剂和脱毛霜 [奈尔（Nair）]。

伯格发现这种新的合成物质具有抗焦虑的性质完全出于偶然。伯格于 1913 年出生在今天的捷克共和国，在布拉格大学获得了医学学位之后从事免疫方面的研究，成为一位前途无量的科学家。当希特勒吞并了奥地利，并且摆好架势准备占领捷克斯洛伐克的时候，身为犹太人的伯格逃到了伦敦。

由于在伦敦找不到工作，伯格和妻子无家可归，他们在公园的长凳上过夜，靠施粥场填饱肚子。最终，伯格获得了一份在难民营当医生的工作，在那里学会了英语，随后有了新的工作：在利兹附近的公共卫生实验室担任抗生素研究员。

1941 年，青霉素已经在治疗细菌感染方面显示出了很好的效果，但是怎样生产和保存使其数量大到足以治疗所有盟军士兵的感染是个烦人的问题。"模具就像歌剧演唱家一样变化无常。"一位制药公司高管悲叹道。于是伯格与其他上百位科学家一起，尝试寻找更好的方法，以提取和净化这种具有革命意义的抗生素。他尤为成功的是研发出让模具保存足够长的时间的方法而使它能够在更大的范围内使用。当他的研究成果在几家著名的科学杂志上发表之后，一家英国制药公司为这位一度流落街头的科学家提供了一个高层职位。

一种叫作甲苯丙醇（mephenesin）的化合物是伯格试验的青霉素防腐剂之一，是他对一种市场上出售的消毒剂的配方做了修改后合成的。当伯格给老鼠注射甲苯丙醇来测试它的毒性时，他观察到了自己以前从未见过的现象："这种化合物对动物的行为产生了镇定作用。"

伯格就这样非常偶然地发明了一类革命性的新药。在人们发现甲苯丙醇对于人类有着类似的镇静作用后，施贵宝公司从中觉察到了商机，开始用甲苯丙醇作为诱导手术前的病人放松的镇静药物。到 1949 年，以托赛罗（Tolserol）的品名销售的甲苯丙醇已经是施贵宝公司销量最大的药物之一了。

可是甲苯丙醇在药物形式下效果不佳，药效也不持久。伯格决定开发一种更强效的药。1949 年夏，他在位于新泽西州新布伦瑞克市的卡特公司下属的华莱士实验室担任了主席和医学主管。在那里，伯格与他的团队开始合成并测试那些可能会比甲苯丙醇显示出更强疗效的化合物。

最终，他们（在合成过的大约 500 种化合物中）鉴别出十几种看上去较有前途的。经过更多的动物实验，他们逐渐将范围缩小为 4 种，最后缩小为一种叫作"氨甲丙二酯"（meprobamate）的化合物，并在 1950 年 7 月获得了专利权。伯格的团队发现氨甲丙二酯能够让老鼠放松，在猴子身上的效果更加明显。"我们有大约 20 只猕猴和爪哇猴，"伯格后来告诉医学史学家安德莉亚·托恩，"它们非常凶，对付它们的时候你得戴上厚手套和保护面罩。"但是在被注射了氨甲丙二酯之后，它们变成了"非常乖、友好且警惕的猴子"。更进一步的测试显示，氨甲丙二酯的疗效比甲苯丙醇更持久，而毒性也比巴比妥酸盐要小。

与此同时，顶尖医学杂志上刊出的两篇新论文为甲苯丙醇的疗效提供了最早的报告——请记住甲苯丙醇的疗效是不如氨甲丙二酯的。俄勒冈大学的医生们进行的一项研究发现，124 名因为"焦虑紧张状态"而向医生求助的病人在服用甲苯丙醇后，超过半数的人感觉焦虑明显减轻了：用研究人员的话来说，他们就像"愉快、轻松、自在的人"一样。其他来自精神病医院的报告也显示了相似的结果。很快，针对氨甲丙二酯的小范围研究也得到了同样的结论：这种药物极大地减轻了被当时的医生称为"紧张"的症状。

这些研究是第一次对治疗人类精神状态的药物的疗效进行的系统衡量。如今，报纸和医学杂志上每个月都会刊登大量有关各种精神治疗药物疗效的随机对照实验报告，这类研究似乎已是例行公事。但是在 20 世纪中期，抗精神病药物不但能够被科学地衡量，而且能够被广泛而安全地使用——这还是个新奇的想法。

这个想法太过新奇，以至于卡特公司的高管并不相信这种药物能有市场。他们聘请了一家民意调查公司对 200 名初级护理医师进行了调查，询问他们是否愿意给患者开一种有助于缓解日常生活焦虑的药物。大部分人的回答是不愿意。深感挫败的伯格坚持自己的想法，分别给在新泽西和佛罗里达的两位相熟的医生寄去了一些氨甲丙二酯片供他们测试。结果新泽西的医生反馈说氨甲丙二酯对78%的焦虑症患者有效：他们变得更善于交际，睡眠得到了改善，其中一些曾经足不出户的人也回到了工作岗位；佛罗里达的医生给178位病人使用了氨甲丙二酯，发现95%有"紧张"问题的人得到了缓解甚至康复。

"我第一次来这里就诊的时候，甚至连收音机都不能听，觉得自己就要发疯了。"佛罗里达医生的一位病人在服用了氨甲丙二酯几个月后报告说，"我现在可以去现场看橄榄球赛、文艺演出，甚至连看电视都没问题了。我丈夫简直无法相信我现在能这么放松。"

伯格将这些结果展示给了卡特制药公司主席亨利·霍伊特——《美国医学会杂志》1955年4月将它们刊登了出来——他最终也同意将氨甲丙二酯提交FDA申请批准。按照卡特公司的传统，化合物要以当地的城镇来命名，因此氨甲丙二酯在内部称为米尔顿（Milltown），那是一个离伯格的实验室3英里（约4.8千米）远的小村庄，有旅游指南将它称为"宁静的米尔顿小村"。由于地名不能作为商标使用，因此霍伊特拿掉了一个字母"l"。当氨甲丙二酯于1955年5月进入市场时，使用的名称是眠尔通（Miltown）。

1955年，巴比妥酸盐仍然是最流行的抗焦虑药物。它作为镇静剂进入市场，在长达几十年的时间里统治着药店的货架。鉴于其良好的销售记录，伯格也想将眠尔通作为镇静剂出售。但是他的朋友，罗克兰州立医院的研究主任内森·克莱恩在曼哈顿进行的一次晚餐上建议他不要这样做。"你简直是疯了，"克莱恩说，"世界并不需要新的镇静剂，世界需要的是安定药,需要的是宁静。你为什么不把它叫作安定药呢?这会让你多卖出去十倍的。"未预见到的青霉素防腐剂的副作用、晚餐时随意的话——精神药理学的历史就这样偶然地开启了新的篇章。

1955 年 5 月 9 日,眠尔通悄悄地进入了市场。上市的头两个月里,每个月卡特制药都只有 7500 美元的销售额。但是在广告宣称这种药物对"焦虑、紧张和精神压力"疗效显著之后,销量很快就提高了。在 12 月这一个月中,美国人就购买了 50 万美元的眠尔通。此后美国每年通过处方开出的眠尔通的价值都达到上千万美元。

眠尔通在次年成为一种文化现象。影星和其他名人都为这种新的安定药大唱赞歌。"如果说电影业需要些什么,那就是一点点的宁静了。"一位洛杉矶的报刊专栏作家在 1956 年声称,"一旦你的名气大到在电影圈里算个'人物'了,你就会开始深陷在紧张、精神压力和情绪压力之中。尝试登上顶端的焦虑被担心自己不能保住位置的焦虑取代。因此,无论是大明星还是小人物都已经在他们私密的药丸盒里装满了这种神奇的药片。"露西尔·鲍尔的助理在《我爱露西》剧组时常备着一定量的眠尔通,以便鲍尔在与丈夫迪希·阿耐兹发生口角之后可以冷静下来。田纳西·威廉斯在接受一份杂志采访时说他需要"眠尔通、烈酒和游泳"来熬过创作《伊瓜那之夜》的高压时光。女演员塔卢拉赫·班克黑德开玩笑说自己应该一直给华莱士实验室所在的新泽西州交税,因为她已经服用了太多眠尔通。演员吉米·杜兰特和杰瑞·刘易斯在电视直播的颁奖晚会上公开赞扬眠尔通。喜剧演员米尔顿·伯利(Milton Berle)在周二晚上播出的电视节目中以"你好,我是眠尔通·伯利(Miltown Berle)"作为开场白。

由于这些著名人物的参与,眠尔通红遍了全美国。杂志纷纷进行报道,冠以"幸福特效药""静心药""幸福处方"等美名。超现实主义画家萨尔瓦多·达利的夫人加拉·达利是眠尔通的狂热爱好者，她说服卡特制药从她丈夫那里定制了一个价值 10 万美元的以眠尔通为主题的艺术品①。看了阿道司·赫胥黎在《美丽新世界》中描绘的人人吸毒的混乱地狱，你可能会认为他是一位坚定反对这类药物的凶兆预言家——但他却转变看法，认为氨甲丙二酯的合成"比近期核物理领域的那些新发现更加重要、更具有真正的革命性"。

眠尔通面世后，18 个月内便已经成为最常用的处方药，而且可能是除了阿司匹林之外历史上消耗量最大的药物。至少有 5% 的美国人在服用它。"这可能是有史以来第一次在社区对焦虑进行的大规模治疗。"神经疾病学家理查德·雷斯塔克后来评论道。

眠尔通为我们看待焦虑的方式带来了巨大的转变。在 1955 年以前，世界上没有安定药这种东西——没有一种药物是研制出来治疗焦虑本身的 [英语中的"安定"（tranquilizer）这个词由本杰明·拉什首创。他是一位医生、《独立宣言》的签署者之一。最初这个词指的是他发明的一种禁锢精神病人的椅子]。然而在短短几年的时间里，全美的药店已被数十种不同的安定药挤满，制药公司还在耗资上亿美元研制新的安定药。

精神病专家对这些新药过分自负了。1957 年，弗兰克·伯格的朋友内森·克莱恩在国会作证时充满热情地宣称精神治疗药物的出现可能"在人类的历史上会比原子弹的使用更有意义。因为如果这些药物能够为我们提供期待已久的钥匙揭开人类的化学结构与心理行为之间的联系之

---

① "茧"（Crisalida）是个波浪状的雕塑作品，重达 2.5 吨，隧道的形状象征着通过服用眠尔通踏向通往画家本人称为"人类灵魂涅槃"的道路。该作品在美国医学协会 1958 年年会的大厅中展出，无疑是为医学学术会议增色的较为前卫的展品之一。

谜,并且提供有效的手段修正病理需要,或许就再也不需要把热核能用于破坏性的目的了"。克莱恩在接受《商业周刊》杂志的记者采访时表示,氨甲丙二酯对经济生产率(因为它"让企业高管们充满能量地高效工作")和艺术创造力(因为它帮助作家和艺术家们突破自身的限制,克服"心理阻隔")都有好处。这个通过化学方法实现更好生活的乌托邦式的愿景可能是吹牛皮吹得有些过头了,但持有这一观点的人非常多。到1960年,全美大约75%的医生都在给病人开眠尔通。焦虑症的治疗场所开始从精神分析学家的躺椅上转移到了家庭医生的办公室里。很快,解决本我与超我之间冲突的尝试就被更好地调节大脑神经化学的努力取代了。

如果我们已经做好准备用生理学或化学术语代替心理学术语,我们(对思维)的定义存在的先天缺陷很可能会消失。
——西格蒙特·弗洛伊德 《超越快乐原则》(1920 年)

它就是治疗神经疾病的"胰岛素"。
——法国精神病专家让·西格沃德这样描述新发现的药物氯丙嗪(托拉嗪)

与此同时,法国一系列出人意料的药理学发现在医学和文化上可能产生比眠尔通更加深远的影响。

1952 年,一位名叫亨利·拉博里的巴黎外科医生决定在一些病人身上试验一种叫作"氯丙嗪"的化合物。氯丙嗪也是用来治疗精神病的现代药物之一,源自 19 世纪晚期迅猛发展的德国纺织业,尤其得益于化学企业自 19 世纪 80 年代起开始研发的那些工业染料。[①] 法国的研究人员试图研制一种更为强效的抗组胺剂，于 1950 年从吩噻嗪中合成了氯丙嗪这种新物质。但是氯丙嗪并没有表现得比已有的抗组胺剂先进，于是很快被搁置。拉博里向罗讷－普朗克化学公司要一些氯丙嗪的时候，他希望的是能够发现这种物质声称具有的抗组胺性可以缓解炎症、抑制人体对手术创伤的自体免疫反应，从而帮助减少外科性休克的发生。氯丙嗪的确实现了这一点，但令拉博里惊讶的是，这种药同时也对他的病人起到了镇静作用，让其中一些人放松下来，恢复了正常状态。引用拉博里自己的话说就是：这些病人对自己将要经历的大型外科手术表现得"满不在乎"。

"来看看这种药的药效。"据报道，拉博里曾经向一位在格拉斯河谷部队医院工作的随军精神病医生推荐，同时他指出"紧张、焦虑和地中海病患者"服用后都完全平静了下来，哪怕面对的是自身健康的主要威胁时也不例外。

消息在医院里不胫而走，拉博里的一位外科同事很快就把这种新化合物的效果告诉了自己的妹夫、精神病医生皮埃尔·德尼克。好奇的德尼克将氯丙嗪用在了巴黎精神病院里那些症状最严重的精神病患者身上。结果令人震惊：强烈躁动的病人平静了下来，疯狂的病人也恢复了理智。当德尼克的一位同事对一位多年无反应的病人使用氯丙嗪后，病人摆脱了麻木状态，想要出院回到自己理发师的工作岗位上去。医生让他给自

---

① 19 世纪 80 年代时，氯丙嗪的母体化合物吩噻嗪（phenothiazine）最初是作为蓝色染料合成的。后来的几十年中，人们发现它具有令人难以置信的一系列疗效：可以用作消毒剂（降低感染的风险）、驱肠虫剂（将寄生虫排出体外）、抗疟疾药（与疟疾斗争）或抗组胺药（预防过敏）。因为吩噻嗪具有杀虫能力，杜邦公司 1953 年开始将其作为杀虫剂卖给农民。

己理个发,病人认真地完成了,于是医生让他出院了。虽然并非每个案例都如此具有戏剧性,但这种药物的镇静作用确实非常强大。邻居们反映从精神病院发出的噪声大幅度降低了。其他一些小规模的氯丙嗪的实验结果也非常高效。1953 年,巴黎的精神病专家让·西格沃德让 8 位受到忧郁和焦虑困扰的病人服用了氯丙嗪,其中 5 人出现了好转。西格沃德因此宣称,氯丙嗪是"治疗神经疾病的'胰岛素'"。

1953 年春,一个周日的晚上,位于蒙特利尔的麦吉尔大学的一位精神病医生海因茨·埃德加·莱曼在泡澡时读到了一篇文章,这促成了氯丙嗪进入北美。这篇文章是一位医药公司销售代表留在他的办公室里的,汇报了氯丙嗪在法国精神病患者身上的疗效("这玩意儿太棒了,光是看看文字就足以令他信服。"那位销售代表之前是这样告诉莱曼的秘书的)。莱曼走出浴室后立刻订了一包氯丙嗪化合物,用它启动了北美地区的第一次氯丙嗪实验,在他担任医疗主任的凡尔登新教徒医院对 70 位精神病人使用了这种药物。结果令他大吃一惊:仅仅几周时间,患有精神分裂症、重度抑郁症、狂躁抑郁症以及其他精神疾病的病人似乎都被有效地治愈了。有的病人觉得自己的症状完全消失了,有些被医生认为可能终身离不开精神病院的病人出院了。莱曼后来表示,这是"自一个多世纪前出现麻醉技术以来药理学上最戏剧性的突破"。

一家名叫史克制药的美国医药公司取得了生产氯丙嗪的许可证,并且在 1954 年以"托拉嗪"的商品名称将它投放市场。它的到来改变了精神疾病防治领域。1955 年,美国因精神疾病而入院治疗的人数在那个时代首次出现了下降。①

托拉嗪和眠尔通共同强化了一个具有文化优越性的想法，即精神疾病不是不良的家教或者恋母情结引起的，而是源自大脑中的生物不平衡和有机质的失调，是可以通过化学干预来修正的。

我就这么可怕地醒着挨过了漫漫长夜，害怕得耳朵、眼睛和头脑都紧张起来，这种恐惧是只有儿童才能感受到的。

——夏洛蒂·勃朗特 《简·爱》(1847 年)

凑巧的是，大约 25 年后，我自己长达数十年的化学干预就是从托拉嗪开始的。

在我快要念完小学的时候，抽搐和恐惧症发作次数不断增加，父母不得不带我去精神病医院做了评估。我被认定需要密集的心理治疗，因此换了一所学校读七年级。10 月的一个周一早上，我拒绝去上学：一想到要和父母分离，还要接受治疗，我就害怕得无法承受。但是父母在给 L 博士（他是精神病医生，我在麦克林医院做评估时给我做过罗尔沙赫氏试验，当时我每周都要去他那里做一次心理治疗）和 P 女士（她是社会服务人员，会就如何减少焦虑的产生给我父母提供建议）打了电话后，不允许我不去上学。周一早上的这种闹剧持续上演了几个月之久。

---

① 这是病理学具有革命性的进步。1955 年前，无论严重的还是一般性的精神疾病都主要通过精神分析或者类似的方法进行治疗。谈话疗法是公认的解决心理问题或者童年创伤的通往心理健康的途径。"没有任何一个神志正常的精神病学专家会采用药物疗法。"海因茨·莱曼后来如是评价 20 世纪 50 年代前的这个领域，"使用的是休克疗法或者其他的一些精神疗法。"

我每次都哭着醒来，紧紧抓住被子，说自己害怕去学校。父母没法说服我下床，便会扯掉我的被子，一场摔跤比赛就此开始了：父亲按住我，母亲强行给我穿上衣服，我挣扎着想要逃跑。接着他们不顾我的扭动，把我拎起来扔进车里去。开车到学校需要 7 分钟。在这 7 分钟里，我一直哭求父母不要把我送去学校。

当我们驶入学校的停车场时，我的审判时刻就降临了：父母会不会把我拉出车外，让我在毫无慈悲之心的同学们面前蒙羞？学校是很可怕的，但是羞辱的威胁也同样可怕。我擦干眼泪下车，走上通往教室的木板路。我的焦虑毫无理性可言，实际上，也没有什么要害怕的。但是任何一个曾经被严重的病理性焦虑折磨过的人都会明白，要是我说当时的感觉好像正在走向断头台强，完全不是夸大其词。

我在绝望中不知所措，强忍着眼泪，尽力地控制正在翻涌的肠胃，默默地坐到课桌边上，努力不让自己丢脸地哭出来。①

到了 1 月，我的恐惧症和分离焦虑越发严重了，我不得不疏远自己的朋友们，他们也疏远了我，我几乎不再与同龄人来往。小男孩之间你来我往的玩笑对我来说压力太大，所以吃午饭的时候我更愿意安静地坐在老师旁边。这也让我在假期结束后返校的第一天就无意听到了西班牙语老师绘声绘色地向法语老师讲述自己和朋友们在曼哈顿度假的事情：

---

① 我第一次出现临床抑郁症的状况是那年一个星期五的下午。当时我正在上课，因为即将周末，心情格外轻松。突然"可是周日晚上这一切又要重新开始了"的念头袭来，这样无穷无尽的困境让我沉入了湖底。周日的夜晚，以及周一的早晨——永恒复返，只有死亡能够让这一切停下，因此基本上没有任何寄希望于帮我超脱于坏事即将降临的恐惧的东西了。这样的想法让我消沉。

她和同伴们在那里感染了肠胃病毒，吐了很多次。[1]

这对于第一天返校的我来说是难以承受的，我离开学校回了家，几乎要疯了。

我还能记得那天晚上的一些片段：我把家里的东西扔得到处都是，在我父亲试图抓住我的时候打碎了所有我能拿到的东西；我躺在地上用拳头捶地板，吐沫飞溅地大声尖叫，大喊自己再也受不了了，不如去死；父亲给 L 博士打电话，讨论是否应该把我关起来（他们谈到了约束衣和救护车）；他去当地的科比特药店买回了应急剂量的安定（一种小众的苯二氮䓬类安定药，药效较短）和托拉嗪药水（当时主流的安定药，现在被划分为抗精神病药物）。

托拉嗪非常难喝，但是我迫切需要焦虑症状的缓解，于是就着橙汁把它喝了下去。随后的 18 个月里，我不分昼夜地服用托拉嗪。从那一周的后半周开始，我同时也在服用丙咪嗪（一种三环类抗抑郁药，是 20 世纪 80 年代末百忧解问世之前人们首选的抗抑郁药）[2]。

接下来的两年里，每天早餐和晚餐的时候，母亲都会在我的餐盘边缘放上一片大大的橙色托拉嗪药片以及小一些的有蓝有绿的丙咪嗪药片。药物让我的焦虑有所缓解，我不用去医院了。不过代价是：服用托拉嗪让我反应迟钝，容易脱水，走路时脚步沉重，口干舌燥，头脑空洞，手指颤抖。这种症状叫迟发性运动障碍，是托拉嗪一种常见的副作用。在我开始服用托拉嗪和丙咪嗪的一年以前，曾经入选一支高水平的足球队。当我第二年秋天带着托拉嗪造成的恍惚出现在教练们面前时，他们

[1] 这也标志了我对与恐惧症有关的事物的关注强度。直到如今，在过了 30 多年以后，我仍然能一字不差地记起当时她们的对话。

[2] 丙咪嗪在确定惊恐焦虑症的现代理念上发挥了最大作用（详见第六章）。

大惑不解:这个小个子男孩曾经用熟练的盘带过人让比他年长的队员们尴尬不已,现在的他是怎么了?他们面前的这个孩子仍旧矮小,但是动作迟缓,容易疲劳,很快就会脱水,嘴唇周围总是包裹着白色的黏液。

尽管服药量很大,但我的焦虑并没有消失。有时我一切正常地去了学校,但是随后便被恐惧压垮,必须离开教室,在医务室里由护士陪护。我乞求她让我回家,她会在医务室的禁闭让我感觉快要出现幽闭恐惧而滑稽地来回踱步时,好心地带我去校园里散步,让我试着平静下来。①

我的小伙伴们看到我在应该上课的时间由护士陪着在校园里转来转去,很自然地好奇我出了什么问题。以前的一位朋友的母亲偶然遇到了我母亲,问她我是不是生病了。我母亲闪烁其词地说还好。

可是我的情况并不好,而是很糟。在当年的照片中,我看上去弯腰驼背、满脸羞愧和病容,就像自己缩成一团似的。我要服用抗精神病药、抗抑郁药和安定药,每天上课的时候还要由护士陪着出去散步。

如果没有托拉嗪、丙咪嗪和安定,我都不知道自己能不能挺过七年

---

① 更为严重的是,我的呕吐恐惧症大约就在此时转变成了对窒息的恐惧。我开始出现吞咽问题(吞咽问题最迟在 19 世纪晚期就是公认的焦虑症症状,临床上称之为"吞咽困难")。我变得害怕进食。我那骨瘦嶙峋的青春期身形因为神经焦躁而越发消瘦,变得形容枯槁。在学校我开始不吃午饭了。吞咽时遇到的困难越多,便越因吞咽困难牵心神不宁,吞咽的难度也就越来越大。不久,甚至连咽口水都变得困难起来了。我坐在历史课课堂上,嘴里全是口水,害怕万一被老师点名回答问题,要么会被满嘴的口水呛到,要么会把口水喷得满课桌都是,或两者皆有。我开始养成随身携带洁云纸巾的习惯,这样可以悄悄地把口水吐到纸巾上,而不用咽下去了。每天快到午饭的时候,口袋里已经装满了湿透的纸巾,口水浸透了裤子,裤子上也都是口水的气味。一天下来,纸巾都揉烂了。到了晚上的时候,满口袋都是沾着口水的纸巾碎屑——如果我告诉你整个中学时期我只有过一次约会,你会感到惊讶吗?

级。但是我挺过来了，而且到了八年级结束的时候，我的焦虑痛苦得到了一定程度的减轻。L 博士让我停止服用托拉嗪，然而从那年冬天开始（至今差不多 30 年了），我几乎从未间断服用这种或者那种治疗精神疾病的药物，往往还是同时服用两三种甚至更多——这简直让我成了过去的半个世纪里抗焦虑药物的活存储库。

发明新药对于我们理解精神疾病和人类身心状况的本质极其重要：我们的个性、我们的智力、我们的文化大概都可以归结为一堆酶。
——爱德华·肖特尔 《百忧解之前》(2009 年)

我曾经在 20 世纪 80 年代短暂地服用过苯乙肼（phenelzine）。这是一种单胺氧化酶抑制剂（monoamine oxidase inhibitor, MAOI），商品名称是拿地尔。MAOI 在我身上并不怎么有效，我没有感觉到焦虑的减轻，却总是担心自己会因为这种药物的并发副作用而送命。因为 MAOI 存在严重的，甚至致命的副作用，尤其是与错误的东西一起服用的话。当服用 MAOI 的患者喝酒或者其他发酵的酒精饮品，或者吃陈年奶酪、腌制食品、某些豆类以及许多无须处方即可出售的药物时，由于以上这些东西中大量含有一种叫作"酪胺"（tyramine）的氨基酸衍生物，会给服药者的健康造成严重后果：剧烈头痛，黄疸、血压骤升，有时还会出现严重的内出血。这意味着即便是在最好的情况下，MAOI 对于像我这样容易忧郁和对健康产生焦虑的人来说可能不是理想的选择。

也是由于这个原因，尽管 MAOI 对于很多抑郁症和焦虑症患者来说仍然最为有效，或者是唯一有效的药物治疗手段，但已经有很多年没有被视为针对情绪障碍的一线治疗方法了。① 尽管 MAOI 在我自己的精神疾病史中仅仅客串了一个小角色,但它们在焦虑的科学和文化历史上还是相当重要的,因为它们是最早出现的与精神疾病领域新兴的神经化学理论有着特别关联的药物之一。在 20 世纪中期,MAOI 的出现与丙咪嗪等三环药的问世,帮助人们建立了对抑郁和焦虑的现代的科学认知。

MAOI 始于第二次世界大战后期。当时德国空军用 V-2 火箭轰炸英国的城市,常规燃料耗尽后不得不依靠一种叫作"肼"(hydrazine)的燃料来推动火箭。肼具有毒性和易爆性,但科学家们发现可以对它进行改造,或许能让它在医学上发挥作用。战争结束后,制药公司以极低的折扣价取走了剩余的肼类储备。这项投资回报颇丰。1951 年,位于新泽西州纳特利市的霍夫曼 – 罗氏公司的科学家们发现有两种改造后的肼类化合物异烟肼(isoniazid)和异烟酰异丙肼(iproniazid)能够抑制肺结核病的发展。接着他们开展了临床实验。到 1952 年,异烟肼和异烟酰异丙肼都进入了结核病治疗药物的市场。

但是这些抗生素产生了意料之外的副作用。报纸描述说,一些患者在接受这些药物的治疗后变得"有点兴高采烈",跳着舞走过肺结核病房的走廊。精神病专家在读到这些新闻后开始思考,这些激活情绪的作用是否意味着异烟肼和异烟酰异丙肼可以被用作精神病治疗药物。1956 年在纽约的罗克兰州立医院进行的研究中,医生对患有各种精神疾病的病人进行了为期五周的异烟酰异丙肼治疗。在疗程接近结束的时候,抑郁症患者的病情出现了明显的改善。医院的研究主任内森·克莱恩从中发

① 在尝试了包括电击疗法在内的多种治疗方法后,小说家大卫·福斯特·华莱士认为还是苯乙肼对他的焦虑症和抑郁症最为有效。酪胺诱发的副作用发作以及停止服用苯乙肼使他的病情加速恶化,最终导致华莱士于 2008 年自杀身亡。

现了一种被他称为"精神赋能"（psychic energizing）的效果，开始在他的私人诊所给抑郁症患者开异烟酰异丙肼，并在随后的报告中说其中一些患者的症状"得到了明显的缓解"。克莱恩后来宣称异烟酰异丙肼是"精神疾病历史上第一种以这样的方式发挥作用的治疗方法"。1957 年 4 月，霍夫曼－罗氏公司开始以"异丙烟肼"（Marsilid）的商品名销售异烟酰异丙肼，《纽约时报》甚至在封面对此进行了报道。异丙烟肼是第一种众所周知的抗抑郁药，也是第一种作为抗抑郁药而众所周知的 MAOI。

直到 20 世纪中叶，神经科学的历史还比较短暂，人们对大脑工作方式的了解还很粗浅。科学家们围绕着"火花"与"试剂"进行了激烈的辩论：有的科学家认为神经元之间是以电传递的方式来传导神经冲动的，而有的科学家则认为是化学传递。"当我还在剑桥大学读本科的时候，"牛津大学药理学教授莱斯利·艾弗森回忆自己在 50 年代的经历时说，"老师告诉我们……大脑中不存在化学传递，它只是一部电机。"

19 世纪晚期，英国心理学家已经进行了一些有关脑化学的原始研究。但是直到 20 世纪 20 年代，奥地利格拉茨大学的药理学教授奥托·勒维才分离出了第一个神经递质。他在 1926 年发表的一篇论文中提出，是一种叫作"乙酰胆碱"的化学物质在神经冲动从一个神经末梢传到另一个神经末梢的过程中起着中介作用。①

即使是在托拉嗪和眠尔通销量飞涨的时候，神经递质的工作方式还

---

① 勒维声称，他那有关人工控制青蛙心率变化的实验构思是 1923 年复活节星期日的梦中所得。当时他在兴奋中随手将实验内容写在床边的一张纸上，不料第二天早晨醒来时既不记得梦中的情形，也无法识别自己的字迹了。幸运的是，他当晚又做了同样的梦。这一次他记住了整个实验，并付诸行动，由此第一次展现了神经传导的化学基础，后来也因此获得了诺贝尔奖。

没有得到证实(给患者开出这些药的精神病医生们,甚至是研发出这种药的生物化学家们普遍都不知道它们为什么会有这样的疗效)[1]。两位苏格兰研究人员的发现将钟摆有力地摇向了"试剂"一侧:爱丁堡大学的德国神经科学家玛塔·沃格特于 1954 年发现有关神经递质的第一个有说服力的证据:去甲肾上腺素;同年晚些时候,沃格特的同事约翰·亨利·加德姆通过一系列非正统的实验,发现血清素也是一种神经递质(直到当时,血清素还被认为是一种基于肠道、参与消化过程的化合物)[2]:加德姆服用了致幻剂(他说这让他感觉疯狂达 48 小时之久),同时根据实验室测量的结果,这降低了他的脑脊髓液中的血清素代谢物水平。他得出了一个大致的结论:血清素能帮助你保持心理健康,因此血清素不足会导致你患上精神疾病。以神经递质为基础的心理健康理论便由此诞生了。这将会改变科学和文化对于焦虑和抑郁的观念。

你难道不能……

拭掉那写在脑筋上的烦恼,

---

[1] 奥托·勒维等人发现了神经递质存在的有效证据(比如血液中的去甲肾上腺素),但是并未从脑中分离出该物质。

[2] 早期血清素研究简史:1933 年意大利研究员维托里奥·艾斯帕梅分离出胃中的一种化合物,因为它似乎在消化的时候可以促进肠收缩,所以艾斯帕梅将它命名为"肠道胺"[原文为 enteramine,其中 enter(肠),amine(胺)]。1947 年在克利夫兰医院研究高血压的两位生理学家在血小板中发现了肠道胺。鉴于肠道胺会引发血管收缩,于是他们将其重新命名为"血清素"(serotonin,"sero"为"血",词源为拉丁语 serum;"tonin"指肌肉的张力,词源为希腊语词 tonikos,在英语里为 tonic)。1953 年,研究人员首次在脑中发现血清素的踪迹,仍认为是血流从胃中带出的残留物质。在随后的几年中,血清素的神经递质角色才逐渐明晰起来。

用一种使人忘却一切的甘美药剂，

把那堆满在胸间、重压在心头的积毒

扫除干净吗？

——威廉·莎士比亚 《麦克白》（约 1606 年 ）

生物化学家伯纳德·B. 布罗迪（但大学都叫他史蒂夫）因在第二次世界大战中研制了抗疟疾药物而名声大噪。当 20 世纪 50 年代托拉嗪和眠尔通进入市场时，他正在位于马里兰州贝塞斯达的美国国立卫生研究院下属的美国国家心脏研究所主持一个实验室。之后的十年间，这个实验室给精神病学带来了彻底的革命。

这一开创性实验的实验对象是利血平（reserpine）。利血平是从一种名叫萝芙木（Rauwolfia Serpentina，由于根的形状像蛇，又称蛇根木）的植物中提取的，在印度有超过 1000 年的使用记录，医生们用它来治疗各种疾病——从高血压、失眠到毒蛇咬伤和婴儿急腹痛。根据印度文献的记载，它也曾被用来治疗"精神错乱"，显然还取得了一定成功。利血平在西方从未获得过如此大的关注。但是当托拉嗪产生了显著的成果之后，施贵宝公司的高层希望利血平能够与其一较高下。他们为内森·克莱恩提供了资金，后者在罗克兰州立医院于若干病人身上试验了这种化合物：好几位病人的病情有了大幅度好转，有几位在报告中被形容为因焦虑而"致残"的病人获得了足够的放松，已经可以离开医院，重新开始他们的生活了。

这促成了更大规模的研究。1955 年，纽约州心理卫生专员保罗·霍克与州长 W. 埃夫里尔·哈里曼共同商定提供 15 亿美元资金，在全纽约州精神病院里的 94 000 名患者身上都使用利血平（在今天，FDA 的规定是不会允许开展这种研究的)。结果是：利血平在部分患者身上有效，但效果不如托拉嗪，而且还存在严重的副作用，有时甚至是致命的。临床医师们大多不把它作为治疗精神疾病的药物使用。

不过在此之前，布罗迪和美国国立卫生研究院的同事们已经使用利血平在生物化学与行为之间建立了清晰的联系。约翰·加德姆了解到的致幻剂与血清素之间的关系给了布罗迪启发，他给兔子注射了利血平并观察它对兔子体内血清素水平的影响，得到了两个有趣的发现：给兔子注射利血平降低了它们大脑中的血清素含量，而血清素含量的降低造就了"昏昏欲睡"的兔子和"无动于衷"的兔子，这与患抑郁症的人类的行为毫无二致。此外，布罗迪和同事们还发现可以通过控制兔子的血清素水平来刺激或者削弱它们的"抑郁"行为。布罗迪1955年在《科学》杂志上发表的论文报告了这些发现，首次将特定神经递质的水平与动物的行为变化联系在一起。一位医学史学家后来表示，布罗迪在神经化学与行为之间架起了一座桥梁。

布罗迪的利血平研究与精神病专家关于MAOI的发现出现了有趣的交叉。如果做一些过度的简化，20世纪50年代的脑部研究专家们只是想出了神经递质是由"上行"的神经元释放到突触里的，目的是让"下行"的神经元产生神经冲动。每个神经递质都会附着在一个嵌入在神经元膜里的受体，也就是它的分子镜像上，快速地从一个神经元传递到另一个神经元。每当这些神经递质中的一个附上了自己位于突触后神经元上的受体时（血清素附着在血清素受体上，去甲肾上腺素附着在去甲肾上腺素受体上），接收神经元就会改变形状：它的神经元膜会变得可以渗透，让神经元外面的原子奔向神经元内部，造成神经元内部电压的突变。这种突变造成接收神经元产生神经冲动，将自身产生的神经递质释放到周围的突触中。这些神经递质随后落在其他神经元的受体上。这种层叠式的活动——神经元产生神经冲动，释放出神经递质，又造成其他神经元产生神经冲动——遍布于我们大脑中的上千亿个神经元和数万亿个突触，也正是它造就了我们的情绪、感知和思想。神经元和神经递质就是情绪和思想的实物体现，科学家们仍在努力试图了解它的科学原理。

针对异烟酰异丙肼的早期研究显示，这种抗生素能使单胺氧化酶（monoamine oxidase，MAO）失去活性。这种酶的功能是分解和清除那些积累在突触中的血清素和去甲肾上腺素。在一个神经递质涌入突触之后，它通常会迅速地被 MAO 清除出去，为下一次传递留出余地。但是异烟酰异丙肼对单胺氧化酶的"抑制"使得神经递质能够在神经末梢中停留更长的时间。布罗迪小组的研究人员建立了一种理论，认为神经递质在突触中的额外积累正是异烟酰异丙肼具有抗抑郁效果的原因。果然，在给部分兔子注射利血平之前先注射异烟酰异丙肼的话，它们并不会像其他只注射了利血平的兔子那样表现得无精打采。布罗迪和他的同事们断言，异烟酰异丙肼可以提升突触中的去甲肾上腺素和血清素水平，从而使兔子不会进入"抑郁"状态。

此刻，制药工业意识到自己可以在出售精神治疗药物时宣传它们能够修正某些神经递质的"化学失衡"或者缺陷。1957 年，霍夫曼－罗氏公司推出了异烟酰异丙肼的首批广告，其中一个广告是这样推销这种药物的："一种影响血清素、肾上腺素、去甲肾上腺素和其他胺代谢的胺氧化酶抑制物。"

另一种新药的研发为这一想法提供了进一步的支持。1954 年，瑞士制药公司嘉基对托拉嗪的化学结构做了微调，创造出一种化合物 G22355，也就是丙咪嗪，第一种拥有三环化学结构的药物。瑞士精神病学家罗兰·库恩致力于研发一种疗效更好的安眠药，他曾经尝试给一些病人服用丙咪嗪。由于托拉嗪和丙咪嗪的化学结构相似（仅有两个原子不同），库恩假定丙咪嗪和托拉嗪一样会有镇静效果。然而事实并非如此：丙咪嗪没有让病人入睡，反而让他们更加活跃、情绪高涨。1957年，在使用丙咪嗪治疗了超过 500 位病人之后，库恩在苏黎世召开的国际精神病学大会上提交的论文指出，就算是深度抑郁症患者在用药几周之后也出现了戏剧性的好转：他们的情绪提升了，"疑病妄想"消失了，"综合抑制"消退了。"完全治愈的情况并不少见，患者和他们的家属证实他们很久没有感觉这么好了。"他宣称。嘉基公司取出了封存已久的丙咪嗪，并在 1958 年以"妥富脑"（Tofranil）的商品名将它投入了欧洲市场。[①]

　　1959 年 9 月 6 日，丙咪嗪开始在美国发售，当天的《纽约时报》以"药物与抑郁症"为题刊登了一篇关于异丙烟肼（也就是异烟酰异丙肼，第一种 MAOI 药物）和妥富脑（丙咪嗪，第一种三环药物）的文章。《纽

---

① 　如果不是因为历史上的另一次偶然，丙咪嗪可能永远都不会出现在药房里——这样生物精神病学的历史也许会被改写。按照库恩的意思，他在国际精神病学大会上的报告收到了"大量的质疑"，因为"直到那时对抑郁症进行药物治疗的评价几乎全是负面性的"。事实上，这也是因为精神病学界对药物缺乏兴趣，因而只有几个人参加了库恩在苏黎世的演讲（此后，他的这次演讲被誉为药学界的葛底斯堡演讲——虽然当时不引人注意，但是注定成为经典）。嘉基公司当时也未对此留下深刻印象，也和精神病学界一样对能够治疗精神疾病的药物持怀疑态度，没有将丙咪嗪列入上市的计划名单。但是有一天，在罗马开会的库恩碰见了嘉基的大股东罗伯特·伯林杰，后者告诉他在日内瓦有位亲戚深受抑郁症折磨。库恩便送了一瓶丙咪嗪给他。仅仅服用了几天以后，伯林杰的亲戚便痊愈了。"库恩是对的。"伯林杰对嘉基的执行董事们说，"丙咪嗪确实是抗抑郁药物。"嘉基的执行董事们的态度软了下来，不久就将丙咪嗪推入了市场。

约时报》称这些药物为"抗抑郁药"——这是报刊和流行文化中首次使用这一术语。

据估计，今天有超过 4000 万美国人在服用抗抑郁药物，但是罗兰·库恩 1957 年在国际精神病学大会上演讲的时候，世界上还没有抗抑郁药这种东西，这个概念还完全不存在。MAOI 和三环药物创造了一种新的药物分类。

20 世纪 60 年代初期，美国国立卫生研究院的生物化学家，同时也是布罗迪实验室经验丰富的科学家朱利叶斯·阿克塞尔罗德开始鉴别丙咪嗪对大脑中多种化学物质的不同效果，发现丙咪嗪阻止了神经元突触中去甲肾上腺素的再摄取（几年之后，他又发现丙咪嗪也阻止了血清素的再摄取）。阿克塞尔罗德提出一种理论，认为抗抑郁药对去甲肾上腺素再摄取的影响正是提高情绪和缓解抑郁的原因所在。这是一个充满革命性的想法：如果丙咪嗪阻止了去甲肾上腺素的再摄取，而同时它能够缓解患者的焦虑和抑郁，这就意味着去甲肾上腺素与精神健康之间必定存在关联。就这一点来说，异丙烟肼或者妥富脑——或者可卡因有着类似的作用——似乎是通过提升突触中的去甲肾上腺素水平、延迟它被神经元再次摄取的方式来治愈焦虑症和抑郁症的。

几乎与此同时，麻省精神健康中心的精神病学家约瑟夫·希尔德克劳特给一些患者使用了丙咪嗪，而他一直以来相信焦虑症和神经官能症是由儿童时期的创伤和未解决的心理冲突引起的，所以最佳的治疗方法是弗洛伊德的心理疗法。"这些药在我看来就像是魔术。"他后来说，"我开始意识到一个新世界的存在，一个由药理学揭示精神病学世界的存在。"1965 年，他在《美国精神病学杂志》上发表了一篇文章，题为《情感性精神障碍的儿茶酚胺假设：对支持性证据的回顾》。希尔德克劳特在布罗迪和朱利叶斯·阿克塞尔罗德的研究基础上提出，抑郁症的诱因是大脑中的儿茶酚胺 [儿茶酚胺是一种"战斗或逃跑反应"激素（比如去甲肾上腺素），在遇到压力时由肾上腺释放出来] 水平升高。希尔德克劳特的论文成为精神病学历史上被引用次数最多的期刊论文之一，奠定了焦虑与抑郁源自化学不平衡的理论的核心地位。

生物精神病学的第一根支柱建成了。弗洛伊德模式的精神病学追求通过解决无意识的心理冲突来治疗焦虑症和抑郁症。随着抗抑郁药物的出现，精神疾病和情绪障碍越来越多地被归因于特定神经递质系统的功能失调：人们认为精神分裂症和药物成瘾的原因是多巴胺系统出现了问题；抑郁症是肾上腺释放出应激激素的结果；焦虑症则是由于血清素系统存在缺陷而引起的。

然而，对于焦虑症的历史来说，药理学最具变革性的影响还没有到来，而这种影响的开端就是有关丙咪嗪的研究，它将会（充满争议地）重塑精神疾病行业对焦虑症的认识。

人生什么时候能够免于压力呢？从长远来看，一个种群从来没有遭遇过压力是一件值得庆幸的事情吗？

一天，当我正坐在办公室里阅读电子邮件时，开始隐约感觉有些温热起来。

是房间里变热了吗？突然，对身体运行的意识占据了我的思维中心。

我发烧了吗？我要生病了吗？我会昏倒吗？我会呕吐吗？我会在逃离或者得到帮助之前丧失行动能力吗？

我正在写一本关于焦虑的书。我沉浸在惊恐现象的知识当中。我对惊恐发作的机制完全是个外行。我经历过成千上万次惊恐发作。你或许觉得这些知识和经验会对我有所帮助。诚然，偶尔是有些帮助。我有时可以早早识别出惊恐发作的征兆，从而防止它发生，或者至少把它发作时的症状控制在有限的程度。但是我的头脑中进行的往往是这样的对话：

你只是遇到了一次惊恐发作。情况还好。你要放松。

但是如果这不是惊恐发作该怎么办？要是我这回是真的生病了该怎么办？如果是心脏病或者中风该怎么办？

这就是惊恐发作。控制呼吸，保持平静。你没事的。

但要是有事该怎么办？

你没事的。最近 782 次你出现惊恐发作的时候都觉得它们可能不是惊恐发作，但它们确实是。

好吧，我现在放松自己。吸气，呼气。想想冥想磁带教给我的那些平静的想法。但是正因为过去 782 次都是惊恐发作，那不代表第 783 次也是，对吧？我肚子疼。

你说得对，我们快出去吧。

当这一连串想法流过我的大脑时，我坐在办公室里，感觉从有些温热变成了很热。我开始出汗，左脸感到刺痛，接着变得麻木了（我对自己说，瞧，我可能是中风了）。我的胸部发紧，我突然发现办公室的日光灯出现了频闪的效果，闪烁得让人眩晕，感觉周围在剧烈摇晃，好像办公室里的桌椅都在移动，好像我马上就要倒在地上一样。我紧紧抓住椅子的边缘来稳住自己。随着眩晕感的增强，房间在我身边打转，周围的环境都显得不那么真实了，就好像我和世界之间隔了一层薄纱一般。

我脑中涌起很多念头，但最突出的有三个：我要吐了；我快死了；我得出去。

我摇摇晃晃地从椅子上站起来，浑身是汗，满心只想着逃跑：我需要出去，到办公室外面去，到楼外面去，到这种环境外面去。如果我要中风、呕吐或者死掉，我希望能发生在楼外面。我要冲出去。

我打开门，全速冲向电梯所在的前厅，迫切希望在走到楼梯之前不要有人和我搭话。我挤过了通向楼梯井的防火门，为自己已经成功地跑了这么远而稍感宽心，开始从七楼往下走。当我到达三楼时，双腿已经颤抖了。如果我在用理性思考——如果我能够让自己的杏仁核平静下来并且更好地运用大脑新皮层——就能得出正确的结论：这种颤抖是自发的"战斗或逃跑反应"（这造成了骨骼肌的颤抖）与体力消耗共同作用的自然结果。然而由于我已经过深地陷入了惊恐引起的小题大做的思想中，无法使用理性的头脑了，因而得出了相反的结论，认为颤抖的双腿是身体彻底崩溃的征兆，自己真的快要死了。在我迈下最后两级台阶的时候，我在思考自己还有没有能力用手机给妻子打个电话，告诉她我爱她，并且叫她在我失去意识、可能断气之前叫人来救我。

楼梯井通向外面的门一直是锁着的。如果有人接近，运动检测器应该会感应到，并且自动将门打开。不知什么原因——可能是我跑得太快了——门并没有打开。我在快速奔跑中猛地撞上了门，被弹了出去，向后摔倒在地上，后背着地。

我撞到门上的力量很大，把门上方发着红光的出口标志周围的塑料边框都撞得移位了。它落在了我的头上，然后啪嗒一声掉到地上。

大厅的保安听到响声，把头伸进楼梯井，看见我恍惚地坐在地上，出口标志的边框掉在我身边。"发生什么事了？"他问。

"我病了。"我回答，谁会觉得我没病呢？

古希腊人相信自然之神潘恩统治着牧羊人和他们吃草的羊群。潘恩不是一位高贵的神祇：他又矮又丑，长着山羊一般又粗又短的腿，喜欢在道路边上的山洞或者灌木丛中小憩。如果被过路人吵醒，会发出令人毛骨悚然的尖叫，无论谁听到，都会吓得头发根根直立起来。据说潘恩的尖叫会让旅人因为惊吓而倒毙，甚至在众神中间也引起了恐惧。当提坦神们袭击奥林匹斯山的时候（根据神话的说法），潘恩通过在他们的军队中散布恐惧和困惑不战而胜。希腊人也把他们公元前490年在马拉松战役中的胜利归功于潘恩，据说是潘恩在来犯的波斯人心里植入了焦虑。经历突如其来的恐惧（尤其是在人多的地方）就被称为"惊恐"（源于希腊语 panikos，意思是"潘恩的"）。

每个曾经被惊恐发作折磨过的人都知道它能释放的混乱——生理

上和情感上都有。心悸、出汗、颤抖、气促、窒息、胸闷、恶心、肠胃不适、眩晕、视物模糊、手脚刺痛 [医学术语称为"感觉异常"（paresthesias）]、忽冷忽热、感到可怕的厄运即将降临。[①]

精神疾病专家大卫·舍汉拥有 40 年研究和治疗焦虑症的经验，他讲述了一个关于惊恐的体验能有多么可怕的故事。20 世纪 80 年代，有一位"二战"老兵由于惊恐发作来向舍汉求诊。他是在 D 日 [②] 率先登上诺曼底海滩的步兵之一。舍汉问他，难道在进攻诺曼底滩头时周围枪林弹雨、血肉横飞的体验还比不上吃晚餐时惊恐发作那么吓人、那么痛苦，让他感觉备受侮辱吗？完全比不上，老兵说。"相比于有一次惊恐发作时那种纯粹的恐怖，他登上海滩时感觉到的焦虑简直不值一提。"舍汉说，"让他二者择一的话，他会高兴地自愿再进行一次诺曼底登陆。"

今天，惊恐发作是精神医学和流行文化的固定产物。在美国，足有 1100 万人像我一样，在某一时刻被正式确诊为惊恐障碍症。然而直到 1979 年，惊恐发作和惊恐障碍症才正式存在。这些概念是从哪里来的呢？

来自丙咪嗪。

1958 年，唐纳德·克莱因是纽约山麓医院的一位年轻的精神病学家。山麓医院里住着 200 名病人，在获得丙咪嗪之后，克莱因和一位同事开始随机地在他们当中的大部分人身上使用这种药物。"我们原先认为它可

---

① 正文中我列出了 13 个 *DSM* 惊恐发作的诊断标准中的 10 条，剩下的 3 条为：不真实感、失控感、死亡恐惧。根据 *DSM* 的判断标准，惊恐发作必须在特定的时间内体验到以上症状中的至少 4 种。

② 诺曼底登陆日，即 1944 年 6 月 6 日。——译者注

能具有一种'超级可卡因'的功效，推动病人摆脱疾病的困扰。"克莱因回忆道，"引人注目的是，这些缺乏快感、缺乏食欲、无心睡眠的病人开始越睡越香、越吃越多，几周之后……他们说'重见天日了'。"

最令克莱因感兴趣的一点是，其中有 14 位病人之前饱受断断续续的焦虑的折磨，病情包括"呼吸急促、心悸、软弱以及濒死的感觉"（这些症状在当时按照弗洛伊德学说被称为"焦虑性神经症"）。正是他们的焦虑出现了大幅度的，或者完全的缓解。有一位病人引起了克莱因的特别注意。他会惊恐地跑到护士站，说他害怕自己就要死了。只要护士握住他的手，安慰地和他聊上几分钟，惊恐发作就会过去。每隔几个小时，这样的事情就会重复一次。托拉嗪对他没什么效果。这位病人服用丙咪嗪几个星期之后，护士发现他每隔一段时间就惊恐地跑去护士站的行为消失了。他仍然说自己感觉到很强烈的一般性长期焦虑，但严重的突发性焦虑完全消失了。

这促使克莱因思考。丙咪嗪能够在不阻止一般性焦虑和长期担忧的情况下防止阵发性焦虑的发生，这一事实意味着流行的焦虑理论存在某些问题。

当弗洛伊德在 19 世纪 80 年代末挂出"神经疾病医生"这一招牌的时候，他和他的同行们给就诊的病人开出的最普遍的诊断是神经衰弱症，这个术语是由美国医生乔治·米勒·比尔德普及的，指的是恐惧、担忧与疲劳的结合体，比尔德认为这是工业革命的压力造成的。人们认为神经衰弱症的根本原因是神经在现代生活的压力下过度紧张，治疗"疲惫的神经"的方法是"神经复苏剂"——轻微的电刺激，以及与鸦片、可卡因或者酒精相关的秘方。但是弗洛伊德逐渐确信他在自己治疗的那些神经衰弱症患者身上看到的恐惧与担忧的感觉不是源于疲惫的神经，而是源于心理问题。心理问题是可以通过精神分析解决的。

1895 年，弗洛伊德在一篇有关焦虑性神经症的论文中试图将这种健康状态与神经衰弱症区别开来。他描述的焦虑性神经症的症状相当符合 *DSM-V* 中对惊恐性障碍的描述：心跳急促或不规律、呼吸亢进与呼吸紊乱、出汗与夜间盗汗、震颤与发抖、眩晕、肠胃功能紊乱，还有厄运来临的感觉，即弗洛伊德的"焦虑的期待"。

以上这些并不一定与唐纳德·克莱因后来从丙咪嗪实验中获取的信息相矛盾。但在 1895 年，弗洛伊德仍然认为焦虑性神经症不是"压抑的想法"的产物（他相信"压抑的想法"是精神病理学最重要的基础），而是生物力的产物。弗洛伊德在早期的著作中提出一种理论，认为焦虑性神经症要么是遗传倾向的结果（现代分子遗传学支持这一理论），要么是某种被压抑的生理压力的结果——在弗洛伊德的想象中，最为显著的是被抑制的性欲。

但是，在弗洛伊德随后的不少著作中（从差不多同一时期的《歇斯底里症的研究》开始），他转而主张焦虑的发作——即便是那些以严重的身体症状显现的焦虑——源自未解决的、通常是无意识的内在心理冲突。在大约 30 年的时间里，弗洛伊德基本放弃了焦虑发作是一种生物学问题的观点。他和他的追随者们用一般神经症（一种源于心理不和谐而不是基因或者生物学的疾病）替代了焦虑性神经症。20 世纪中期，精神病学领域压倒性的共识是：焦虑是本我的欲望与超我的压抑之间产生冲突的结果。此外，焦虑是从精神分裂症到神经性抑郁症的几乎所有精神疾病的基础。精神分析的主要目的之一，也是大多数谈话疗法的主要目的之一，就是帮助患者意识到自己所有不适应的"自我防御"被调动起来都是出于潜在的焦虑，并且帮助他们解决这个问题。"美国主流的精神病学理论是精神病理学完全是随着焦虑而产生的，"克莱因后来回忆说，"而焦虑又是由内在冲突引起的。"

但这与克莱因在自己的丙咪嗪实验中的发现并不一致。如果焦虑是精神病理学背后的影响力量，那么为什么丙咪嗪似乎能够消除焦虑性神经症患者的惊恐，却对精神分裂症患者的精神错乱没有效果呢？克莱因大胆地提出，这可能是因为并非所有的精神疾病都像弗洛伊德设想的那样是落在焦虑的谱系上的。

焦虑的谱系理论所持的观点是：决定精神疾病严重程度的是潜在的焦虑强度：轻度的焦虑会导致神经官能症和各种神经质的行为；严重的焦虑会导致精神分裂症或狂躁性抑郁症。许多传统的弗洛伊德学派人士认为，容易造成严重的焦虑发作的环境——比如桥梁、电梯或者飞机——存在象征意义，往往是性方面的象征意义，这是它们会引起焦虑的原因。

克莱因说，梦呓、童年创伤或性压抑并不是引起惊恐的原因，原因在于生物功能的失调。

克莱因的结论是，这些阵发性焦虑——他后来称为惊恐发作——的发生源于一种生物学上的故障而产生的窒息性应激反应，这一连串生理活动导致自发性的强烈的恐怖感出现。任何时候当人开始感觉到窒息时，体内的生理监控器官察觉到问题并向大脑发出信号，产生强烈的喘气反应和逃离的冲动——这是一种适应性生存机制。但是根据克莱因的故障窒息应激理论，有些人的生理监控器官即使在可以获得足够的氧气的时候也会偶尔启动，这就导致他们出现焦虑发作时的生理症状。这种惊恐的来源并不是心理冲突，而是生理线路的交叉——丙咪嗪可以解开这些纠缠的线路。克莱因的数据显示丙咪嗪可以消除绝大部分患者身上的自发性焦虑发作现象。

　　1962 年，克莱因在《美国精神病学杂志》上发表了一份关于丙咪嗪的初步报告。他回忆说当时反响寥寥，"就像谚语'飞不起来的铅气球'一样"。接下来的几年里他又发表了后续的几篇文章，提出惊恐性焦虑症是一种与慢性焦虑症不同的疾病，这些文章也同样反响冷淡。他受到了全方位的攻击，被指责是个变节者。但是因为丙咪嗪似乎能够治愈惊恐性焦虑症，而对一般性的恐惧和神经官能症没有作用，克莱因仍然确信惊恐性焦虑症的症状和生理原因与其他形式的焦虑症属于不同的种类，而不仅仅是在程度上有所区别。

　　虽然克莱因还没有着手去做，但他已经完成了历史上第一次药理学剖析：通过从药物治疗的效果开始进行的反向工作，他定义了一个新的疾病种类，将惊恐性焦虑症从被认为是弗洛伊德神经症的基础的、更具一般性的焦虑症中剥离了出来。

　　克莱因对焦虑症的药理解剖遭到了来自他的同事们的巨大敌意。1980 年，在刚刚出版的 *DSM-III* 颁布了惊恐性障碍症之后的一次学术会议上，在克莱因关于窒息警告反应如何引发惊恐性焦虑症的展示之后，紧接着就是长期担任声望很高的《美国精神病学杂志》编辑的约翰·内米亚的演讲。内米亚反驳了克莱因的观点，他认为惊恐性焦虑症与窒息警告反应或者生物配置没有任何关系，更合适的说法是"人的自我……对于出现在潜意识中的不愉快、被禁止、多余、可怕的冲动、感觉或者想法的反应"。

　　尽管从 1980 年开始，克莱因的理论已经在一定程度上被美国精神病学界采纳，但直到今天它仍然具有争议。我现在的治疗师 W 博士是 60年代训练出来的心理学家，他感叹说克莱因的工作给我们看待精神疾病的方式带来了根本性的转变：从 DSM-II 时盛行的维度模型变成了 1980 年 DSM-III 出版后兴起的类别模型。根据维度模型的理论，抑郁症、神经官能症、精神神经症、惊恐性焦虑症、广泛性焦虑症、社交焦虑症、强迫性精神障碍等都源自弗洛伊德所称的内心冲突（或者 W 博士所说的"自我伤害"）。而根据类别模型的理论，就像 DSM-III 及以后的版本中录入的那样，抑郁症、惊恐性焦虑症、一般性焦虑症、社交焦虑症、强迫性精神障碍等都被划分到以各具特色的症状群集为基础的离散范畴内，这些症状群集被认为是以不同的生物生理机制为基础的。

从克莱因发表自己第一份丙咪嗪报告的 1962 年到 DSN-III 出版的 1980 年，精神病学界（以及总体的文化）对于焦虑症的看法经历了巨大的转变。"很难想象在 15 年或 20 年之前连（惊恐性焦虑症）这个概念都还不存在。"布朗大学的精神病学家彼得·克莱默在他 1993 年出版的著作《神奇百忧解》中叹道，"70 年代的时候，无论是在医学院还是在精神病医院，我都没有遇到一位患有'惊恐性焦虑症'的病人。"不过，如今惊恐性障碍已经成为一种常见病（据估计有 18% 的美国人患这种病），而"惊恐发作"的影响力已经超越了精神病诊所，成为我们通用语言的一部分。

惊恐性障碍是第一种在创造过程中以药物反应作为决定因素的精神疾病：丙咪嗪能够治愈惊恐，因此事实上惊恐性障碍一定是存在的。这种现象（一种药物有效地定义了它要治疗的疾病）很快就会成为普遍现象。

DSM 给每一种恐慌都分配了一个名字和一个编号，比如惊恐性障碍的疾病编号就是 300.21，也是它的诊断代码……但是正因为它有名字，那到底是不是一种疾病呢？

——丹尼尔·卡莱特 《精神错乱：精神病学的麻烦——一位医生揭露这个危机中的行业》（2010 年）

眠尔通的发明者弗兰克·伯格在 1956 年 10 月进行了一次公开演讲，这次演讲的一则广告中声称安定药在治疗高血压、烦恼、神经过敏、企业高管的肠胃不适、老板的紧张和家庭主妇的紧张方面效果很好。以上这些小毛病无论在当时还是现在都没有被 DSM 列为疾病。这就提出了一个问题：眠尔通药方针对的会不会更多的是这个时代本身，而不是真实的精神疾病。也就是说，它的作用是缓解伯格在这次演讲中所说的"今天充满压力的生活"所带来的影响。

每当新的药物治疗方法出现的时候，"焦虑作为一种精神疾病或者作为一种正常的生活问题的分界线到底应该在哪里"这样的问题就会被提出来。在药理学的历史上，这样的事情一再发生：安定药的出现带来了焦虑症的增加；抗抑郁药的出现带来了抑郁症发病率的上升。

当美国精神病学会在第二次世界大战之后出版了第一版 DSM 的时候，弗洛伊德的学说仍然是这一行业的主要基础：第一版将所有的障碍症都归在焦虑症的范畴内。"（神经性）障碍症的首要特征是'焦虑'。"手册中写道，"焦虑可以被直接地感受到或者表达出来，或者在自主的、无意识的情况下被多种防御机制控制。"1968 年出版的 DSM-II 甚至更加明确地采用精神分析理论。当 20 世纪 70 年代美国精神病学会决定推出第三版的时候，弗洛伊德学说的支持者们（前两版的编写人员几乎全部由他们包揽）和生物精神病专家们（他们通过最近的药理学研究发现获得了很大提升）做好了激战的准备。

这场激战的利害关系重大。在这场激战中，不同学派的医生和治疗师们的职业前景是繁荣还是消亡就取决于他们专攻的疾病门类是会被缩减还是会被扩充；制药公司的利润是会飞涨还是大跌就取决于新创造的疾病分类能不能用它们生产的药物来治疗，以及能不能帮助它们得到FDA 的批准。

1980 年 *DSM-III* 的出版至少部分地否定了弗洛伊德学说提出的概念，也代表了生物精神病学的胜利（一位医学史学家将 *DSM-III* 称为对精神分析理论的"致命一击"）。神经官能症被挤了出去，取而代之的是焦虑性障碍：社交焦虑障碍、广泛性焦虑障碍、创伤后应激障碍、强迫性精神障碍，以及伴有广场恐惧症的惊恐性障碍和不伴有广场恐惧症的惊恐性障碍。唐纳德·克莱因对惊恐的药理解剖占据了上风。

但是，如果将精神疾病从弗洛伊德的学说中移出来，放在医疗诊断的范畴中，新版的 *DSM* 是将此前很多人认为仅仅是"神经问题"的状况归到了"障碍"或者"疾病"中去。这对于制药公司来说是个利好——现在有更多的"病"人需要他们开发和出售的药物了，可是患者们从中获益了吗？

这是一个复杂的问题。一方面，抑郁和焦虑一度被认为是可耻的性格弱点，将它们医学化有助于消除对这些身体状况的歧视，同时也让人们找到减轻痛苦的方法（通常来自药物）。1980—2000 年，将抑郁和焦虑视为健康问题而不是个人弱点的人数出现了显著增长，同时百忧解和其他 SSRI 药物为抑郁属于化学不平衡问题这一观点提供了额外的证据。另一方面，对精神疾病的医学分类进行扩充将无数精神健康的人拉入制药公司的渔网。在 MAOI 药物和三环类药物于 20 世纪 50 年代后期出现之前，抑郁症（以及它的前身）的诊断还很少见，大约只占到美国人口的 1%。今天，根据一些官方估计的数据，已经有多达 15% 的美国人被诊断患有抑郁症了。2011 年的美国人真的比 1963 年的美国人抑郁了这么多吗？还是因为我们对抑郁症和焦虑症的定义太过宽泛，让制药公司有机可乘，欺骗我们（还有我们的保险公司）购买药物，治疗我们根本不知道自己患上的、1980 年之前还不存在的疾病呢？

后一版的 *DSM* 总想要表现出相对于前一版在科学上的进步。而且，相比于头两版，*DSM-III*、*DSM-IV* 和 *DSM-V* 无疑要更加以经验为基础：它们对病因学——也就是推测出不同疾病的发病原因——的关注不多，而更多地把重点放在对症状的描述上。① 这些不同版本代表了不同精神病学学派的诉求，更重要的是代表了精神疾病医生的职业利益，因而不仅是科学文件，更是政治文件。正如美国精神病学会副主席保罗·芬克在 1986 年表示的那样，"美国精神病学会的任务"——因此也是 *DSM* 的任务——"就是保护精神疾病医生的赚钱能力"。社会工作者斯图尔特·柯克和赫伯·库钦斯曾经合作撰写了两本有关 *DSM* 历史的书籍，他们说被誉为美国精神病学会"圣经"的 *DSM* 这本书"充满了临时组合起来的协议"，导致"日常行为也被归为病态"。

当你更深入地探究 *DSM-III* 的出炉过程时，会发现它主张的科学严谨似乎有些勉强。对于新手来说，其中一些新的类别区分显得非常武断（为什么符合惊恐性障碍的标准需要在列出的 13 种症状中显示出 4 种，而不是 3 种或者 5 种呢？为什么这些症状需要持续 6 个月才能正式被诊断为社交焦虑障碍，而不是 5 个月或者 7 个月呢？）*DSM* 工作小组

---

① 比如，广泛性焦虑和惊恐性障碍的区别不在于得病的原因（是因为基因、童年创伤，或是被抑制的性欲），而是一个人是否在特定时间段经历了某个清单上某个最低数量的症状。

的负责人罗伯特·斯皮策多年后承认书中的许多决定完全是随意地做出的。如果有支持者强硬地游说要将某种疾病纳入手册，是很有可能实现的——这样我们就明白为什么 DSM 从第二版的 100 页、182 种诊断结果扩充到第三版的 494 页、265 种诊断结果了。

大卫·舍汉就是 DSM-III 工作小组的一员。他回忆说，20 世纪 70 年代中期的一天晚上，DSM-III 工作小组的一个小团体在曼哈顿聚餐。舍汉说觥筹交错之间，委员会成员们谈起了唐纳德·克莱因的实验显示丙咪嗪阻止了焦虑发作的情况。这似乎的确是有别于其他疾病的惊恐性障碍的药理学证据。舍汉说：

> 惊恐性障碍是天生的。又喝了几杯以后，桌上的精神疾病专家们开始谈论一位没有遭遇过惊恐发作，但是无时无刻不在担心的同事。我们该把他归为哪一类？他只是有一些广泛性的焦虑而已。嘿，要不然就叫作"广泛性焦虑障碍"怎么样？接着他们用下一瓶酒为这种疾病的成功命名而干杯。在随后的 30 年间，整个世界都在搜集和它有关的资料。

舍汉是个高个子的爱尔兰人，某种程度上被视为这一行业的背叛者，如今在佛罗里达州经营一家精神疾病中心。他高兴地承认自己试图"破坏"惊恐性障碍真的与广泛性焦虑障碍存在区别这一观点，因此也许我们需要抱着一定的怀疑态度来审视他对于广泛性焦虑障碍产生过程存在偏见的描述。但是从事焦虑症的研究和治疗好几十年的舍汉提出了一个重要的看法：一旦你创造出一种新的疾病，它就会开始掌控自己的命运——调查研究围绕着它进行，医生用它来给病人做出诊断，它的概念也渗透进了精神病学和流行文化当中。广泛性焦虑障碍是一次酒酣耳热的晚餐孕育出来的疾病，被写进 DSM 是相当随意的，而如今与它相关的研究已经有成千上万项，同时用于治疗它的药物也有很多种得到了 FDA 的批准。但是，如果正像舍汉所说的那样，广泛性焦虑障碍这种东西根本就不存在——至少不是一种与惊恐性障碍或者重度抑郁症有所区别的疾病，那该怎么办？[①] 如果舍汉是对的，那么广泛性焦虑障碍就是一种被假定存在于自然界中，事实上却不存在的东西，那么，以它为基础搭建的诊断、处方、学术研究的大厦也就成了空中楼阁。

> 按照目前的安定使用率，在新千年到来时，所有的美国人都会服用镇静剂。
> ——《苯二氮镇静剂：使用、过度使用、错用与滥用》，《柳叶刀》杂志社论（1973 年 5 月 19 日）

20 世纪 50 年代后期，即便托拉嗪让精神病医院门可罗雀，抗抑郁药的处方量也呈指数增长，眠尔通遥遥领先的商业成功还是无可比拟的，因此新泽西州霍夫曼 – 罗氏公司的化学家莱奥·施特恩巴赫接到了指令。"发明一种新的安定药。"他的老板对他说。于是他回想起了自己 20 世纪 30 年代在波兰做博士后时研究的以七氧化嗪类（heptoxdiazine）为基础的染料。如果对它们做一些化学上的修改会怎么样呢？他在动物身上试验了超过 40 种变体，但是似乎没有一种表现出镇静作用。霍夫曼 – 罗氏公司放弃了这一计划，重新安排施特恩巴赫去承担抗生素的研究工作。

---

① 回忆一下，在第二章中，一些基因方面的研究表明抑郁症和广泛性焦虑障碍实际上并无明显区别。

但是 1957 年 4 月的一天，一位研究助理在打扫施特恩巴赫的实验室时偶然发现了一种一年之前就已经被合成出来，但一直没有经过检验的粉末（正式名称为 R0-5-090）。施特恩巴赫后来说，他完全不抱希望地在 5 月 7 日将它送去进行了动物实验，这天正是他的 49 岁生日。"我们以为，预期的负面结果就可以为我们针对这一系列化合物的工作画上句号，至少能拿出一些可以发表的材料。我们几乎完全没有意识到这启动了一个让我们忙碌了好几年的新项目。"

生日快乐。施特恩巴赫差不多在完全是出于偶然并且几乎在没有意识到的情况下发明了史上第一种苯二氮镇静剂：甲氨二氮䓬（chlordiazepoxide），商品名称叫作利眠宁 [Librium，源于英语的"平衡"（equilibrium）一词]。它是安定、安定文锭、克诺平和赞安诺等我们这个时代里占统治地位的抗焦虑药物的先驱。由于施特恩巴赫在化学过程中出现了一个错误，R0-5-090 的分子结构与他所合成的另外 40 种化合物都不相同（它具有一个 6 个碳原子的苯环与一个有 5 个碳原子和 2 个氮原子的二氮䓬环，因此称为"苯二氮"）。霍夫曼 – 罗氏公司的药理研究主任在猫和老鼠身上试验了这种新的物质，出乎意料地发现尽管它的药效要比眠尔通强上十倍，但没有明显地损害动物的运动机能。《时代周刊》报道说圣迭戈动物园的饲养员们用利眠宁驯服了一只野生猞猁。一份报纸的头条大肆渲染道："能驯服老虎的药物——它在'母老虎'身上的效果如何呢？"

为了测量甲氨二氮䓬对人类的毒性有多大，施特恩巴赫在自己身上进行了第一次实验。他报告说在几个小时的时间里感觉到"轻微的膝部酸软"并且有点昏昏欲睡，不过除此之外他没有感觉到任何不良反应。当 FDA 于 1960 年 2 月 24 日批准使用利眠宁的时候，这种药物已经被用在了大约 20 000 人身上。医学期刊上的早期报告极力夸奖利眠宁的功效。之前只能依靠电击疗法来控制自身焦虑症的患者声称利眠宁有着相同或者更好的疗效。1960 年 1 月刊登在《美国医学会杂志》上的一份研究报告称，对新泽西州 212 名有各种各样的微恙的门诊病人使用利眠宁之后，88% 患有"游离性焦虑"的病人获得了一定程度的病情缓解。研究人员还发现这种药物在治疗"恐惧反应"、"强迫性冲动"（我们今天称之为强迫性精神障碍）和"紧张"方面疗效显著。一项单独调查的首席研究人员宣称利眠宁的开发是"精神药物治疗领域迄今为止在治疗焦虑状态上最重要的进步"。

1960 年 3 月，利眠宁在全美的药店正式上架。霍夫曼 – 罗氏公司的第一款利眠宁广告称它是用来"治疗常见的焦虑和紧张"的。在三个月内，利眠宁的销量就超越了眠尔通。到 60 年代末，利眠宁的处方量已经超过了世界上其他任何一种药物。内科医生们针对各种情况都开出利眠宁：从宿醉、肠胃不适、肌肉痉挛到各种各样的"紧张""神经质""神经官能症""焦虑症"（一位医生记录说利眠宁与杜松子酒有着同样的适应症范围）。

直到 1969 年利眠宁仍是美国处方量最大的药物。在这一年它被莱奥·施特恩巴赫合成的另一种化合物取代，这种物质有着动听的化学名称：7- 氯 -1，3- 二氢 -1- 甲基 -5- 苯基 -2H-1，4- 苯二氮 -2-one。研究发现它的药效是利眠宁的 2.5 倍，而且服用这种新药并不会像服用利眠宁那样带有苦涩的余味。霍夫曼 – 罗氏公司的市场部给这种药起名为安定（Valium，来自拉丁语词汇 valere，意思是"顺利"或者"健康"）。这回轮到它成为美国最畅销的药物了，这种盛况一直持续到 1982

年。[①] 1973 年，安定成为美国历史上第一种销售额达到 2.3 亿美元（相当于今天的 10 亿美元）的药物——这还是在它的前任药物利眠宁仍然高居美国处方量前五的情况下取得的。1975 年，据估计有 1/5 的美国女性和 1/13 的美国男性服用过利眠宁、安定或者其他苯二氮镇静剂。一项研究发现，美国内科医生中有 18% 的人在 70 年代定期服用安定药。医学期刊上，这些药物的广告无处不在。"利眠宁问世至今已经 10 年了。"70年代一段典型的利眠宁广告词中写道，"焦虑的十年：局势恶化与示威游行、古巴与越南、刺杀与货币贬值、尼日利亚内战与'布拉格之春'。动荡的十年：全球性的焦虑与侵略活动赋予了利眠宁——它有着特效的镇静作用和卓越的安全系数——在帮助人类面对改变中的世界的挑战上独一无二、日渐增强的角色。"

70 年代末，利眠宁和安定已经让霍夫曼 - 罗氏公司——"莱奥建成的大厦"——成为世界上最大的制药公司。苯二氮类药物是处方药历史上最大的商业成功。

然而，当苯二氮类药物在六七十年代销量持续增长的同时，对它们的抵制也越来越激烈。部分医生警告说它们的处方超量了。1973 年，斯坦福大学的精神疾病专家莱奥·霍利斯特提出了自己的思考："（抗焦虑药物）处方量的增长究竟是因为过去 10 年总体是个动荡唱主角的时期，是因为新药物的引进以及它们大规模的推广，还是因为医生们草率地开处方？这还难以确定。"（如果 18% 的医生自己就服用安定，或许可以部分解释这种草率的做法。）

---

① 施特恩巴赫还研发出了氟西泮 [flurazepam，商品名为盐酸氟胺安定（Dalmane）] 及氯硝西泮 [clonazepam，商品名为克诺平（Klonopin）]。克诺平和安定直到今天仍是处方上最常见的长效苯二氮镇静药。

截至 70 年代中期，FDA 已经收集了大量有关苯二氮类药物成瘾的报告。许多长时间大剂量服用安定或者利眠宁的患者在停药后出现了令人苦恼的生理和心理症状：焦虑、失眠、头痛、震颤、视物模糊、耳鸣、感觉全身像有虫子在爬，以及极度的抑郁；有些情况下还会出现癫痫、抽搐、幻觉以及被害妄想。到 1979 年泰德·肯尼迪主持有关苯二氮类药物的危害的参议员听证会的时候，批评者们已经拥有了大量可供引用的恐怖故事作为资料。其中，朱迪·嘉兰之死被归因于苯二氮类药物与酒精共同服用导致的中毒。对苯二氮类药物的恐惧由几乎被安定成瘾毁掉的 CBS（哥伦比亚广播公司）电视台明星电视编剧芭芭拉·戈登广泛传播开来。戈登在自己的回忆录《女强人的背后》中记述的对苯二氮类药物产生依赖的经历引起了广泛的共鸣。这本书在 1979 年《纽约时报》畅销书排行榜上排名第一，并且在 1982 年被拍成故事片搬上了银幕，由吉尔·克莱布格担任主演。就在同一年，由消费者权益倡导者拉尔夫·纳德领导的公共公民出版了《停用安定》，书中宣称苯二氮药物成瘾泛滥成灾。

社会批评家们担心安定处方的泛滥掩饰了社会不完善的一面，药物驱走了激进主义、不同意见和创造力。"在我们的文化中，有上千万成年公民开始使用精神药物从方方面面来改变他们清醒时（以及睡着时）的行为，人们必须思考其中更广泛的含义。"在 1971 年一次有关药物使用的学术会议上，一位医生这样警告。"这说明现代技术对我们的生活方式产生了怎样的影响，我们的价值体系发生了怎样的变化。"以赫伯特·马尔库塞为代表的马克思主义知识分子认为瘾君子大量出现的原因是资本主义异化。阴谋论者引用阿道司·赫胥黎的作品《美丽新世界》，断言政府通过麻醉大众的方式来进行社会管制（这很有讽刺意味，因为赫胥黎本人就是一位安定药的狂热推广者）。1973 年，著名的英国医学期刊《柳叶刀》发表了一篇社论，忧虑地表示按照当前的安定使用率，也就是每年增长 700 万份处方的速度，"在新千年到来时，所有的美国人都在服用镇静剂了。"①

1985 年是安定的专利权过期的年份，这一天的迫近刺激了一种新的苯二氮药物的崛起——阿普唑仑（alprazolam）。1981 年，美国普强公司以赞安诺的商品名字发布了它。赞安诺进入市场时，*DSM-III* 刚刚将焦虑症列为一种临床分类。作为 FDA 特别批准的第一种治疗新创造出来的惊恐性障碍症的药物的赞安诺获得了巨大的商机②。

许多病人（多年前我也曾经是其中一员）发现赞安诺减少了惊恐发作的次数，并且减轻了眩晕、心悸、肠胃疼痛等生理症状，以及过分胆怯和恐惧感等心理症状（诗人玛丽·豪尔曾经告诉我的一位在"9·11"事件后害怕坐飞机的朋友："你知道在你的大脑里那扇标记着'害怕'的小门吗？赞安诺能关上它。"）到 1986 年，赞安诺已经超越了眠尔通、利眠宁和安定，成为史上销量最大的药物。从那时起，它便统治着安定药市场。③

　　焦虑和紧张似乎大量存在于我们的现代文化当中，而目前的趋势是逃避它带来的不愉快的影响。但是人生什么时候能够免于压力呢？从长

---

① 结果显示，1973 年，安定的使用量达到了顶峰。

② 这项批准并非毫无争议。最早的对赞安诺治疗恐惧症的效果的正面研究结果是发表在《普通精神病学纪要》杂志上的。当时的编辑丹尼尔·弗里德曼的名字被发现出现在普强公司医务处的工资表上。批评家认为这导致他有失公允，而那些研究不应该被发表出来——那些研究思路混乱，因而其实并没有证明那些药物是有效的。

③ 2010 年，赞安诺成为全美排名第十二最常出现在处方上的药物，是最常见的治疗精神病的处方药——比百忧解或任何其他抗抑郁药的处方量都大。

远来看，一个种群从来没有遭遇过压力是一件值得庆幸的事情吗？真的应该有一种适用于所有心情和场合的药物吗？

——摘自 1956 年 12 月纽约医学会的一份报告

在长达半个多世纪的时间里，苯二氮类药物一直是治疗焦虑症的主要药物。但是直到 20 世纪 70 年代末，意大利神经科学家埃尔米尼奥·科斯塔——他也是布罗迪在美国国立卫生研究院的实验室中的资深成员——终于将注意力转回到它们显著的化学机制上来：苯二氮类药物对一种叫作" γ - 氨基丁酸"（GABA）的神经递质产生影响，抑制了神经元产生神经冲动的概率。

简单概括地介绍一些神经科学的原理吧：一方面，一种叫作"谷氨酸盐"（glutamate）的神经递质对神经元进行刺激，让它们更加迅速地产生神经冲动；另一方面，GABA 抑制了神经元，减慢它们的神经冲动并且让大脑活动平静下来（如果谷氨酸盐是大脑迂回的主加速器，GABA 就是主刹车）。科斯塔发现苯二氮会与它们遇到的每个神经元上的 GABA 受体绑定，增强 GABA 的抑制效果的同时抑制中枢神经系统活性。通过与 GABA 受体绑定，苯二氮改变了受体的分子结构，让 GABA 信号持续时间更长，从而使神经元以较低的速率继续产生神经冲动，让大脑活动平静下来。

了解这么一点粗浅的神经科学知识就让我对于理解大脑如何产生焦虑和赞安诺如何缓解焦虑有了一个恰当的比喻。当我的焦虑增强时，我的自主神经系统被推进到"战斗或逃跑"模式中，我的大脑开始加速运转，开始想象各种灾难性的事情，感觉自己的身体就要失去控制了。我想象自己神经元突触产生神经冲动的速度越来越快，就像一台过热的发动机。我服下一片赞安诺，等上半个小时，如果幸运的话，差不多能感觉到随着苯二氮与神经元受体绑定并且抑制了神经冲动的产生——GABA 系统踩下了刹车。一切……都……慢了下来。

当然，这只是一个相当简化的比喻。我的焦虑真的可以归结为氯离子通道有没有有效关闭，或者杏仁核内神经元产生神经冲动的速度快不快吗？嗯，是的，在某种程度上可以这么说。杏仁核内神经元的神经冲动发生率与感受到的焦虑有着直接的对应关系。但是如果说我的焦虑可以还原为杏仁核内的离子，就像是说我的个性或者灵魂可以还原为组成我的脑细胞的那些分子，或者还原为它们的基础——基因，是存在着很大限制的。

我有一个更加实际的担忧：对苯二氮类药物的长期依赖会对我的大脑产生怎样的影响呢？到目前为止，我已经以不同的剂量和频率服用这类药物（包括安定、氯硝西泮、安定文、赞安诺）超过 30 年了。其中有几年时间，有连续的几个月我整天都得服用安定药。

"安定、利眠宁和其他同类药物会对大脑造成损伤。我见过一些大脑皮层的损伤，并且相信是由于服用这些药物造成的，我开始思考这些损伤会不会是永久性的。"田纳西大学的内科医生大卫·诺特早在 1976 年就提出了这样的警告。之后的 30 年间，大量发表在学术期刊上的论文报告在长期服用苯二氮类药物的患者身上发现认知损害的情况。马尔科姆·雷德在 1984 年所做的一项研究发现，长期服用安定药的人的大脑出现了萎缩现象（后续的研究显示不同种类的苯二氮类药物似乎会集中造成大脑不同部位的萎缩）。这是否能够解释为什么 44 岁的我在断断续续地服用了安定药十几年后，感觉自己比以前笨了呢？

焦虑不仅让我们感应到来自外界的威胁，而且感应到来自我们内心的威胁。

第七章

焦虑是一种代表你需要做出改变的信号

1997年春，在刚刚经历了糟糕的一年——父母离婚、找工作受挫、恋爱不顺利——并且连续几个月服用精神治疗药物之后，我开始在治疗师的催促下服用百可舒，这种药的属名叫作"帕罗西汀"。

差不多服用了一周之后，我感觉自己近乎疯狂地充满了能量：每天睡眠时间越来越短，白天却感觉不到疲劳，清晨总是能够精力充沛地醒来。这在我的人生中还是第一次。这种轻度的狂躁过去后，随之而来的是我的心情也缓慢地愉快了起来。最后，在经历了几次不成功的尝试以后，我结束了自己与女友之间为期两年的相互依赖而又不和睦的恋爱关系。我在自己任职的小杂志社获得了升职，开始和女孩们约会。

那年秋天的某一天，我意识到自从4月开始服用百可舒之后就没有出现过完全的惊恐发作了。这是我中学时代以来最长的纪录了。我的焦虑减轻了，感觉自己工作积极而富有成效，很享受活跃的社交生活。我的肠胃也安定了下来。百可舒真是神奇。

真的是这样吗？原因是什么，结果又是什么呢？升职是因为同事的离职，我被提拔去填补那个位置；即使我没有服用百可舒，这件事情还是会发生的。或许我的职业地位的这次小提升，以及那些被赋予的更多、更有趣的日常工作职责支撑了我的自尊，这自尊让我这个自由职业者获得了投稿的信心，而这种信心又让我感觉自己全身心地投入工作中。我感觉一定程度上是百可舒给了我力量，让我最终打破把自己和女友捆绑在一起的顽固的束缚，觉得可能靠自己的力量也是能做到的——毫无疑问，无论是不是百可舒的力量，跳出这段恋情都是一种解放（对她来说也是这样，我确定；我们从那以后还没有说过话）。所以或许只是那年春天同时发生的一系列事件（升职、一段不良关系的终止、波士顿黑暗冬天的结束和春天的到来）的奇妙组合消除了我的焦虑和抑郁。或许百可舒和这一切并没有什么关系。

但是我认为是有关系的。从那次短暂又疯狂的能量提升开始，我感觉自己的生活体验被百可舒改变了——现在我知道自己的临床发展轨迹（轻度躁狂、情绪舒缓、积极的生活变化的影响）是很常见的。当然，另一种可能性是我在那年春天和夏天享受的是安慰剂效果（placebo effect）：百可舒有效果的原因是我相信它有效果（在安慰剂效果的作用下，突出发挥作用的是信念的力量，而不是药物的化学成分）。

不过百可舒并不神奇——或者它真的很神奇，但是已经失去了魔力：我愉快地沉浸在服药的满足感不过 10 个月，这短暂的刀枪不入感在 10 分钟内就被刺破了。

在服用百可舒的最初几个月里，我 20 年来第一次在坐飞机时只感受到了适度的焦虑。于是在 2 月的一个早晨，我有些掉以轻心地冒着新英格兰猛烈的暴风雨开车前往机场（每次坐飞机之前不用连续几天紧张不安是件多好的事情），登上飞机，拿着报纸在座位上坐下，飞机一小时后将飞抵华盛顿特区。即使是在刚开始服用百可舒的好日子里，我也不能说自己摆脱了飞行焦虑。但这一回的焦虑并不强烈，我只是觉得有点儿紧张，手心出汗，稍微有一些担心的感觉——我想很多人在起飞之前都会有这种感觉。所以当飞机滑行、升空的时候，28 岁的我坐在座位上，感觉自己相当能干和成熟。"本人，"我想，"一位杂志执行编辑，正一边看《纽约时报》一边乘飞机前往华盛顿出差。"我自信地认为早晨服下的20毫克百可舒能够让我完全感觉不到恐惧，这种粉红色的小药片已经让我有好个月都没有出现惊恐了。

然后，飞机穿过制造了暴风雨的黑暗云层，开始颠簸起来。

颠簸持续了大约10分钟，最多15分钟吧，但我始终确信我们要坠毁了，更糟糕的是我确信自己会晕机并且呕吐。我双手颤抖地吞下了两粒晕海宁。饮料供应暂停了，乘务员被要求坐在座位上，这让我吓得不轻。不过当我环视机舱的时候，发现同机的乘客们似乎都没有过分不安。尽管飞机在颠簸起伏，坐在我左边的一位男士仍然试图看报纸；隔着过道坐在我右边的一位女士看上去在打瞌睡——而此时的我只想尖叫。我拼命地希望飞机不再颠簸了（"求求你了，上帝，让飞机现在就停止颠簸吧，我会信靠你，并且永远做一个善良、虔诚的人的"），想要让晕海宁发挥作用，尤其渴望自己能够失去意识，结束痛苦。

显然，当时对飞机可能坠毁的恐惧还没有完全占据我的心灵，因为即使在那个时候，我仍然有另一个需要担心的问题："我的惊恐会不会太过明显，其他乘客都能看出来呢？"按照逻辑，一种焦虑本应该可以抵消另一种：如果我们都即将面临死亡，我是不应该会在陷入永恒的湮灭之前担心尘世间这样短暂的一瞬尴尬的，对吧？从另一方面说，如果在航程结束后我会陷入尴尬，那就说明我们不会死，对吧？在那个时刻，飞机平安地降落，自己保住性命，无论有多么尴尬都应该是极度渴望发生的事情了。可是在我那被杏仁核控制着的大脑中，交感神经系统处于全面戒备状态，已经没有空间留给这种清晰的逻辑判断了。所有我能想到的就是：我要呕吐了，我要丢脸了，我要死了，我吓坏了，我只想摆脱这种处境，永远不再坐飞机了。

随后，我们穿过云层来到了它的上方，舷窗外是晴朗的天空和金灿灿的太阳，飞机完全平稳了，系好安全带的信号灯熄灭了，饮料供应重新开始了。我的副交感神经系统开始生效，让我那压力巨大的杏仁核里过度活跃的神经元产生神经冲动的速率放慢了下来，我沉浸到一种解脱后的放松和被晕海宁加强了的筋疲力尽中去了。差不多半个小时以后，我们平安无事地降落在华盛顿。

但是百可舒失效了。

不是彻底失效，至少不是一开始就失效了。可是那种被不可战胜的、抵制焦虑的百可舒的力场包围的幻觉消散了。现在我明白这不是偶然：虽然一些 SSRI 药物能够减轻焦虑、减少惊恐发作，但是根据惊恐的压力—素质模型，强烈的刺激（比如颠簸的飞机）足够突破被药物调整过的大脑化学防线，产生强烈的焦虑。由于这种突破对于思想（或者"认知"）的影响，这就像是一个魔咒被打破了一样（某些药物也会在一些没有这样压力刺激的情况下失效，这种现象被称为"百忧解熄火"）。

从那天以后，我的总体焦虑水平又慢慢上升了，惊恐发作复发。起初轻微、不频发，随后便越来越严重，越来越频繁。飞行恐惧症也重新出现了：我每次坐飞机之前都需要服用大剂量的赞安诺、氯硝西泮或者安定文锭，有时这样甚至都不够。在我第一次和苏珊娜（她后来成了我的妻子）一起乘飞机旅行时，起飞后没多久我就出现了严重的焦虑，开始颤抖、疯狂地喘粗气；接着，当苏珊娜慌张地朝我看过来时，我的胃一阵痉挛，控制不住地要上厕所。我原本计划的伦敦三日浪漫之旅旨在追求她，给她留下深刻的印象。可是这开头并不顺利。剩下的旅程也好不了多少：除了那些靠大剂量的赞安诺控制住紧张状态的时间以外，我都是颤抖着在对于返程航班的严重恐惧中度过的。

即使是在百可舒失去了它防止焦虑的魔力之后，出于惯性和对于停药影响的担心，我仍然继续服用了好几年。2003 年春，我当时已经服用百可舒 6 年了，我的焦虑症又一次达到了顶峰。到了尝试一些新药的时候了。

这就是促使我去向前文提到的那位哈佛博士、精神药理学家求诊的原因。在我第一次前去拜访他的时候，正当他查阅我的病历的时候，我就像是要证明自己的问题一样，出现了一次完全的惊恐发作。我喘不过气，泪流满面，无法继续下去。"不着急，"哈佛博士说，"等你准备好了再继续吧。"不论是我的病历反映的事实，还是我不情愿却生动地在他面前展示的惊恐发作，哈佛博士在了解到我曾经有一段时间完全没有服药的时候显得很惊奇。对他来说，我是个疑难案例，没有药物的帮助，身体功能便不能正常运转。

我们就药物治疗的方式展开了讨论，最终确定为郁复伸，商品名称为文拉法辛（Venlaxafine）。它是一种血清素 – 去甲肾上腺素再摄取抑制剂（serotonin-norepinephrine reuptake inhibitor，SNRI），会同时抑制大脑中血清素和去甲肾上腺素的吸收，造成了突触内部血清素和去甲肾上腺素的水平上升。我们也讨论了如何慢慢地逐步减少服用百可舒，他让我每几周时间就稍微减少一点百可舒的剂量。我按照他的指导小心地实施了。

多年以来，我时不时地考虑尝试让自己完全戒除精神治疗药物。我的理由是，毕竟我在吃药的时候仍然是很焦虑的，如果不吃药又能糟糕到哪里去呢？于是当我终于成功地戒除了一大半百可舒的时候，我想，为什么不尝试单飞一次呢——不再服用任何药物：我停止服用百可舒，也没有开始服用郁复伸。

无论是带着任何针对性，还是满怀同情和理解，你都不会在那些治疗精神疾病药物的电视广告、平面广告，甚至临床文献中看到：离开药物是怎样的地狱般的经历。我从没有吸过海洛因，没法说这是不是真的（我怀疑不是），但是很多人都声称戒除百可舒就像戒除海洛因一样痛苦，会出现头痛、疲劳、恶心和肠胃痉挛、令人膝盖发软的眩晕、大脑被电击的感觉等这些奇怪但又常见的症状。当然，还有汹涌而来的焦虑：每天黎明醒来时心脏都怦怦直跳，怀着可怕的恐惧，一天里会惊恐发作若干次。

尽管我非常希望尝试"做我自己"，希望六年来能够第一次在没有药物帮助的情况下正常生活，但是我应付不了。在差不多停止服用百可舒一周之后的一个早晨，我第一次服用了郁复伸。毫不夸张地说，几分钟之内我就感觉好多了：生理症状消退了，心理状态改善了。

实际上，这不可能是由于郁复伸的治疗作用——SSRI 和 SNRI 类药物一般需要几周时间在突触内积累到开始发挥作用的程度。更大的可能是，郁复伸中的一些成分缓解了百可舒中的化学物质戒断的影响。但原因是什么，结果又是什么呢？我在停止服用百可舒之后感觉到的情绪焦虑和肉体痛苦真的是化学物质戒断的结果吗？或者那仅仅是没有服用药物的我的感觉吗？毕竟，我已经持续服用精神治疗药物太长时间了，足够让我忘记只靠大脑不靠药物的生活是什么样子了。

或者，是不是我的痛苦反映出的更多是我的生活压力，而不是不幸的换药实验的结果？那年夏末，有两个可怕的日期临近了。第一个是我的第一本书手稿交付的最后期限，这本书当时已经酝酿了 6 年（大约和我服用百可舒的时间差不多长），并且忍受了一段痛苦的历程——换了一个又一个编辑，换了一个又一个出版社，传记的对象人物还患上了老年痴呆症，同时他强大的家族还越来越富有侵略性地参与到这本书的写作当中来——才终于走到了即将交稿的这一步。另一个是我妻子的预产期，那是我们的第一个孩子。在我那年夏天经受的困难中，很难准确地说哪些是对外部压力源的反应，哪些是与药物相关的。而在那些与药物相关的困难中，又很难弄清楚哪些是来自被我戒除的药物的戒断效果，而哪些是我继续服用的药物的副作用。

制药工业的宣传材料和临床研究的论文（其中很多是由制药工业巨头出资赞助的）所说的内容与真实的患者组成的网上社区所说的内容形成了强烈对比。就目前而言，我相信双方所说的总体上都是诚实、准确的（药物既可能有不小的疗效，也可能有极坏的副作用和戒断症状），但是没有一方完全可靠。制药企业，以及那些受它们赞助的医生，在把药物推向市场方面存在利益的驱使；服药的患者很大程度上明显是一些易于出现不愉快和不稳定情况的人（比如我），很容易受到身体症状的影响。研究显示，那些在焦虑敏感量表上得分较高的人容易出现更严重的药物副作用（一些没有焦虑问题的人在服用了 SSRI 药物之后很可能较少地受到副作用的困扰，因此也不太会到在线论坛对药物进行炮轰）。所以药罐子社区中那些反对药物的咆哮并不应该比那些有时受到外力推动而发表的临床文献中对副作用和戒断症状的评定在字面上具有更高的价值。

尽管郁复伸减轻了我戒除百可舒造成的身体症状（看上去是这样），但我的焦虑和惊恐仍在持续，接着还加重了。当我把这些情况告诉哈佛博士的时候，他的回答和那些精神疾病专家、精神药理学专家常常给出的回答是一样的："我们需要加大你的剂量。"他说我服用的郁复伸量还不足以修正我的血清素系统和去甲肾上腺素系统中存在的"化学不平衡"。于是我从原来的每天三次、每次服用 37.5 毫克郁复伸，增加到每天三次、每次服用 75 毫克。

就在这时，我的焦虑达到了顶峰。夜里我会因为猛烈的惊恐发作而醒来。白天我经常要经历多次惊恐发作。即使是在没有发生的时候，我也会感觉好像马上就要发生了。我从来没有感觉到如此长期、持续的烦乱；我坐立不安、不断抽搐，无法忍受在自己这身皮囊中的感觉［这种症状的临床术语叫作"静坐不能"（akathisia）］。在我意识的边缘开始时隐时现地出现了自杀的念头。

我给哈佛博士打了电话。"我受不了了，"我告诉他，"我想自己可能应该停止吃郁复伸了，我觉得自己快要疯了。""你要耐心一些。"他说。同时他给我开了赞安诺，告诉我在我耐心等待郁复伸发挥作用的时间里，赞安诺会减轻我的焦虑。

20世纪90年代末期以来，当患者开始服用SSRI或者SNRI（比如郁复伸）类抗抑郁药物的时候，给他们开苯二氮类药物（比如赞安诺）以克服由前者产生的焦虑已经成了一种标准惯例。在我身上这种方法是有效的——在很短的时间里有一点点效果。我的焦虑消退了几分，惊恐平息了，但这一切的前提是我夜以继日老老实实地服用赞安诺。

为了写书，我在波士顿北端一幢寒酸的大楼的三楼租了一间破旧的办公室，为了加快工作的进度，我还雇用了一位研究助理凯茜在那里和我一起工作。凯茜是位优秀的研究人员，而且在我并不感到恐慌的时候，她是一位令人愉快的伙伴。但是我因为自己的焦虑症而感到难堪，觉得必须把它隐藏起来，也就是说在我感觉惊恐即将来临时就要离开。因此我总是编造出各种差事离开办公室。①

　　我又一次给哈佛博士打了电话，他又一次回答："你还没有达到郁复伸的疗效等级，加大剂量吧。"于是我开始服用更大剂量的郁复伸，几天以后我发现自己视物模糊，并且无法排尿了。我给哈佛博士打了电话，这是他仅有的一次声音听上去有些惊慌："没准我们得停了你的郁复伸了。"他说。可是我因为停服百可舒的戒断症状的折磨受到了心理创伤，我把这一情况告诉了他（百可舒的停药症候群现在是临床上承认的一种现象）。"我给你开一些喜普妙吧。"他说。喜普妙是西酞普兰（citalopram）的商品名称，这也是一种 SSRI 药物。"你马上就开始吃吧，

①　很多情况下，逃离办公室不足以击退来势汹汹的恐惧，因此我不得不走几条街去城北的老教堂。据称，那里就是 1775 年，保罗·列维尔著名的"一个代表陆上，两个代表海上"的灯笼挂过的地方。我会坐在教堂后面的黑色木头座椅上，盯着祭坛背后挂着的耶稣的油画看。那幅画上的耶稣看起来很仁慈，眼神和蔼可亲。我本身并不是一个坚定的无神论者，但也不信教，是一个本着"鬼知道什么创造了这一切"的想法的不可知论者，是一个如果平时不过分小心，就会因为害怕输掉帕斯卡的赌注而拒绝否认上帝的存在或者发现输掉的时候为时已晚的怀疑论者。然而，在 2003 年那些绝望的日子里，我会坐在城北老教堂里径直对着耶稣的画像祈祷，请求他赐予我内心的平静或者上帝存在的神迹。总之，得是一个能够抓住，让我稳住自己、抵制焦虑的骚扰的东西。为了寻求帮助，我开始努力阅读《圣经》和早期基督教史，看看是否能够或多或少为自己找到一条通往——我认为这些书会提供这些——信仰以及超自然的和现实的平静的理性之路。
　　可是我没有找到。尽管我确实认为这个教堂里的一些未经修饰的朴素之处令我感到平静，但去那里的作用并不大，尤其是在服用郁复伸的低谷时期。我试图让呼吸平缓下来，但是后来，我的幽闭恐惧症和惊恐性障碍吞噬了我，我不得不冲出教堂，最后常常是在公园的长椅上瑟瑟发抖。没准在来来往往的游客看来，我像是一个神志不清、浑身发抖的流浪汉。

赞安诺也要继续吃。"

我照做了，一天之内我的视线又清晰了，小便也通畅了，看起来这显示出那些问题属于药物的副作用。然而事实可能并非如此：焦虑症患者存在的"身体化"的倾向——将自己的神经症转化为身体症状——意味着我的视物模糊和排尿不畅有可能只不过是我的焦虑症在身体上的表现。

从郁复伸到喜普妙的过渡比以前从百可舒到郁复伸的过渡要平稳一些，也许是因为我没有在开始服用后一种药之前就戒除了前一种。但是从那以后，不管是长期的还是间歇性的严重焦虑，我都不曾停过 SSRI 类抗抑郁药物，并且因为害怕重蹈从百可舒到郁复伸的覆辙，我也不对剂量进行调整。我偶尔还会留恋最初服用百可舒时获得一些安慰的日子，并且怀疑自己是不是应该恢复当时的状况，重回那个没有惊恐的天堂。但是在临床研究的无数例子中，患者重新拾起他们曾经服用过的药物，却发现它们再也没有效果了。

无论如何，戒除百可舒的经历，我都不想再来一次。

吃药，吃药，吃药！我有什么好炫耀的？
——《黑道家族》的托尼·瑟普拉诺在服用百忧解治疗惊恐发作一年之后对迈尔菲医生说

1990 年 3 月 26 日的《新闻周刊》杂志封面是一颗半绿半白的胶囊的特写，旁边写着一行字——"治疗抑郁症的突破性药物"。氟西汀由此以百忧解的商品名称进入了全美国人的视线，随后成为 20 世纪末标志性的抗抑郁药物，这是它的制造商礼来公司投向市场的重磅炸弹。作为第一种在美国发布的选择性血清素再吸收抑制剂，百忧解不久就超越赞安诺，成为有史以来最畅销的精神治疗药物——它的SSRI类药物竞争对手（包括左洛复、百可舒、喜普妙和依地普仑）很快也踏上了超越百忧解的道路。

SSRI类药物是有史以来在商业上最为成功的处方药，只有抗生素有可能与它一较高下。根据一项估算，截至2002年，大约有2500万美国人——全美国超过5%的男性和11%的女性——在服用SSRI类抗抑郁药物。从那以后这个数字只高不低——2007年的一项统计认为服用SSRI类药物的美国人多达3300万。这些药物不仅统治了医院的精神科和我们的药柜，还统治了我们的文化和自然环境。《我的忧郁青春》《百忧解日记》《神奇百忧解》，当然，还有《驳斥百忧解》等书籍占据了整个90年代的畅销书排行榜；关于百忧解和依地普仑的笑话至今仍然是电影和《纽约客》杂志漫画的固定桥段。人们在美国蛙类的生态系统中、在得克萨斯州北部以及米德湖的鱼类的大脑和肝脏中发现了百忧解、百可舒、左洛复和喜普妙中的微量元素（导致这些生物的发育迟缓和异常），而米德湖是美国最大的水库，拉斯维加斯、洛杉矶、圣迭戈和菲尼克斯等城市的饮用水都是由它提供的。

如果了解到SSRI类药物已经多么彻底地渗透进我们的文化和环境，你可能会惊讶于持有美国氟西汀专利的礼来公司曾经在这种药物的研发过程中7次由于缺乏说服力的试验结果而放弃它。在调查了有关氟西汀的马马虎虎的试验结果以及关于药物副作用的投诉之后，德国的几家审查机构在1984年下了这样的结论："考虑到收益和风险，我们认为这种制剂完全不适用于抑郁症治疗。"另一种SSRI类药物百可舒的早期临床试验同样以失败而告终。[①]

SSRI 类药物是如何从被认为无效到成为有史以来的头号畅销药的呢？要回答这个问题，就要提到我们对于焦虑症和抑郁症的理解是如何在很短的时间内发生转变的故事了。

故事又一次要从布罗迪在美国国立卫生研究院的实验室开始。研究员阿尔维德·卡尔森在 1959 年离开布罗迪的实验室前往瑞典哥德堡大学任教。之后，他在被人为地耗尽了血清素的老鼠身上使用了三环类抗抑郁药。这些抗抑郁药会给血清素水平带来提升吗？是的，丙咪嗪具有抑制血清素再摄取的作用。20 世纪 60 年代，卡尔森使用抗组胺剂进行了类似的实验。抗组胺剂也会抑制血清素的再摄取吗？结果又一次是肯定的。卡尔森发现，相比于丙咪嗪和阿米替林这两种最普遍使用的三环药物，有一种叫作氯苯那敏（chlorpheniramine）的抗组胺剂对于大脑中的血清素受体具有更强大而明确的效果。卡尔森引用这一发现作为支持他提出的抑郁症血清素假说（serotonin hypothesis of depression）的证据。随后他开始着手将它运用到寻求一种更加强效的抗抑郁药物的研究中去。"这就是 SSRI 类药物诞生的时刻。"医学史学家爱德华·肖特写道。

接下来，卡尔森试验了另一种抗组胺剂溴苯那敏 [brompheniramine，是红葡萄儿童抗感冒止咳药水（Dimetapp）的活性成分]。它同样比丙咪嗪更有效地阻止了血清素和去甲肾上腺素的再摄取。卡尔森对溴苯那敏做

① 20 世纪 80 年代的一系列研究发现，三环抗抑郁药丙咪嗪在治疗抑郁症和惊恐性障碍方面比百忧解更为有效，同时在 80 年代初的两项研究中在对抑郁症的疗效上也将百可舒甩出很远。1989 年，百可舒在过半的实验中的表现不如安慰剂。然而四年后，它就得到了 FDA 的许可；到 2000 年时，已经超越百忧解和左洛复成为市场上最畅销的抗抑郁药。

了修改，创造了只阻止血清素的再摄取的化合物 H 102-09。他与瑞典制药公司阿斯特拉的一个研究团队合作，于 1971 年 4 月 28 日为 H 102-09 申请到了专利，并且将它更名为齐美利定（zimelidine）。早期的临床试验显示齐美利定在减轻抑郁方面很有效果。1982 年，阿斯特拉公司开始在欧洲出售这种抗抑郁药，商品名为齐美片（Zelmid）。阿斯特拉将齐美片在北美的经营权授予了德国默克公司，后者开始准备将它推向美国市场。就在这时悲剧发生了：有些服用了齐美利定的患者出现了瘫痪甚至出现了几例死亡案例。齐美利定从欧洲药店下架了，并且再也没有在美国出现。

礼来公司的高层饶有兴致地关注着研发的过程。大约 10 年前，礼来公司位于印第安纳州的实验室的生物化学家们就曾经摆弄过来自另一种叫作"苯海拉明"[diphenhydramine，哮喘药苯那君（Benadryl）中的活性成分]的抗组胺药的化学提取物，创造了一种化合物 LY-82816。它对于血清素很有效，但是对于去甲肾上腺素效果比较弱。这也让 LY-82816 成为研究人员试验过的几种化合物当中最"纯净"或者说最"有选择性"的一种。礼来公司的一位生物化学家大卫·王将 LY-82816 改良为化合物 LY-110140，并且将他的发现发表在了 1974 年的《生命科学》杂志上。没有人知道市场上会不会有地盘留给哪怕一种提升血清素水平的精神治疗药物，而且齐美利定已经在临床试验和市场推广方面领先了好几年，礼来公司因此将 LY-110140 搁置在了一边。这种化合物后来被命名为氟西汀（fluoxetine）。[①]

但是当齐美片造成患者瘫痪后，礼来公司的高层意识到氟西汀此刻

---

① 与此相反的是三环药和 MAOI，它们被称作"不纯的"或者"无选择性的"，因为它们影响的不仅仅是血清素，还有去甲肾上腺素、多巴胺和其他神经递质。这被认为是它们存在多种令人不适的副作用的原因。

有机会成为美国市场上第一种 SSRI 类药物，于是他们重新启动了研究程序。尽管许多早期的临床试验并不怎么成功，氟西汀还是于 1986 年在比利时得到了批准并且进入了市场。1988 年 1 月，氟西汀在美国亮相了，推销词称它是"第一种既高效又特效的血清素再摄取抑制药"。礼来公司给它起了一个商品名称百忧解，一家品牌公司认为这个名字（Prozac）带有"活力"（zap）感。

两年之后，百忧解便荣登《新闻周刊》的封面。又过了三年，布朗大学的精神疾病专家彼得·克拉默出版了书籍《神奇百忧解》。

《神奇百忧解》于 1993 年夏天面世，当时我 23 岁，正在服用第三种三环类抗抑郁药——这回是地昔帕明（desipramine），商品名称叫作"去郁敏"。我对这本书着了迷，对于百忧解在克拉默的患者们身上产生的翻天覆地的影响惊奇不已。他在书中说很多患者恢复得"好得不能再好了"："百忧解好像让天生胆小的人获得了人际交往上的自信，让敏感的人变得善于表现，让内向的人拥有了推销员一般的社交技巧。"嗯，我想，这听上去可真不错。长期担任我的精神病医生的 L 博士几个月前就已经建议我服用百忧解了。但是在读克拉默的书时，我担心服药会出现浮士德式的交易——在百忧解通过药物手段驱走紧张或者忧郁的同时，人的自我或者个性中更具有特质的部分会有怎样的损失呢？在书中，克拉默有力地断言说，对于大多数严重焦虑或者抑郁的患者来说，这桩交易是值得的。但他同样担心"正常"或者"健康"的人会使用这种药物让自己变得更幸福、更善于交际、在工作中表现更好——他将这种情况称为"修饰性精神药理学"。

很快，我便加入了上百万服用 SSRI 类药物的美国人的行列——我不间断地服用这种或者那种药差不多有 20 年时间。然而，我并没有充分的自信说这些药物是有效的，或者说它们对于我付出的金钱、承受的副作用、更换药物带来的创伤和天晓得对大脑造成的什么长期影响来说是物有所值的。

关于 SSRI 类药物的第一轮热情过去之后，一些 20 世纪 70 年代就围绕在安定药周围的恐惧便又包围了抗抑郁药物。"现在很清楚，"精神药理学史学家大卫·希利写道，"关于（百可舒）戒断问题的报告的比例要比有史以来任何一种精神治疗药物出现戒断问题的比例都高。"①

"百可舒确实很容易成瘾。"眠尔通的发明者弗兰克·伯格在他 2008 年去世前不久表示，"如果你身边有人在服用百可舒，让他戒掉可不太容易……利眠宁、安定和眠尔通就没有这方面的问题。"几年前，我的主治医师曾经告诉我，她不会再给病人开百可舒了，因为她治疗过的患者中有数量众多的人报告自己出现了严重的戒断反应。

即便不考虑戒断反应，如今也有大量的证据显示 SSRI 类药物可能并不是那么有效。这与那些认为百忧解和百可舒没有效果的早期研究相一致。2010 年 1 月，《新闻周刊》在向美国人民介绍了 SSRI 类药物几乎刚好整整 20 年的时候，又出版了一期封面故事，报道说研究显示 SSRI 类药物在治疗焦虑症和抑郁症方面甚至不比糖丸有效。来自 2006 年的两项大规模研究显示，大多数患者在服用了抗抑郁药物后病情并没有好转，只有大约 1/3 的患者在这些研究的第一次试验后出现了明显的改善。《英

---

① 具有讽刺意味的是，SSRI 药物早期的商业成就要归功于 20 世纪 70 年代早期公众对安定上瘾的愤怒。正是这种愤怒使苯二氮镇静药不再受欢迎。FDA 批准将 SSRI 药物用于治疗抑郁症后，抑郁症的确诊量呈井喷状暴涨，甚至使得同期焦虑症的确诊量有所回落。随后，当 SSRI 药物也被 FDA 批准用于治疗焦虑症后，焦虑症的确诊量又开始增加了。

国医学杂志》在审核了数十项关于 SSRI 类药物疗效的研究之后得出结论，认为百忧解、左洛复、百可舒等 SSRI 类药物"并不比安慰剂在临床上具备什么值得一提的优势"[1]。

这怎么可能呢？上千万的美国人，包括我和许多我认识的人，每年要消费价值几十亿美元的 SSRI 类药物。这难道不能说明这些药物是有效的吗？

不一定。退一万步说，SSRI 类药物巨大的消费率并没有降低患者焦虑症和抑郁症的自我报告比例。事实上，这种药物流行的状况总体看起来反倒与焦虑症与抑郁症比例升高存在对应关系。

"如果你出生在第一次世界大战期间，在你的一生当中患上抑郁症的概率大约是 1%；"宾夕法尼亚大学的精神疾病专家马丁·塞利格曼说，"如果你出生在第二次世界大战期间，抑郁症的终身患病率差不多是 5%；如果你在 60 年代初出生，终身患病率在 10%~15%，这还是很多人没有走完一生的情况下的数据。"也就是说，最终的实际比例还会更高一些——仅仅过了一代人，抑郁症的发病率便至少提高了 10 倍。

在美国之外的其他国家，这样的趋势也很明显。在冰岛，抑郁症发病率从 1976 年（SSRI 类药物在该国上市）到 2000 年几乎翻了一番。在 1984 年，也就是引入百忧解之前 4 年，整个英国报告的由于焦虑症和抑郁症导致的"误工日"（病假）为 3 800 万天；在 SSRI 类药物被广泛使用了 10 年之后的 1999 年，英国全国由于同样的疾病导致的误工天数达到了 1.17 亿天——足足增加了 300%。美国的一些健康调查显示，从 90 年代初到 90 年代末，处于劳动年龄的美国人报告自己由于抑郁症而无法

---

① 这些结论仍具争议，并且至今仍是精神病学和心理学博客上激烈辩论的主题。

正常工作的比例上升了两倍。下面的这个是我见过的最令人震惊的数字：在抗抑郁药物出现之前，每 100 万人中大约有 50~100 人被认为患有抑郁症；如今，据估计每 100 万人中有 10 万~20 万人患有抑郁症。在这个时代里，我们拥有空前发达的针对抑郁症的生物化学疗法，而抑郁症的发病率却提升了 1000%。

　　记者罗伯特·惠特克在他 2000 年出版的著作《一种流行病的解剖》中列举了 SSRI 类药物实际上会引发抑郁症和焦虑症的证据——过去 20 年来 SSRI 类药物的消耗对数以千万计的服药者的大脑造成了器质性的变化，让他们更加容易感觉紧张和不愉快（发表在《美国公共卫生杂志》上的一项近期研究显示，世界范围内的自杀率在过去 45 年中增长了 60%，这看上去为全世界的不幸福指数与 SSRI 类药物的消耗量同步增长的看法提供了强有力的证据）。惠特克提出的药物造成了精神疾病这一观点引起了很大争议——大多数专家都对此提出质疑，而它本身当然也是没有经过证实的。不过，能够确定的一点是，SSRI 类药物处方的爆炸性增长导致了抑郁症和焦虑症定义的猛烈扩张（同时，使用抑郁症和焦虑症作为旷工的借口也被人们普遍接受），而这又导致被诊断患有这些疾病的人数出现了增长。

　　当我们回顾过去的 150 年时，可能会将抗抑郁药物视为一项危险并且不祥的实验。

　　——约瑟夫·葛兰姆伦　《抵制百忧解》（2001 年）

　　在美国，何时为常规的神经疾病开处方药，以及要不要为常规的神经疾病开处方药的问题是与两个相互抵触的思想传统密切相关的：一方是我们清教徒祖先的自我否定和禁欲主义的历史根源；另一方是后生育高峰时代的信仰，也就是人人都享受宪法赋予的"追求幸福"的权利。这两种传统之间的紧张状态被现代精神病学中彼得·克拉默的修饰性精神药理学与精神药理学加尔文主义（pharmacological Calvinism）之间的斗争体现得淋漓尽致。

修饰性精神药理学的批评者们（在某种程度上其中也包括克拉默自己）对于成千上万轻度神经质的患者寻求药物的帮助来让自己获得"最佳表现"，以及工作场合的竞争造成的药物军备竞赛的后果感到担忧。"精神药理学加尔文主义"这个术语是由自称"愤怒的精神疾病专家"的杰拉德·克勒曼于1971年创造的，他试图反对人们达成的共识：如果一种药物令你感觉很好，那么它一定是有害的。克勒曼和他的同伴们提出，人生是艰难的，痛苦是真实的，那么为什么要允许根据并不充分的清教徒准则干涉紧张或者不幸福的美国人追求内心的宁静呢？

精神药理学加尔文主义者们相信不经历追求或奋斗就逃避精神痛苦，是对自我或者灵魂的贬低；是一种不劳而获、一种浮士德式的交易，不符合新教徒勤奋工作的道德原则。"从精神治疗的角度，"克勒曼嘲讽地写道，"世界上的人分为两种：一种是一等公民，是能够通过自己的意志力、洞察力、精神分析或者行为矫正来实现自我治愈或者自我救赎的道德高尚的人；另一种是芸芸众生，他们的意志品德较弱，需要外力的支撑。"克勒曼愤怒地对这类顾虑不加理会，想知道为什么我们会出于某些被误导的道德规范而拒绝让那些焦虑、抑郁的美国人从痛苦中解脱出来，并且有机会追求更高、更有意义的目标。如果一枚药片就能解放你的头脑，为什么要陷在折磨人的神经性疾病中不能自拔呢？

美国人对于这一切有着矛盾的看法。我们自己服用价值上亿的安定药和抗抑郁药，然而从古至今我们又将对精神治疗药物的依赖判定为软弱或者道德缺失。① 美国国家心理健康研究所在 20 世纪 70 年代初进行了一项研究，结论是"美国人相信安定药是有效的，但是严重怀疑使用它的人的道德水平"。

这看起来有几分不合逻辑而且自相矛盾，而我恰巧处于这样的状况下。我不情愿地既服用安定药又服用抗抑郁药，并且相信它们是有效的——至少在某些时候是有一点儿效果的。我承认，就像许多精神疾病专家和精神药理学家曾经告诉我的一样，可能存在一种"身体状况"引起了我的那些症状，也在一定程度上对使用这些药物"合理化"了。同时，我相信（而且我相信社会也同样相信）自己的神经问题某种程度上是种人格问题或者道德缺失。我相信意志薄弱让自己成了一个懦夫、一个软骨头，以及这些词汇隐含的所有负面评判，这就是为什么我要试图隐藏关于它们的证据的原因，为什么我要担心依靠药物来缓解这些问题既证明我确实存在道德上的弱点，又使这些弱点得到了强化。

"别再审判你自己了！"W 博士说，"你会把自己搞得更加焦虑的！"

他说得对。然而我还是得与参加美国国家心理健康研究所调查的人中的 40% 保持一致，认为"意志薄弱导致了精神疾病，而服用安定药来修正或改善病情是这种薄弱的进一步证据"。

当然，随着我们对基因将特定的气质与性情编入我们的个性中的原理有了更深入的了解，坚持意志薄弱论的观点就变得越发困难了。如果我的基因将焦虑的生理机能编入了我这个个体，那么我本人应该对在面对可怕的情况时瑟瑟发抖，或者容易在压力下崩溃这种事情负多大的责任呢？越来越多的证据表明精神疾病具有强大的遗传基础，关于美国人如何看待精

① 在一些国家更是如此，例如安定消耗率较高的法国；可能在日本这样 SSRI 药物消耗率低得多的国家就不是这种情况了。

神治疗药物依赖的观点在一些近期调查中呈现出一种戏剧性的转变。1996年，只有38%的美国人认为抑郁症是一种健康问题，却有62%的人将抑郁症视为人性弱点的证明。10年之后，这个数字颠倒了过来：72%的人认为抑郁症是一种健康问题，而只有28%的人认为它是人性弱点的证明。

血清素导致抑郁症的理论和自慰导致精神错乱的理论可谓半斤八两。
——摘自大卫·希利于 2002 年在伦敦精神病学研究所的演讲

越是深入地探究焦虑症与精神药理学盘根错节的历史，就会越清楚地发现焦虑症具有直接而且相对直观的生物学基础。焦虑与其他精神状态一样，来自神经元之间的空隙，来自包围着突触的神经递质液体中。可以通过调整这种液体的成分来重置神经恒温器，从而减轻焦虑。也许就像彼得·克拉默在《神奇百忧解》中思考的那样，困扰着加缪笔下的"局外人"的（他缺乏快感、精神颓废），仅仅是血清素障碍症而已。

如果你往更深的层次探究下去，这些又都没那么清楚了。

神经科学与分子遗传学方面的进步已经让我们能够越来越准确地描绘出这种蛋白质与那种大脑受体之间，或者这种神经递质与那种情绪之间的联系一样，生物精神病学的一些原始基础也已经得到了揭示。

20 多年前对于百忧解的热烈赞颂创造了一种将血清素称为"幸福神经递质"（happiness neurotransmitter）的狂热迷信。但是从一开始，一些研究就没有找到抑郁症患者的血清素水平与正常人的血清素水平的显著差异。1976 年发表在《科学》杂志上的一项针对一组抑郁症患者的早期研究发现，只有半数的人呈现出非典型的血清素水平，其中又只有半数的人血清素水平低于平均值，也就是说只有 1/4 的抑郁症患者可以被认为存在血清素不足的问题。事实上，血清素水平高于平均值的患者数量同样很多。许多后续研究的结果都使"血清素不足与精神疾病之间存在一致关系"这一观点复杂化了。

显然，血清素与焦虑症或者抑郁症之间的关联不像人们之前以为的那样直观。恰恰是血清素导致抑郁症这一假说的创始人阿尔维德·卡尔森宣称精神病学界必须放弃它了。在 2002 年蒙特利尔的一次学术会议上，他声称我们必须"放弃"混乱的情绪是"某种特定神经递质的功能不是异乎寻常的高，就是过分的低"的结果这一"过分简单化的假说"了。不久之前，60 年代曾经负责普及化学不平衡导致精神疾病理论的苏格兰精神疾病研究院乔治·阿什克罗夫特在深入研究无法支持其说法的情况下宣布放弃了这一理论。1998 年密歇根大学的神经科学家埃利奥特·华伦斯坦出版了著作《罪魁祸首是大脑》，他用这整整一本书的篇幅来论证"现有证据不支持任何有关精神疾病的生物化学理论"。

"我们曾经为精神疾病搜寻过广泛而简单的神经化学解释，"2005 年，《心理医学》杂志主编、弗吉尼亚联邦大学精神病学教授肯尼思·肯德勒承认，"但还无所发现。"

假如我们尚未能够查明百忧解和喜普妙的工作原理的原因是：它们实际上没用——那会怎么样呢？"精神治疗药物是弊大于利的。"哈佛大学毕业的精神疾病专家彼得·布利金说。他见证了为数众多针对制药公司的诉讼，观点的依据是研究结果显示只有大约 1/3 的患者在服用抗抑郁药物之后病情出现了好转。

但是总的说来，研究结果显示，其他的治疗形式的回应并不是全都很好。第一线工作的精神疾病专家和精神药理学家们一再表示他们一次又一次地看见这些药物发挥作用，这不可能都是制药行业营销活动编造的骗局。有时，随机双盲对照实验的数据结果与临床实践的结果（精神疾病专家和初级护理医师从他们的患者那里看到、听到的情况）南辕北辙。这一切该如何理解呢？

我愿意相信辩论的双方在大多数情况下是真诚善意的。药物的支持者们——像杰拉德·克勒曼、弗兰克·伯格、彼得·克拉默和哈佛博士那样的人——有着一种充满同情心、希波克拉底式的渴望，希望用药物来减轻病人的焦虑的痛苦，同时他们真诚地希望将焦虑症和抑郁症划入医学问题的范畴，从而减轻对它们的歧视。而世界上那些反对药物的改革者——像彼得·布利金、欧文·基尔希和斯坦福博士那样的人——真诚地希望保护病人和未来的消费者不受在他们看来唯利是图而且贪婪的制药公司的伤害，并且帮助他们通过自身内在才智的力量，而不是依靠容易养成依赖性的药物来从焦虑症或者其他情绪问题中康复过来。

我对那些更加通情达理的制药工业批评者抱有同情。基于我钻研过的上千项研究以及自己的生活经验，可以说这些批评者在某些方面无疑是正确的，在折磨人的副作用方面是正确的，在依赖性以及戒断问题方面是正确的，在对这些药物是否像广告中说的那样有效提出怀疑方面是正确的，在担心这样一个药物化严重的社会存在着怎样的长期影响方面是正确的。但是，我同样相信他们在某些方面是错误的。许多研究显示药物是可以发挥作用的——没错，只是在部分时候，对部分人发挥作用，有时还有令人不快的副作用、糟糕的戒断症状以及依赖性问题。而且，确实，我们还不了解它们会对我们的大脑造成怎样的长期损伤。而且，确实，那些疾病类别已经被制药公司和保险行业人为地注水或者扭曲了。但是，我可以用来之不易的个人权威告诉你：情绪抑郁真实存在，它很折磨人；这些药物可以缓解它，有时只能缓解一点点，有时则能明显缓解。

当我和 W 博士谈起这些时，他表示自己的临床经验与我在研究中的发现一致：不同患者对于不同药物的反应存在巨大的差异。他曾经治疗过的一位患者，她的父母是纳粹大屠杀的幸存者。这位女士患有深度抑郁。W 博士很清楚她的问题是将幸存者的内疚感内在化了，这非常常见。他对她进行了几个月的治疗，通过驱散她的不愉快来让她认识到这一点，但是没有起效。时间一周一周地过去，她那可怕的抑郁症仍然存在。之后她尝试服用了百忧解。服药没几周，她就在一次约定检查时告诉 W 博士："我感觉好极了。"又过了几个星期，她认为自己已经痊愈，于是结束了治疗。这次，SSRI 类药物赢得了一分。

但是差不多在同一时间，W 博士接诊了另一位病人，这是一位患有强迫性精神障碍和轻度抑郁症的男士。他也同样开始服用百忧解，结果服药不到 48 小时就在医院里出现了严重的自杀念头。此役，SSRI 类药物丢掉一分。①

W 博士与一位精神药理学家同事曾经合作多年，他们一起成功地治愈了很多焦虑症患者。每当他们治疗的患者病情出现好转时，W 博士都会对那位精神药理学家说："显然是你的药起了作用。"而他会回答：

---

① W 博士的另一位同事——就叫他 G 博士吧——是位有名望的精神分析方向的精神病专家。他在职业晚期得了严重的临床性抑郁症，进入马里兰州罗克维尔市一家名叫"栗子小屋"的主攻精神分析的精神病院接受治疗。G 博士多年以来一直反对用生物的方法治疗精神疾病，认为弗洛伊德的谈话疗法是治疗焦虑症和抑郁症的不二法门。然而，每日的精神分析治疗并没有缓解 G 博士的病情。只有在服用抗抑郁药物时，他的症状才会有所改善。G 博士的抑郁症消失了——但发现自己深陷职业危机之中：难道他的事业赖以发展的理论基础——精神分析疗法是头客迈拉（chimera，希腊神话中狮头、羊身、蛇尾的吐火女怪，用来比喻"幻想"或"妄想"。——译者注）吗？没过多久，他便去世了。

"不，显然是你的心理疗法起了作用。"随后两人哈哈大笑，互相祝贺又取得了一次胜利。然而，W 博士承认，真相是他俩并不清楚究竟是什么原因让某一位特定的患者恢复了健康。

让孤独地住在高层公寓里、孩子无处玩耍的心烦意乱的家庭主妇们平静下来，要比拆除高层建筑、重建人性化的住宅，或者甚至比提供托儿所要便宜得多。在由社会引起的应激反应的"医药化"进程中，制药工业、政府、药剂师、纳税人和医生都有着自己的既得利益。
——马尔科姆·雷德《苯二氮䓬类药物：群众的鸦片》（1978 年）

仅仅因为我能够用类似"抑制血清素再摄取"这样的术语来分析你的抑郁症并不意味着你和你的母亲之间能够和谐共处。
——卡尔·埃利奥特 《最后的医生：沃克·珀西与医学道德生活》（1999 年）

在唐纳德·克莱因进行丙咪嗪实验之前，解读某位患者的焦虑的内容非常重要：你对高处、对老鼠，或者对火车的恐惧意味着什么？它在试图向你传达什么信息？丙咪嗪过滤掉了焦虑的相当一部分哲学意义。药理学的进步显示焦虑仅仅是一种生物症状，一种生理现象，一种机械过程，而它的内容则无关紧要。

然而对于克尔凯郭尔和萨特这样的哲学家而言，焦虑绝对是有意义的。他们，还有那些坚决反对将大脑状态局限在生物学范畴内的精神治疗医师都认为，焦虑症并不是一种应当避免或者用药物治疗的疾病，而是通向自我发现的最真实的途径，是通向自我实现（是这个概念在 20 世纪 60 年代的人本主义版本）的道路。W 博士认同这一点。

"最危险的地方就是最安全的地方。"他总是喜欢引用这句中国谚语。

支持进化论的生物学家认为，焦虑是一种进化出来的精神与生理状态，保护我们的生命和安全。焦虑让我们提高警惕，做好准备去战斗或者逃跑。焦虑可以让我们感应到来自外界的人身威胁。弗洛伊德相信焦虑不仅让我们感应到来自外界的威胁，而且感应到来自我们内心的威胁。按照这种观点，焦虑是一种信号，意味着自我想要告诉我们一些什么。用药物驱除焦虑，而不是倾听它想要告诉我们的事情——比如靠百忧解来治疗，而不是倾听焦虑——可能不是我们希望成为最好的自我所需要的合适的做法。焦虑可以是一种代表需要做出改变的信号，比如我们需要改变自己的人生。而药物治疗存在着阻塞这种信号的风险。[①]

在《神奇百忧解》中，彼得·克拉默引用了沃克·珀西的著作。珀西的著作主要围绕着在生物精神病学的时代我们应该如何应付情绪上的痛苦和精神上的渴求。珀西在自己的故事和文章中问道："当焦虑和精神颓废被药物驱除之后，我们损失了什么？"

珀西是解决这些问题的理想人物。忧郁症的"遗传污染"（hereditary taint，弗洛伊德语）深深地烙印在这个来自美国南方的家庭的血脉中。他的祖父、父亲，可能还有他的母亲（她自己开车坠桥而死）都死于自杀，他有两位叔叔曾经出现过精神崩溃。珀西的父亲勒罗伊是一位律师，他用酒精治疗自己的抑郁症，并且在 1925 年前往巴尔的摩与约翰·霍普

① 新英格兰州的精神病医生爱德华·德拉蒙德一度经常给病人开苯二氮镇静药来缓解他们的焦虑症状。如今他强烈认为镇静剂是长期焦虑的主要成因，说服用赞安诺或者安定文锭可以让严重的焦虑得到临时的缓解，但是要以放任这些造成焦虑的原因为代价。

金斯大学业内领先的精神疾病专家们见面，向他们求助，但是当时现代精神药理学还不存在。1929 年，勒罗伊第二次尝试自杀并取得了成功：他用一把 20 毫米口径的手枪对准自己的头部开了一枪。

父亲的死让沃克开始学习科学。他相信科学最终能够解释宇宙间发生的一切，包括夺走了自己许多位家庭成员生命的抑郁症的成因。他决定成为一名医生，医学知识坚定了他的科学物质论。"如果人可以被还原为化学和生物属性的总和，"他的一位传记作者这样描述年轻的珀西的推理，"那么我们为什么要担心理想，或者说担心缺乏理想呢？"

但是在 1942 年，珀西感染了肺结核，不得不从医学院退学，前往组约萨拉纳克湖的一个疗养院进行恢复。当时，距离链霉素（streptomycin）、（注意下面的这个！）异烟肼和异烟酰异丙肼用于治疗肺结核还有好几年的时间，因此医生指定的治疗方案就是休息。在疗养院期间，他患上了抑郁症，并且深入地阅读了许多陀思妥耶夫斯基、托马斯·曼，还有克尔凯郭尔以及托马斯·阿奎纳的著作。在身体和情绪都感觉不佳的情况下，他经历了一段精神危机，断定科学毕竟是无法解决人类的不幸福这一问题的。最终，尤其是在克尔凯郭尔的著作的影响下，他决定迈出跨越信仰的一步，成为天主教徒。如果珀西接受的是异烟酰异丙肼的治疗，而不是学习欧洲小说和存在主义哲学的话，他的人生和观念会有怎样的改变呢？我们现在知道，异烟酰异丙肼不久就成了MAOI 类抗抑郁药异丙烟肼——这种药物或许会很快地治愈他的肺结核，同时驱散他的抑郁。他有可能回到医学院去学习，永远不会成为一位小说家。他对生物精神病学的看法可能会变得相对温和一些。

珀西一直对科学方法保持着尊重，但他不再相信声称"科学是人类知识和伦理道德的哲学基础"的还原主义世界观了。事实上，他开始相信现代社会极高的抑郁症发病率和自杀率在某种意义上是科学世界观在文化上的胜利，这种世界观将人还原为细胞与酶的集合，而没有给意义提供任何容身之所。

1957 年，珀西为耶稣会周刊《美国》杂志撰写了一篇由两部分组成的文章。他说，精神疾病专家专注于生物学方面，因此"无法解释现代人的困境"。内疚、自我意识、悲伤、羞耻感、焦虑，这些都是来自世界和我们的灵魂的重要信号。将这些信号作为器质性疾病的症状，并且用药物驱除它们，存在着造成我们与自我更加疏远的风险。"焦虑，在一种参照标准下是需要摆脱的症状；在另一种参照标准下，它可能是对自我的真实存在的召唤，要不惜一切代价留意到它。"

珀西多次在作品中提到克尔凯郭尔的观点：比绝望更糟糕的是身处绝望之中而不自知——患有焦虑症，却围绕没有焦虑症的状态构建了自己的人生。"我们都清楚一个作为消费者度过一生的人，"他在《面临危机的精神病学》中写道，"或者是作为性伴侣、作为'受人支配'的执行者；依靠长年累月看报纸、看电影、看电视来避免无聊和焦虑的人；这样的人某种程度上背叛了他身为一个人的命运。"

如果抗焦虑药物让我们的焦虑无法发声，让我们听不到它，也就是让我们身处绝望之中而不自知，这会不会让我们的灵魂麻木呢？珀西似乎相信答案是肯定的。

就目前的情况而言，我相信这所有的一切。我认可沃克·珀西和索伦·克尔凯郭尔的哲学立场。不过我有多少公信力呢？毕竟，今年已经是我服用精神治疗药物的第 30 个年头了，在我写下这些文字的时候，有西酞普兰、阿普唑仑，可能还有昨晚服下的氯硝西泮从我的血液中流过——我的血清素系统和 γ-氨基丁酸系统得到了增长，谷氨酸被抑制了——我与彼得·布利金的观点一致，药物是有毒的；与沃克·珀西的观点一致，它们是对灵魂的贬低。受到严重损害的我难道不是一个提供这个论点的合适人选吗？

尽管如此，可能有人会说，珀西自己因为长期失眠也服用了安眠药（他的理由很充分：失眠是促使他父亲自杀的一个重要原因）。精神治疗药物对于某些人、在某些情况下、在某些时间段里是有效的。如果要让一个总有要患上精神病这种错觉的人拒绝使用药物缓解精神分裂症，或者一位狂躁与抑郁交替的患者拒绝使用药物缓解危及自身的狂躁与令人崩溃的抑郁症——或者，对了，一个被焦虑折磨而足不出户的人要拒绝用药物来防御焦虑的袭击，这实在太残酷了。我相信一个人是能够在对制药工业的宣传保持怀疑、对一个如此大量地使用药物的人群的社会学含义表示担忧、对服用精神治疗药物所涉及的得失有所警觉的情况下，做到不从意识形态上反对药物的明智使用的。

另一方面，我知道自己应该多去留意珀西以及针对大型制药公司的现代批评家们，比如爱德华·德拉蒙德和彼得·布利金的言论，因为我为了写关于药物的这一部分而服用那么多药物显然是很讽刺的。我提高了喜普妙的用量，对赞安诺和克诺平产生了依赖，靠常人所不能的大量酒精来抑制焦虑的发作。我在自己人生的前40年里连一根烟都没有抽过（因为在我让60多岁的祖母成功戒烟之后，我曾经承诺绝对不会纵容自己染上这个习惯），在41岁时抽了人生的第一支烟。我曾经非常害怕软性毒品（这或许是我天生的谨慎具有进化适应性的一个实例），40岁之前完全没有吸过一丁点大麻，也没有沉迷于任何非处方药物，却在绝望中（在阅读了弗洛伊德关于毒品的狂热论文之后）尝试了可卡因和安非他命。很多时候我在夜晚来临时会用咖啡因和尼古丁来补补身子，我需要它们帮我摆脱麻木和无望的感觉,结果却是矫枉过正,陷入了颤抖战栗的焦虑当中。在思绪奔腾、双手发颤的情况下,我会先服用克诺平,然后是赞安诺,再喝上一杯苏格兰威士忌(然后又一杯,接着又一杯)让自己平静下来,度过夜晚。这很不健康。

在积极的方面,我尝试吸收克尔凯郭尔和珀西的观点来获得支撑与安慰,也尝试过瑜伽、针灸和冥想。我非常希望通过借助冥想、生物反馈和更好的"内部平衡"来作为解锁自己的"内心灵药"——这是反对使用药物的新时代治疗师们使用的词汇,指的是储藏健康、自然的,能够被激活的荷尔蒙和神经递质的仓库,但是尽管做了最大的努力,我仍然在笨手笨脚地寻找通向它的路径。

第四部分　先天与后天

父母在造成孩子出现对于恐惧的高度敏感性方面无疑扮演着主要角色，他们的行为并不是从道德谴责的角度来被审视的，而是由他们自己儿童时代的经历决定的。

第八章
婴儿时期，最大的恐惧源于孤独

我的焦虑症是从什么时候开始的？

当我还是个蹒跚学步的孩童时，就会大发脾气，不顾一切地尖叫，用脑袋撞地，是从那时候开始的吗？

摆在我父母面前的问题有这样几个：我的行为到底只是稍微有些极端但仍是"可怕的两岁"的典型表现呢，还是已经超出了正常的范畴？作为一个正常的发育阶段的儿童分离焦虑与作为一种临床状况，或者临床前期状况的分离焦虑症有什么区别？抑制脾气作为一种正常的性格特质与作为一种病理学症状（所谓的初期社交焦虑障碍症）之间的界线在哪里呢？

在我发脾气的问题上，我母亲手里那本本杰明·斯波克博士[①]的育儿手册没有起到什么作用，于是她带我去看了儿科医生，向他描述了我的症状。"很正常。"医生得出结论，而他的建议与20世纪70年代初育儿的自由放任方法相一致，就是让我"哭出来就好了"。于是我的父母便痛苦地看着我躺在地上，尖叫、扭动、用脑袋猛砸地面，有时这种情况会持续好几个小时。

那么我怎么会在3岁的时候变得极度害羞呢？当我母亲第一天带我去上幼儿园的时候，她无法离开（或者不想离开——分离焦虑对于孩子和父母都有影响），因为我紧紧抱着她的腿不撒手，而且抽泣个不

[①] 本杰明·斯波克（1903—1998），美国儿科医生，是第一位积极研究并运用精神分析的儿科医生，1946年出版的《婴幼儿保健常识》畅销多年。——译者注

停。一个 3 岁孩子的分离焦虑仍然属于正常发育表现的范畴，最终我每周能够单独在幼儿园待三个上午了。我明显地出现了"拘束气质"的信号——害羞、内向、回避不熟悉的环境（在实验室里我很可能表现出一触即发的惊吓反应，血液中的皮质醇浓度也很高）——而这些都并不一定是新兴的精神病理学所需要的证据。

如今，若以展开叙述的方式来回顾我患焦虑症这些年的种种，不难发现我小时候的行为抑制是我成年后的焦虑症的前兆。

6 岁时，我上了一年级，两个新的问题出现了。第一个是我的分离焦虑症复苏而且强化了（这点稍后详述）。第二个是呕吐恐惧症的出现，对呕吐的恐惧是我身上最初、最严重，也是持续时间最长的一种恐惧症。

根据哈佛大学医学院研究人员收集的数据，患有焦虑症的成年人中有 85% 的人出现的第一种症状是儿童时期形成的某种特定的恐惧。这些基于对来自全世界不同地区的 25 万患者的采访得到的数据同时显示，儿童时期的焦虑症经历很容易恶化和转移。一个形成了特定恐惧（比如害怕狗）的 6 岁孩子在青少年时期形成社交恐惧症的概率是不怕狗的孩子的 5 倍；这个孩子成年后患上重度抑郁症的概率是小时候不怕狗的孩子的 2.2 倍。

哈佛大学该项研究的负责人罗恩·凯斯勒说："恐惧障碍，随着时间的推移会越来越容易出现合并症，第一种障碍症的发生预示着极有可能发生第二种，第二种的发生又预示着第三种，以此类推（医学术语'合并症'是指同一位患者身上同时出现的两种慢性疾病或者症状；焦虑症和抑郁症往往是共病的，其中一种的出现预示着另一种的出现）。""在 5 岁或者 10 岁时害怕狗并不是因为它损害了你的生活质量而显得重要，"凯斯勒说，"而是因为它会让你在 25 岁时成为一位抑郁、有药物依赖的单身妈妈的可能性比别人高出 4 倍。"①

　　虽然儿童时代的恐惧症与成年后的精神疾病之间关系的本质尚未可知，但其中的客观事实是——这就是凯斯勒坚持认为早期的诊断和治疗非常重要的原因——"假如结果表明恐狗症是引起成年后的精神疾病的原因，那么针对患有恐惧症的儿童进行早期治疗并成功的话，就会让他们未来患上抑郁症的概率降低 30%~50%。哪怕只能降低 15%，意义也很重大。"

　　凯斯勒的研究似乎为我得焦虑症的必然性提供了数据支持：从 6 岁时特定的恐惧症到大约 11 岁时开始的社交恐惧症，到快成年时的惊恐性障碍，再到青年时期的广场恐惧症和抑郁症。从发病机理来说（我的病情发展的角度），我是个教科书般的范例。

　　想念一个你爱的并且渴望的人，是理解焦虑症的关键所在。

　　——西格蒙德·弗洛伊德　《抑制、症状与焦虑》(1926 年)

---

① 儿童时期怕狗与成年后出现机能障碍的联系很紧密，而且具有预见性。这意味着恐狗症或多或少导致了之后的社交恐惧症、抑郁症或药物成瘾。或者，这种联系说明儿童时期怕狗和成人抑郁症很可能是由同种环境因素造成的。例如对于童年生活在贫穷的城市的孩子来说，危险的比特斗牛犬是实实在在的威胁，早期的伤害和匮乏会为之后的抑郁症提供神经系统的基础。也有可能怕狗、成人抑郁症和药物成瘾是共同的基因基础的不同行为标记——让你容易怕狗的同一种基因代码可能也会让你易患抑郁症。最后一种可能性是，童年怕狗实际上和成人惊恐性障碍或抑郁症是同一回事。也就是说，童年恐惧症和成人抑郁症是同种疾病，在人一生中展开不同的发展阶段，每个阶段表现出不同的症状。我发现，特殊的恐惧症有在生命的早期出现的倾向——一半在一生中患上过恐惧症的人的首次发病时间在 6 岁至 16 岁——因此也许恐狗症是某种较广泛疾病的初发症状而已，就像嗓子痛预示着感冒一样。

我 6 岁的时候，母亲开始在晚上去法学院读书。我父亲说这是他鼓动的结果，因为他亲眼看见我的外婆（一个住在郊区的家庭主妇）因为没有职业抱负而变成了一个抑郁的酒鬼。母亲则说自己是在父亲的反对下开始学习法律的。另外，她还补充说，我的外婆既不抑郁，也不酗酒（按理说我母亲在这个问题上应该更加权威，但不管怎样，我深爱着的外婆身上的确经常有浓浓的杜松子酒的气味）。

母亲就读法学院的第一年刚刚开始，我的分离焦虑症就在同一时间强势复发了。上一年级时，我每天放学都是随机搭邻居孩子们的保姆车回家的。这些保姆都是非常好的人。尽管如此，几乎每个晚上我都是这样度过的：在卧室里来回踱步，绝望地等待父亲下班回家。因为在差不多 4 年时间里——然后又断断续续了差不多 10 年——几乎每天晚上我都确信父母不会回来了，他们要么死了，要么抛弃了我，我成了孤儿。这种未来对我来说太可怕了。

尽管每天晚上我的父母都确实回了家，但仍然不能令我放下心来。我总是确信，这一次他们是真的不会回来了。于是我会在房间里踱步，坐在暖气片上带着一丝希望凝视着窗外，绝望地等待父亲那辆大众轿车隆隆的引擎声响起。他应该不会晚于 6 点半到家，所以当时钟走过 6 点10 分和 6 点 15 分的时候，我就要开始被每晚如期而至的焦虑和绝望折磨了。

我坐在暖气片上，鼻尖紧紧抵住窗户，试图用意念让父亲回来，在脑中想象他回家的场景——他的大众轿车从共同路拐进克拉克街，朝着小山的方向前进，左转上克洛弗街，再右转进入我们家所在的布雷克街——然后沿着街看过去，用力听轿车的隆隆声。然而……什么都没听到。我紧盯着卧室里的钟，随着时间在嘀嗒声中流逝，我也越来越躁动。

想象一下你刚被告知自己爱的人在车祸中遇难的感受吧。每个夜晚都会给我造成差不多 15~30 分钟强烈相信有人刚刚告诉我这种消息的感觉。在这半个小时剧烈的痛苦中，我绝对且执意地确信我的父母已经死了，或者已经抛弃了我，即便此时保姆正在楼下温柔地跟我的妹妹玩着桌面游戏。终于，往往不到 6 点半，但从未超过 7 点的时候，大众轿车的引擎声会沿着街道越来越近，之后拐进我家的私人车道。这时，一种如释重负的兴奋会喷涌而出，传遍我的全身——他回来了，他还活着，我没有被抛弃！

第二天晚上我会把这套流程从头再来一遍。

如果周末我父母一起出门，情况就会更糟。我害怕被抛弃，这种恐惧与理性无关。大部分时候我确信父母已经在车祸中遇难了；或者我确定他们只是决定离开——既不是因为他们不再爱我了，也不是因为他们实际上不是我的父母（有时我觉得他们是外星人；有时我觉得他们是机器人；偶尔我会确信我妹妹是个被训练来扮演 5 岁女孩的成年侏儒，而她的同伙，也就是我的父母，一旦完成某种实验便会将我抛弃）。

母亲比父亲对我的焦虑更加警觉，她发现我会在他们承诺回家的时间前就开始担心。当他们离家的时候我会例行公事地问："你们最晚什么时候回来？"母亲会告诉我一个比她自己估计的回家时间要晚 15 或 20 分钟的时间。但是我很快就看清了这个小伎俩，于是我会把这段额外的时间计算在内，在她说的时间到来之前 45 分钟或者一小时就开始担心地踱步。母亲注意到这一点后，将她口中的回家时间进一步延迟了，但我也会洞察这一切。就这样，我们开始了声明与假定回家时间的竞赛，最终的结果是她说的一切对我来说都没有意义了：我会从他们离开的一刻起开始焦虑。

我不愿意提及的是，我在周末的担忧又持续了很久。少年时，我有时给父母参加的聚会打电话（或者强迫我妹妹打电话），确认他们还活着。有几次我在夜里很晚的时候敲门叫醒邻居（有一次叫醒的是附近圣公会教堂的牧师），告诉他们我的父母不在家，请他们打电话给警察，因为我觉得他们可能死了。如果说在我 6 岁的时候发生这种事父母会觉得很尴尬，当我 13 岁的时候，这种做法就令他们非常窘迫了。

到了 12 岁的时候，即使是单独在自己的房间里过夜 [就在我父母房间的楼下，相距还不到 15 英尺（约 4.5 米）] 都成了一种严酷的考验。"你保证一切都会好吗？"当母亲把我塞进房间时我总会问她。随着我的呕吐恐惧症加重，我担心自己会在呕吐中醒来。这让我躺在床上的时候感觉焦虑和反胃。一天晚上，当我有这样的感觉时，我告诉母亲："我感觉不舒服。今晚你能特别保持警觉吗？"她说她会的。但是过了几天以后，我肯定感觉比平时更加紧张，因为我说的是："今晚你能特别、特别、特别保持警觉吗？"我准确地记得每一个字，因为从那天起，我每天晚上都会问一遍这个问题。最终，这变成了一种仪式，后续的对话一成不变而又奇怪，一直持续到我上大学。

"你保证一切都会好吗？"

"我保证。"

"那么你能特别、特别、特别、特别、$357\frac{1}{4}$ 个特别地保持警觉吗？"

"是的。"

就像赞美诗一样，有好几年的时间，每天晚上这句话都会响起，重音都落在第五个"特别"上。

我的分离焦虑症几乎影响到了生活的方方面面。在青春期之前，我是个相对比较协调的运动员，但是我的第一次棒球训练是这样结束的：6 岁的我在球队席大哭，旁边站着和善但困惑的教练（我没有再回去训练过）。

我的第一节初级游泳课是这样结束的：7 岁的我充满恐惧，满脸是泪，拒绝和其他孩子一起下到游泳池中去。

我的第一次足球训练是这样结束的：8 岁的我在球场边线外和带我前去的保姆站在一起，大哭，拒绝加入其他正在训练的孩子们。

5 岁时，我是这样度过在日间夏令营的第一个上午的：在我自己的小房间旁边抽泣着说我想妈妈，我要回家。

7 岁时，我是这样度过在夏令营的第一个（也是唯一一个）夜晚的头两个小时的：我在角落里抽泣，一群迷惑不解的辅导员不断地试图安慰我，但始终无法成功。

父母开车送我去大学的路上我是这样度过的：在后座上抽泣，深陷在焦虑和提前来到的思乡病中无法自拔，担心父母在我离家去上大学之后就不再爱我了——"离家"在这里指的是距离父母的住所仅仅 3 英里而已。

为什么我永远对来自父母的爱和保护不能放心呢？为什么普通的童年活动对我来说如此困难呢？我在每天晚上与母亲的召唤与回应中想寻求什么样的安慰呢？

最初的焦虑是母爱中客体的丧失；在婴儿时期结束以后的整个人生当中，所爱的人的丧失……会给人带来新的、更加持久的患上焦虑症的危险和机会。

——西格蒙德·弗洛伊德 《焦虑问题》（1926 年）

1905 年，西格蒙德·弗洛伊德写道："孩子们的焦虑完全是在表达丧失他们所爱的人的感觉。"从那时起，所谓的分离焦虑症就一直是研究人员和临床医生关注的一个焦点。心理学家、灵长类动物学家、人类学家、内分泌学家、动物行为学家和其他人士通过数十年来的研究，已经从各个方面一再地揭示了早期的母子联系对于决定孩子的终身幸福具有重大的意义。这种母子关系的性质是从婴儿降生的那一刻便开始建立的——与早期弗洛伊德学派心理学家奥托·兰克所说的"出生创伤"（the trauma of birth）同时来到——不会比这个时刻更晚了。在子宫中和婴儿时代的经历会对孩子关于幸福的感觉产生持续数十年的深远影响。根据近期研究的结果，这种影响甚至可以延续到孩子的下一代身上。

虽然弗洛伊德在判断童年早期的经历对人们终身的情绪健康状况的影响上颇有建树，但奇怪的是，在他几乎所有的研究中都对父母与孩子之间的早期关系对人类心灵的影响置若罔闻。这种影响在他自己身上似乎显得尤为真实。

多年以来，弗洛伊德由于恐惧乘坐火车而饱受困扰。根据弗洛伊德自己的说法，火车恐惧症第一次出现是在 1859 年，当时他才 3 岁。父亲的羊绒生意破了产，迫使弗洛伊德一家从奥匈帝国的小镇弗赖堡①迁居到维也纳。当全家人来到弗赖堡的火车站时，小弗洛伊德心里充满了恐惧：车站的灯光让他想到"在地狱中受折磨的灵魂"；他害怕他还没上车火车

---

① 今捷克共和国普日博尔市。——译者注

就出发了，带走他的父母，丢下他。在从那以后的很多年里，乘火车都会造成他的焦虑症发作。

他的人生受到了旅行恐惧症的很大限制。多年以来，他一直声称很想去罗马看一看，但由于他自称的"罗马神经官能症"（Rome Neurosisi）而未能成行。当弗洛伊德不得不与家人一起乘火车出门的时候，无论去哪里他都会给自己订一张单独的隔间的票，与妻子和孩子们分开坐，因为他觉得让家人看到他焦虑症发作的样子是很难为情的。他强制性地坚持要求比火车出发时刻提前几个小时到达火车站，3岁时初次经历的那种对于被火车扔下的强烈恐惧从未离他而去。

现代的临床治疗师可能会很自然地将弗洛伊德的旅行恐惧症归因于儿童时代对于被抛弃的恐惧。弗洛伊德自己却并不这么认为，他在1897年给他的朋友威尔海姆·弗里斯的信中表示，他相信引起自己焦虑症的原因是在从弗赖堡去维也纳的途中在隔间里看见了母亲的裸体。弗洛伊德猜测，在自己"对母亲的性欲被唤醒"的时期看见这一幕一定让他产生了性冲动，即使只有3岁，他当然也知道这样的乱伦欲望的禁忌本质，因此压抑了它。弗洛伊德的理论认为这一压抑行为造成了焦虑的产生，通过他的神经转变为对乘坐火车的恐惧。"你本人见过我的旅行恐惧症发作时最可怕的样子。"他提醒弗里斯说。

显然，弗洛伊德实际上并不能回忆起自己在火车上看到过母亲的裸体。他只是认为自己看到过，并且将这样的场景变成自己潜意识的想象。通过这一（牵强附会的）推测，他将火车恐惧症的根源总结为被压抑的性欲，而那些"在旅途中受到焦虑症发作的折磨"的人实际上是在保护自己"免受害怕乘坐火车而反复发生的痛苦体验的折磨"。

基于这样的（非常可能是想象出来的）经历，弗洛伊德常年对自己的恋母情结进行详尽地描述，并且认定这是"婴儿早期的普遍情况"。后来他最终将恋母情结放在了自己关于神经官能症的精神分析理论最核心的显著位置上。[①]

我小时候的分离焦虑症，以及成年之后持久的焦虑和依赖问题，是源于我压抑了对母亲的性方面的想法吗？我肯定没有这样的感觉。当然，弗洛伊德认为确实不会有这样的感觉：他的观点重点在于类似的感觉被压抑成了潜意识的想象，并且转变为对其他事物的恐惧——火车、高处、蛇或者其他任何东西。我承认存在如下事实作为对弗洛伊德的支持：我五年级时的初恋对象名叫安妮；我大学毕业后交往了三年的第一个女朋友名叫安；我在和安分手之后交往的女孩名叫安娜；我因为另一个女孩安妮离开了安娜；而我的妻子名叫苏珊娜。我母亲的名字呢？当然是安妮了。我曾经开玩笑说与这些安、安妮和安娜们谈恋爱降低了我叫错她们当中任何一个人的名字的可能性，因为即使是错误的名字听上去也很像是正确的。但是弗洛伊德会认为我在叫这些名字的时候其实处于很大的危险中——我在这些安、安妮和安娜们身上寻求的是我的母亲。我的恋爱由恋母情结决定的更深入的证据来自一个事实：我祖母的名字也是安娜，也就是说我的父亲也娶了一位名字与自己的母亲一样的妻子。

当然，关于弗洛伊德童年早期的经历是如何导致伴随他一生的焦虑症和火车恐惧症的，也存在与性方面相关性较低的解释。

弗洛伊德人生的最初几年伴随着失去亲人，以及他的母亲阿玛莉亚时有时无的关注。1856 年，就在弗洛伊德出生后不久，他的母亲又一次

---

① 根据弗洛伊德的恋母情结理论，男孩最大的焦虑是因对母亲的性欲而被父亲阉割惩罚，而女孩最大的焦虑源于阴茎的缺失。这种理论很大程度上来自弗洛伊德自己的回忆，就像他在给弗里斯的信里写的："爱恋母亲，嫉妒父亲。"

怀了孕，并且生下了另一个儿子尤利乌斯。尤利乌斯还不到 1 岁就因为肠道感染而夭折了。当时，弗洛伊德一家住在只有一个房间的公寓里，因此，当时正在蹒跚学步的弗洛伊德很可能近距离地目睹了弟弟的死亡和父母的反应。弗洛伊德的一些传记作家曾经认为尤利乌斯的夭折让阿玛莉亚患上了抑郁症，这使得她与弗洛伊德之间的关系疏远了，产生了距离（对于这个年龄段的孩子来说，如果他们的母亲患有抑郁症，他们将来有很大的可能性会患上焦虑症或者抑郁症）。由于得不到母亲的爱，弗洛伊德很自然地转向了另一个母亲的角色——在婴儿时期照顾他的保姆，一位捷克女天主教徒。但是在弗洛伊德年纪还小的时候，这位保姆便因为偷盗被当场抓住而进了监狱，他再也没有见过她。

具有逻辑的结论似乎应该是这样的：弗洛伊德的火车恐惧症是对他小时候遭受的一系列损失所造成的害怕被抛弃的一种反应，这些损失包括弟弟的夭折、母爱的缺失、主要照顾者的突然消失。但是弗洛伊德念念不忘证明他对于焦虑症和恋母情结源自性的那种解释。他会驱逐所有敢于质疑这些解释的核心地位的学生（包括阿尔弗雷德·阿德勒、卡尔·荣格和奥托·兰克）。

一切焦虑都可以溯源到出生时的焦虑。
——奥托·兰克 《出生创伤》（1924 年）

弗洛伊德的晚期研究中，他从被压抑的性欲导致焦虑症的理论转向了内心冲突的理论，他开始更加重视父母与子女的关系 [神经分析术语称为"客体关系"（object relations）] 与焦虑症之间有什么样的联系。

推动弗洛伊德的焦虑症理论最终转变的是他最忠诚的追随者之一撰

写的否定他的书籍。奥托·兰克是弗洛伊德的维也纳精神分析学会的秘书，他打算以自己 1924 年出版的《出生创伤》一书向他的导师致敬（本书献给弗洛伊德，"潜意识的探索者、精神分析的创始人"）。兰克用极大的篇幅阐述了他的基本论点——出生，无论是通过产道的生理动作，还是与母体分离的心理事实——都是一种巨大的精神创伤，这一体验成为日后一切焦虑体验的模板。兰克的这一观点是以弗洛伊德本人曾经提出的论点为基础的。1908 年，弗洛伊德在《梦的解析》第二版的脚注中曾经写道："人的诞生是第一次焦虑的体验，因此也是焦虑影响的来源和原型。"第二年，他在维也纳精神分析学会的一次演讲中重申了这一概念。[①]

但是《出生创伤》这部作品在解释上跨度过大，以至于连使用夸张的跳跃性解释的老手弗洛伊德本人都觉得它不够通俗，令人困惑。他在《焦虑问题》一书中拿出了整整一章的篇幅来与之划清界限。[②] 兰克提出的论点迫使弗洛伊德再一次深思童年经历与焦虑症之间有着怎样的关系。这让他对自己有关焦虑症的理论进行了修正。

在《焦虑问题》的最后一章中，弗洛伊德简要地提到了他所称的"生物学因素"，这指的是"人类的年轻个体长久的无助和依赖"。

弗洛伊德写道："人类的婴儿以比其他种群的幼仔更不完全的状态来

---

① 英国精神分析学家詹姆斯·斯特拉奇翻译了弗洛伊德的作品，他推测弗洛伊德关于分娩和焦虑之间的联系的理论可以追溯至 19 世纪 80 年代初，当时弗洛伊德还是内科医生，从一个助产士那里听到她宣称出生和一个人终生的害怕感觉有关。

② 兰克相信出生创伤能够解释一切：从亚历山大大帝那样的领土征服（动机为从父亲处"尝试将母亲占为己有"），到法国的大革命（试图颠覆"男性主导"，回归母体），到动物恐惧症（"通过被吃掉而使回到母亲的子宫中的愿望合理化"），再到信徒献身于耶稣基督（"他们可以从他身上看到战胜出生创伤的人"）。一些弗洛伊德后期的学生会抨击兰克为疯子，不是没有道理的。

到这个世界。"也就是说，人类在存活方面比其他动物显现出对母亲更高的依赖性。[①] 婴儿从一出生似乎就有一种本能的感觉，母亲可以提供寄托和援助，并且迅速地了解到母亲的出现等同于安全和舒适，而与之相反的是母亲的缺席等同于危险和不安。弗洛伊德观察到了这一点，他的结论是人类最早的焦虑在某种程度上也是此后一切焦虑的来源，它是一种对"客体的丧失"（the loss of the object）的反应——"客体"就是母亲。"'无助'（helplessness）这一生物学因素于是转化为对被爱的需要，这是人类无法摆脱的宿命。"弗洛伊德写道。第一次焦虑是由于失去母亲的照顾；在生命的其他部分里，"所爱的人的丧失……会给人带来新的、更加持久的患上焦虑症的危险和机会"。

在《焦虑问题》的结尾，弗洛伊德简要地阐述了成年人的恐惧性焦虑是人类进化适应性的遗留这一观点：对于雷暴雨、动物、陌生人、独处以及置身黑暗之中等的恐惧是针对自然状态下的真实危险的"先天性准备状态衰退的残迹"。对于原始人类来说，独处或者置身黑暗之中，或者被蛇和狮子之类咬伤（当然，还有婴儿与母亲分离）都是很平常的致命威胁。在以上这些方面，弗洛伊德比后来研究恐惧症的生物学家和神经科学家们捷足先登了数十年。[②]

---

① 大多数动物为胎生或卵生，一定程度上依赖亲代抚育存活，其中大多在出生时对父母的依赖性相对来说没有人类高。

② 弗洛伊德确实保留了一些对心理分析的热情，他提出儿童时期的恐惧症只能在是外部恐惧时才会变得特别严重或者持续至成年（比如对老鼠、高度、黑暗、雷声、空间的恐惧或者对蛋黄酱这种出现在文献记录中的恐惧），这是因为内在的精神冲突投射在了外部恐惧上。这样看来，恐惧症是本我（以及必须压抑的恶意冲动）和超我（以及严格的对良心和道德的要求）对自我的威胁的外在的象征性表现。

　　换句话说，年逾古稀的弗洛伊德在他人生最后几项工作的补充中终于向着现代科学对于焦虑症的理解迈进了一步，但那时已经太晚了。弗洛伊德的信徒们已经投入到了"恋母冲突"（oedipus conflicts）、"阴茎嫉妒"（penis envy）①、"阉割焦虑"（castration anxiety）以及"自卑情结"（inferiority complexes）（阿德勒）、"集体意识"（collective unconscious）（荣格）、"死亡本能"（death instincts）（梅兰妮·克莱茵）、"口腔期与肛门期滞留"（oral and anal fixations）（卡尔·亚伯拉罕）以及所谓的"好乳房与坏乳房"（the good breast and the bad breast）的幻想（又是克莱茵）的竞赛中去了。当这个领域在第二次世界大战前后不断发展的时候，整整一代人的主流精神分析观点都认为焦虑症是由被压抑的性冲动引起的。

　　父母在造成孩子出现对于恐惧的高度敏感性方面无疑扮演着主要角色，他们的行为并不是从道德谴责的角度来被审视的，而是由他们自己儿童时代的经历决定的。

　　——约翰·鲍尔比 《分离：焦虑与愤怒》（1973 年）

　　在揭开分离焦虑之谜并且将这一概念贴近现代精神病学中心方面贡献最大的人是英国精神分析学家约翰·鲍尔比，他将精神分析学从折磨人的理论过度延伸中拯救出来，其贡献无人能出其右。他在 20 世纪 30 年代师从弗洛伊德的门徒梅兰妮·克莱茵，后来发明了依恋理论。这一观点认为一个人的焦虑程度主要来源于他与小时候所依恋的人物之间关系的本质，最常见的情况下这个人就是他的母亲。

---

① 指女性想成为男性的潜在欲望。——译者注

　　鲍尔比出生于 1907 年，父亲是一位英格兰国王御用的贵族外科医生，因此他后来声称自己拥有"过硬的背景"。不过我们不难看出，鲍尔比和弗洛伊德一样，在临床方面和研究上的兴趣与他本人的童年经历有关。根据心理学家罗伯特·卡伦的描述，鲍尔比的母亲是一个"敏锐、冷酷、自我中心的女人，从来不会表扬孩子，并且似乎完全无视他们的情感生活"；鲍尔比的父亲存在感总体不强，可以说是个"肥胖的恶棍"。在 12 岁以前，鲍尔比家的孩子们是完全不能和父母一起吃饭的——12 岁后他们也只被允许和父母一起吃甜点而已。在约翰·鲍尔比年满 12 岁的时候，他已经在寄宿学校住了 4 年没有回过家了。对外他总是说父母是因为害怕第一次世界大战期间德国飞艇会向伦敦投掷炸弹才让他离家躲避的；然而私下里他承认自己讨厌寄宿学校，而他自己是连年龄这么小的一只狗都不会送走的，别说是一个孩子了。[1]

　　生活在比鲍尔比更早的时代的精神分析学家总体上对于父母与孩子之间的日常关系兴趣不大。他们真正的兴趣专注在母乳喂养、如厕训练和（尤其是）孩子目睹父母发生性行为的情况这些方面。鲍尔比后来回忆说，任何将过多精力放在孩子的真实经历上（而不是内心幻想上）的人"都被认为幼稚得可怜"。在他还在医学院读书的时候，有一次他带着沮丧的心情观看在英国精神分析学会展示的一系列追溯父母的情绪障碍与他们儿童时期的幻想之间关系的案例研究时，由于再也无法忍受这些，他脱口而出："可是真的有坏母亲这种人存在呀！"这类情况没让他在精神分析学家那里留下好的印象。

　　1938 年，鲍尔比在精神分析学派的大人物们面前仍有良好的声誉，

---

[1]　罗伯特·卡伦观察到鲍尔比在他长年关注儿童成长的研究中，写的所有东西"都可以视为对他自己所遭受的抚养方式的控诉"。

他被分在以弗洛伊德学派的资深女学者梅兰妮·克莱茵①为首的小组中。

鲍尔比很快发现与克莱茵在很多方面观点相左：比如婴儿受到仇恨、性欲、嫉妒、虐待、死亡的本能的影响，对于压抑的超我非常愤怒；而神经官能症的出现是因为"好的乳房"与"邪恶的乳房"之间的冲突。克莱茵本人在大多数情况下是个令人讨厌的人；鲍尔比后来形容她是个"自负得可怕的老女人，总爱操纵别人"。但是最令他惊骇的是克莱茵对母亲与孩子之间真实关系的无视。他在克莱茵的监督下处理的第一个案例是一个患有焦虑症和多动症的男孩。鲍尔比立刻注意到他的母亲是一位"极其焦虑、痛苦的女性，紧握着双手，表现出一种紧张、不高兴的状态"。对他来说，似乎很明显这位母亲的情绪问题是造成孩子的问题的原因，而明智的治疗方案中应该包括为母亲进行心理咨询。但是克莱茵禁止鲍尔比与这位女士交谈。当这位母亲在一次精神崩溃之后最终住进精神病院时，克莱茵的反应是由于要另找一位病人而非常恼怒，因为再也没有人带那个小男孩来做预约好的治疗了。"这位可怜的女士出现精神崩溃的事情对克莱茵来说没有任何临床兴趣。"鲍尔比后来说，"非常坦率地说，这把我吓坏了。从那一时刻开始，我的人生任务就是为了证明真实的生活经历对成长有着非常重要的影响。"

1950年，世界卫生组织精神健康部门的负责人罗纳德·哈格里夫斯

① 梅兰妮·克莱茵出生于维也纳，受训成为幼儿园老师，在结束一段不幸的婚姻后接受弗洛伊德最紧密的学生桑多尔·费伦齐（心理分析学家）和卡尔·亚伯拉罕的心理分析治疗，后来她自己成为弗洛伊德最重要的追随者和解读者之一。1926年，42岁的克莱茵移居伦敦，在那里受到了英国精神分析学会的会长、弗洛伊德思想最忠诚的守护者欧内斯特·琼斯的赏识。她来到伦敦，由于在对儿童的分析和治疗上无法与弗洛伊德的女儿安娜·弗洛伊德达成一致，促使了克莱茵学派和安娜·弗洛伊德学派的分裂，分裂一直持续到第二次世界大战结束。

收到了来自鲍尔比的一份报告，内容是关于数千名由于第二次世界大战而无家可归的欧洲儿童的心理问题。鲍尔比的报告题为《母爱与精神健康》，敦促各国政府认识到母亲的爱对于精神健康的重要性"就如同维生素和蛋白质对于身体健康的重要性一样"。现在看起来这可能有些奇怪，但是在 50 年代的时候人们对于父母的抚育对子女成长的影响并没有太多的认识。特别是在精神病学领域，这一领域的治疗方案往往仍然专注于处理内心的幻想。①

鲍尔比最初主要研究当孩子由于战争或者疾病的侵袭而与父母分开时会发生什么。精神分析和行为主义理论认为只要孩子的基本需求（食物、住所）得到照顾，与母亲分开并没有多大影响。鲍尔比发现这完全不正确：只要儿童与母亲分开较长的一段时间，他们往往就会出现严重的焦虑。鲍尔比想知道，儿童时期与父母长时间的分离会不会导致日后患上精神疾病。他怀疑，那些分离重聚后变得依赖性过强的孩子长大后会成为更需要别人关爱、更神经质的人；而那些表现出敌意的孩子长大后可能会回避亲密关系，难以建立深入的人际关系。

从 20 世纪 40 年代到 50 年代，鲍尔比在担任伦敦一家健康诊所的儿童部负责人的同时，开始探索母亲与孩子之间早期的日常关系（他称之为"依恋模式"）是如何影响孩子的心理健康的。他一次又一次地发现了相同的模式。当母亲与自己婴幼儿时期的孩子保持"安全型依恋"关

---

① 19 世纪 90 年代初，弗洛伊德在他最早的关于癔症的著作中认为成人神经症是真实的童年创伤的产物，大多数和性的本质有关。然而到 1897 年时他已经对这个观点进行了修正，转而支持自己新提出的恋母情结的概念，他认为成人神经官能症是压抑童年幻想——和双亲中的异性性交，杀死双亲中的同性——的结果。没有患神经症的成年人是成功战胜恋母情结的，而患病的则是没有战胜恋母情结的。

系——母亲平静、和蔼可亲，但又不过分管束和保护孩子——的时候，孩子会更加平静、更加敢于冒险、更加幸福，他们在与母亲保持亲近与探索自己的环境之间保持着健康的平衡。

鲍尔比认为，拥有安全型依恋的孩子能够建立一套母爱的"内部工作模型"，并与之相伴，终身受益。这是一种内在化的安全感，一种被爱的、安全的感觉。但是当母亲与幼儿之间的依恋关系是"不安全"或者"矛盾"的——如果母亲比较焦虑、过度保护孩子，或者情感上比较冷淡和孤僻——孩子就会更加焦虑，更加缺乏冒险精神。他们会非常依恋母亲，会对任何与母亲的分离表现出焦虑不安。

此后的 40 年间，鲍尔比和他的同事们形成了一套依恋模式的分类方法。儿童时期的安全型依恋预示着较低的焦虑水平和成年后人际关系中健康的亲密程度。矛盾型依恋指的是最为焦虑地依附于母亲的孩子，他们在新的环境中表现出高度的心理唤醒，而且相比探索世界，他们更关心的是监控母亲的行踪。这预示着成年后较高的焦虑水平。[1] 儿童的回避型依恋指的是孩子在与母亲分离之后往往出现疏远，预示着成年后不喜欢亲密的关系。[2]

在协助鲍尔比研发出这套依恋模式的分类法方面贡献最大的人是心

---

[1] 成人恋爱关系中矛盾型依恋的一方的特征是具有依赖性和害怕被抛弃。

[2] 回避型的成年人会故意逃避亲密关系，通常是工作狂；他们在幼年时相比于母亲更喜欢玩具，成年后更喜欢工作而不是家庭（尽管回避型的人看起来没有矛盾型的那么焦虑，但是鲍尔比开始认为事实并非如此）。20 世纪 70 年代开始的一系列研究的结果表明，在分离时，回避型依恋的儿童的和焦虑相关的生理唤醒水平提高——心率加快，血液中应激激素的分泌增多等——他们看起来正经受着身体上明显的悲痛，但有能力（适应性的，或者非适应性的）克制住，不让感情外露。

理学家玛丽·爱因斯沃斯。1929 年，还在多伦多大学读大一的爱因斯沃斯饱受感觉自己能力不足的困扰。那一年她选修了威廉·布拉茨的变态心理学课程。布拉茨是一位心理学家，他的安全理论认为儿童对幸福的感觉源自与父母的亲近，儿童成长发育的能力取决于父母是否能够始终在被需要的时候出现。爱因斯沃斯由于自己长期缺乏安全感而被布拉茨的课程吸引，她继续攻读了心理学的研究生，最终在 1939 年成为多伦多大学心理学系的一名讲师。但是后来她的丈夫决定去英格兰读研究生，因此她得在伦敦找份工作。一位朋友给她看了《泰晤士报》上的一则广告，内容是一位精神分析学家就幼儿与母亲分离对其成长的影响的研究寻求帮助。爱因斯沃斯非常渴望了解她与自己那自私、冷漠的母亲之间的关系，于是提出申请。聘用她的正是约翰·鲍尔比——依恋理论发展过程中的核心合作关系就此开始了。

爱因斯沃斯为这一领域做出了两个青史留名的贡献。第一个发生在 50 年代中期，当时她陪伴丈夫前往乌干达的坎帕拉。在坎帕拉，爱因斯沃斯从当地的村庄中选定了 28 个尚未断奶的婴儿，并开始观察他们在家中的表现，研究自然环境下的依恋行为。她一丝不苟地做记录，追踪哺乳、如厕训练、洗澡、吮吸拇指、睡眠安排、愤怒和焦虑的表达、喜悦和伤心的表示，同时她也观察了母亲是如何与孩子进行互动的。这是迄今为止进行过的最广泛、最自然的观察。

爱因斯沃斯初到乌干达的时候，她认同弗洛伊德学派与行为主义者的观点，那就是婴儿对母亲的情感依恋是哺乳的一种继发关联：母亲提供乳汁，乳汁提供舒适，于是婴儿最终将这种舒适的感觉与母亲联系在了一起；在母婴关系中，本身没有什么是与生俱来的，这与食物供给不同，但在心理学上显著相关。但是当爱因斯沃斯整理她一丝不苟的记录材料时，她的想法改变了。她的结论是，弗洛伊德学派和行为主义者错了，而鲍尔比是对的。当婴儿开始自己爬行，探索周围的世界时，他们会反复地返回与母亲联系——要么是回到母亲的身边，要么是通过交换令人放心的目光或者微笑——而且总是显得充分准确地了解他们的母亲在哪里。爱因斯沃斯在描述她观察到婴儿初次开始爬行的时候写道，母亲似乎提供了一个"安全基地"，让婴儿在探索的过程中不会出现焦虑。安全基地此后会成为鲍尔比的依恋理论的关键要素。

爱因斯沃斯注意到有些婴儿几乎永远都非常黏他们的母亲，与母亲分开便号啕不止，反之，其他婴儿看起来比较冷漠，能够在没有表现出明显痛苦的情况下忍受与母亲的分离。这是否说明那些对此反应冷淡的婴儿不如黏人的婴儿那么爱他们的母亲，某种程度上对母亲的依恋更少呢？还是就像爱因斯沃斯怀疑的那样，这意味着黏人的婴儿与母亲的依恋关系事实上才是不那么安全的依恋型呢？

最终爱因斯沃斯认为这 28 个乌干达婴儿中有 7 个属于"不安全依恋型"，并对他们进行了仔细的研究。是什么让他们如此焦虑和黏人？大部分情况下，这些具有不安全感的婴儿所获得的母爱似乎并不比其他婴儿少；他们也没有经历过过度的或者造成创伤的分离，而那些情况是可以解释他们的焦虑的。但是当爱因斯沃斯更加近距离地观察时，她开始注意到关于这些具有不安全感的婴儿的母亲们身上的一些东西：其中一些母亲"高度焦虑"，被自己注意力所在的事情搞得心烦意乱——她们往往被丈夫抛弃，或者家庭生活一片混乱。不过她仍然无法明确指出引起分离焦虑或者不安全依恋的特定母性行为。

1956 年，爱因斯沃斯移居美国，并开始在约翰·霍普金斯大学任教。她一心要弄清楚依恋行为是不是跨文化统一的，便决定设计一项能够验证这个观点的实验。

这项新诞生的实验被爱因斯沃斯命名为"陌生情境实验"，从那时至今它一直是儿童成长研究的一项基本内容。实验的程序非常简单。母亲和孩子被置于一个不熟悉的环境中——一个有很多玩具的房间里——婴儿可以自由地活动。接着，在母亲仍在场的情况下，让一位陌生人进入房间。婴儿会做何反应？随后母亲离开房间，让孩子和陌生人留在房间里。婴儿对此又会做何反应？最后母亲返回房间，婴儿又会对与母亲再次见面做出怎样的反应？实验可以在没有陌生人参与的情况下重复进行——母亲把孩子单独留在房间里，一段时间后返回（坐在双面镜后面的研究人员可以观察到所有情况）。此后的数十年里，这项实验被重复了成千上万次，为我们提供了大量的数据。

这项实验带来了一些有趣的见解。在实验的第一阶段，婴儿会探索房间里的环境，一边看着那些玩具一边频繁地向母亲征询意见。这说明婴儿以"安全基地"为出发点的心理需要的确是跨文化统一的。但是婴儿在与母亲分开时的痛苦程度差异是极大的：大约一半的婴儿在母亲离开房间后哭了起来，部分婴儿出现了严重的烦恼，好不容易才恢复过来。当母亲返回时，这些痛苦的婴儿既会黏着她们，还会打她们，同时表现出愤怒和焦虑。爱因斯沃斯将这些缺乏安全感的婴儿的依恋模式标注为"矛盾型"。更加吸引爱因斯沃斯的是被她标注为"回避型"依恋模式的那些婴儿：他们似乎对母亲的离开完全淡漠，几乎没有受到干扰。表面上看，他们很健康，调整得很好。但是爱因斯沃斯相信——而且大量研究最终也支持了她的观点——这些回避型的婴儿表现出的自立和平静事实上是防御机制的产物，是一种为应对母亲的排斥而设计的情绪麻木。

在爱因斯沃斯收集数据的过程中出现的最有力的事实是母亲的教养

方式与孩子的总体焦虑水平之间存在着强大的关联。被研究人员判定为安全型依恋的孩子们的母亲对她们的孩子发出的表示烦恼的信号反应速度更快，拥抱和爱抚孩子的时间往往更长，并且明显比矛盾型与回避型的孩子的母亲更能从中获得快乐（安全型依恋的孩子的母亲并不一定要与孩子互动得更多，但她们互动得更好，更富有深情，更有求必应）。回避型孩子的母亲表现出的排斥行为是最多的；矛盾型孩子的母亲则表现出最严重的焦虑，并且到目前为止的研究显示，她们对孩子的回应也是最难以预测的——有时是关爱，有时是排斥，有时是心不在焉。爱因斯沃斯后来写道，母亲回应的可预测性对于决定孩子未来人生中的自信和自尊起着重要的作用；对孩子表示烦恼的信号迅速而温暖地做出可以预测的回应的母亲拥有更平静、更幸福的孩子，他们未来会更自信、更独立地成长。

之后的几十年中，依恋模式与心理健康之间的关联得到了大量不同的衡量方法的反复证实。①20 世纪 70 年代，由明尼苏达大学的研究人员首先开始进行的一系列颇具影响力的纵向研究发现，安全型依恋的孩子们在完成实验任务时要比焦虑型依恋的孩子们更高兴、更热情、更执着、更专注，在控制自己的冲动方面做得也更好。几乎在研究人员设计的每一项测试中，安全型依恋的孩子的表现都要超过矛盾型依恋的孩子：他们有更强烈的自尊心，更好的"自我复原"能力，焦虑程度更低，更加独立，甚至更受到老师的喜爱。此外，他们还更多地表现出对他人的移情——也许是因为非安全型依恋的孩子更倾向自我关注，而不是去适应他人。安全型依恋的孩子看起来更享受生活：没有任何一个矛盾型依

---

① 由于鲍尔比和爱因斯沃斯的影响力，20 世纪 80 年代，美国高校的心理学系里研究依恋理论的学者人数极多。——译者注

恋的孩子在微笑、大笑或者表达喜悦方面能够达到安全型依恋的孩子的水平。许多矛盾型依恋的孩子即使是在遇到微小的压力时往往也会出现崩溃。

这样的影响能够持续几年，甚至几十年。安全型依恋的孩子在少年时期更容易交到朋友，但那些矛盾型依恋的孩子却因为承担不起游走于社交群体中带来的焦虑，往往最终没有朋友，被大家疏远。研究发现那些母亲属于矛盾型依恋模式的成年人往往做事更拖拉，更难以集中注意力，更容易由于对自身人际关系的担忧而分心，而且——也许是以上这些结果——他们的平均收入比母亲属于安全型依恋和回避型依恋的人群都要低。最近 30 年里的许多研究表明，婴儿和童年时期的不安全型依恋在很大程度上预示着成年后会出现情感障碍。一个和母亲之间是矛盾型依恋关系的两岁小女孩成年后的爱情关系通常更有可能受到嫉妒、怀疑和焦虑的困扰；她会总是寻求（很可能无法成功）安全、稳定的关系，这种关系是她和自己的母亲之间所不具备的。一位焦虑、黏人的母亲所生下的女儿成年后也很可能会成为一位焦虑、黏人的母亲。

由于童年时期的不良经历而成长为焦虑型依恋的母亲会倾向于从她自己的孩子那里寻求关爱，因此导致孩子变得焦虑、内疚，也许还会患上恐惧症。

——约翰·鲍尔比 《安全基地》（1988 年）

第二次世界大战后，神经化学研究显示无论是儿童还是成人在感到压力的时候，大脑中都会发生一系列的化学反应，产生焦虑和情绪烦恼；回到安全基地（母亲或者配偶）后，大脑中会释放出内生的镇静剂，使人放松并获得安全感。为什么会这样呢？

早在 20 世纪 30 年代，已经全神贯注在母子联系的研究中的约翰·鲍尔比发现了符合早期动物行为学家研究成果的情况。动物行为学是一项关于动物行为的科学研究，这显示鲍尔比在人类身上观察到的许多依恋行为在所有哺乳动物中是普遍存在的，同时它为这些行为提供了进化论的解释。

早期依恋行为适应进化的好处不难理解：把孩子留在身边有助于母亲保护他们的安全，直到他们有能力照顾自己。因此，鲍尔比意识到几乎纯粹从自然选择的角度来解释分离焦虑是完全可能的：心理机制存在一个适应值，它鼓励任何种群的母亲和孩子互相保持较近的距离，让它们每当分开时便会产生烦恼；那些倾向于在烦恼时依附自己的母亲的孩子可能会比他们的同伴获得更大的达尔文优势（进化优势）。

由于鲍尔比试图将焦虑的来源从幻想的领域拉出来，带入动物行为学的世界中去，他疏远了自己精神分析学派的同事们。[①] 20 世纪 50 年代初，当鲍尔比第一次将自己新兴的研究发现公之于众时，遭到了来自两方面的攻击：既有精神分析学家，也有行为主义者。行为主义者认为，母子联系并没有与生俱来的重要性，它与分离焦虑的相关性来源于"继发性获益"（secondary gains）——食物的供应、乳房带来的安慰——孩子开始将它与母亲的存在联系在一起。行为主义者们还认为，依恋甚至

① 尽管弗洛伊德晚年写到了惊恐性焦虑的进化学基础，但是他转变到这种思路的时间太迟，没有对他的追随者造成什么影响，这些追随者当时还在满世界地传播精神分析学的福音。至少直到第二次世界大战结束，精神分析的理论家们还将"阉割恐惧"、被压抑的超我和升华的死亡本能视为焦虑症的"基石"——按照鲍尔比的话说。鲍尔比相信，如果弗洛伊德对达尔文的著作有更加全面的了解，精神分析学的文献中应该会吸纳更多有说服力的生物学原理。

并不存在，它其实只是因为母亲满足了一些特定的需求——主要是食物。鲍尔比不认同这样的观点。依恋行为（以及分离焦虑）是植根在动物，包括人类体内的，不受食物与母亲之间关联的支配。为了维护这一论点，鲍尔比引用了康拉德·劳伦兹在 1935 年发表的颇具影响力的论文《鸟类的感情世界》。劳伦兹在文中揭示，小鹅会对成年鹅产生依恋，有时甚至会对并不喂养它们的对象产生依恋。[①]

弗洛伊德学派的学者们认为鲍尔比所依靠的动物行为模型忽视了一些使得人类思想有别于其他动物的内心进程，比如本我与超我之间的斗争。一次，当鲍尔比在英国精神分析学会做完一份分离焦虑的早期论文的展示之后，学会在随后的多次会议上全部安排那些想要"痛击"他的批评者来做展示。当时有许多人呼吁因为他的"变节"应该将他"扫地出门"。

正当精神分析学派针对鲍尔比的批评甚嚣尘上的时候，他得到了来自动物研究领域注入的令人振奋的支持。1958 年，美国心理学会主席，来自威斯康星大学的心理学家哈里·哈洛在《美国心理学家》杂志上发表了一篇题为"爱的本质"（The Nature of Love）的论文。哈洛在文中描述的一系列实验，如今已经成为所有心理学入门课程的固定内容。

这些实验的产生可以说是无心插柳的结果。哈洛的实验室里的许多恒河猴感染了致命的疾病，因此他将 60 只刚出生几个小时的幼猴从它们

---

① 20 世纪 50 年代末期，鲍尔比在英国精神分析学会的同事面前做了一系列关于"孩子对母亲依赖的本质"的演讲时，试图将自己的内容完全控制在弗洛伊德传统学说的框架内。对他的演讲的反应相当刺耳。"对鹅进行精神分析有什么用？"精神分析学家汉娜·西格尔后来这么问 [被奥格登·纳什（美国怪诞诗人）附体似的]，对鲍尔比求助于动物行为学的方法嗤之以鼻。"婴儿才不会跟着母亲，人又不是鸭子。"另一位精神分析学家轻蔑地说。

的母亲身边带走，在无菌环境中进行饲养。这一方法奏效了：被分离出来的猴子没有染上疾病，即便在和母亲分开的情况下，它们的身体发育看上去也很正常。但是哈洛观察到它们的行为中存在一些奇怪的地方。例如，它们会拼命地抓住用来划分笼子地面的布尿布不撒手。那些被放在没有布料的网格笼子的猴子似乎挣扎着身体想要活下去；如果给它们一个用毛巾布盖着的网格椎体，它们的情况会好一些。

这让哈洛产生了一个测试自己和鲍尔比一样一直深感怀疑的假说的想法：这个概念是由精神分析学家和行为主义者推动的，认为婴儿对母亲产生依恋仅仅是因为母亲给他喂食。尽管哈洛同意母亲与食物之间的关联可能会提供一种"次级增强剂"（secondary-reinforcing agent，行为主义术语），但他并不认为婴儿时期的喂食足以对此后持续数十年的母子关系（爱和情感）做出解释。哈洛想，能不能用那些被分离出来的恒河猴来研究孩子对母亲的爱的根源呢？他决定试一试。

哈洛将 8 只与它们的母亲分开的幼年恒河猴分别放在不同的笼子里，每个笼子里都放有两个他称为"替身母亲"的奇妙装置，一个是用铁丝网做成的，另一个是木头做的，但是用毛巾布盖起来。在其中 4 个笼子里的铁丝网替身上粘着一个能提供乳汁的橡胶乳头；另外 4 个笼子里的橡胶乳头则是粘在布盖着的替身上的。如果行为主义的假定是正确的，也就是说依恋仅仅是与喂食有关的副产品，那么幼猴应该总是被拥有乳头的替身所吸引。

事实并非如此。相反，这 8 只幼猴全部投向了布替身，每天有 16~18 个小时抱着它不放，即使是在铁丝替身提供乳汁的情况下也是如此。这是对分离焦虑的行为主义理论毁灭性的一击。如果猴子更喜欢和松软的、让人想拥抱但并不喂它们食物的东西在一起，而不是和能够提供食物的金属物体在一起，行为主义者们假定的缓解饥饿便不可能是结合进程中有效的那种关联。①

鲍尔比碰巧参加了美国心理学会在加利福尼亚州蒙特利举行的会议，正是在那次会议上哈洛第一次展示了他的论文《爱的本质》。鲍尔比立刻意识到哈洛的工作与他的工作之间的相关性，他们两人为了共同的事业联合了起来。随后几年中，其他一些研究重复了哈洛最初的实验结果。对鲍尔比来说，这是保护他免受弗洛伊德学派和行为主义者攻击的无罪辩护。"从那以后，"鲍尔比后来写道，"就没有再听到说我们的假设本质上就不可信的言论了，批评也变得更富有建设性了。"

哈洛的研究与鲍尔比的依恋关系观点之间存在的相关性其实比当时任何人所知道的还要多。后来，哈洛最初的研究中使用的猴子受到了分离实验造成的影响的长期困扰。尽管幼猴看上去与没有生命的布制替身母亲建立亲密关系，这显然还是无法代替真实的母子关系：这些猴子在它们后来的生活中很难和同类相处，并且表现出不正常的社交行为和性行为。作为父母，它们虐待孩子，甚至可以说非常残忍；在面对新鲜事物或者压力时，它们会变得更为焦虑、羞怯、烦躁——这正是鲍尔比在他针对经历过与母亲分离或者关系紧张的人的研究中观察到的。所有这些都是童年时期的分离与依恋的经历会产生长期影响的强大证据。②

此后的几十年里，数百项其他的动物实验都支持了这些发现。剑桥

---

① 猴子的行为和鲍尔比在儿童身上观察到的还有其他相似之处。当哈洛将一个新的物品放入笼子，猴子便会不安地跑向"替身母亲"，蹭它，直到感到得到了安慰；它们平静下来后，就会开始调查这个物品，并和它玩耍，把"替身母亲"当成——援引一下鲍尔比和爱因斯沃斯即将用到的短语——"安全基地"。

② 就像在心理学史上司空见惯的那样，哈洛无法将他在婴儿—双亲关系方面的研究成果应用到自己的生活中去：他死时酗酒、抑郁，和孩子疏远。

大学的动物行为学家罗伯特·欣德指出幼猴只要与母亲分开几天，即使在 5 个月后将它们放在新的环境中时，它们仍然会比对照组的猴子显得更加胆怯。哈里·哈洛后来发表的一篇论文观察到某些关键的母亲教养风格，比如"几乎完全接受幼猴的一切（幼猴做的任何事都是对的）"以及对幼猴"开始向母亲能够触及的范围之外突围"的严格监督——预示着幼猴成年之后会具有更强的适应能力。近期关于恒河猴的研究发现"腹侧接触（用大白话说就是拥抱）的开始"能够减少交感神经系统的冲动；那些较少获得母亲拥抱的猴子探索周围环境的行为也更少，而且在成年后会更多地表现出焦虑或抑郁行为。换句话说，如果母猴悉心照料和保护它们的幼仔，幼仔能够更加健康和幸福地成长——这完全符合玛丽·爱因斯沃斯对人类母婴互动一丝不苟的长期观察中记录的情况。

记住，当你忍不住要宠爱自己的孩子的时候，母爱是一种危险的工具。
——约翰·华生 《婴幼儿的心理照顾》（1928）

哈洛、鲍尔比以及他们同一时代的人们所做的实验还是相当粗糙的；他们强迫的分离非常严苛，建立的环境与现实生活也并不相同。但是在 1984 年，哥伦比亚大学的一群研究人员设计出了一种方法，能够更加接近地估计自然环境中发生的分离和依恋行为的范围。

这种方法研究人员称为可变觅食需求（variable foraging demand，VFD）范例，其背后的想法是改变母亲提供食物的可获得性会给她与孩子的互动方式带来变化（灵长类动物学家通过在野外的广泛观察已经了解到了这一点）。在可变觅食需求实验中，研究人员操纵了猴子母亲获得食物的难易程度：在低觅食需求的时间段里，食物随意地暴露在灵长类笼舍周围散布的容器里；而在高觅食需求的时间段里，食物会更难以获取，它们被埋在木片堆里，或者藏在木屑下面。一个典型的可变觅食需求实验包括一个为期两周的容易获取食物的周期，接着是一个为期两周的难以找到食物的周期。

结果并不令人意外，灵长类母亲在高觅食需求的时间段比低觅食需求的时间段里压力更大、照看自己孩子的时间更少。平均而言，那些母亲经历了持续的高觅食需求期的冠毛猕猴平均而言在发育过程中出现了更多的社交和生理问题。但是可变觅食需求期被证明甚至比持续的高觅食需求期更具压力。也就是说，灵长类母亲在不可预见是否有食物的时候比一直很难找到食物的时候压力更大。

杰里米·柯普兰是纽约州立大学州南部医学中心的神经心理医药学负责人，从事可变觅食需求实验已经有 15 年了。他表示这些实验似乎会引起母亲与幼仔之间的"功能性的情感隔阂"。压力下的母亲变得对它的幼仔来说"从心理上不亲近"了，正如不堪压力的人类母亲（比如阿玛莉亚·弗洛伊德）可能会变得心烦意乱、疏忽自己的孩子一样。

行为上的转变可能显得比较微妙：压力下的母亲仍然会对幼仔做出回应，它们只是往往比没有压力的母亲做得更慢一些，效果更差一些，但影响是强有力的。在一系列实验中，柯普兰和他的同事们发现，参加可变觅食需求实验的母亲的孩子们血液中存在比没有参加可变觅食需求实验的母亲的孩子们更高浓度的应激激素。这表明母亲的焦虑被传给了孩子。值得注意的是，母亲的焦虑与孩子的应激激素之间相关性的持续时间：在柯普兰在首次实验 10 年之后，对当初那些涉及可变觅食需求实验的幼仔做检测的时候，它们的应激激素水平依然高于对照组的猴子们。在被注射了引起焦虑的化学物质之后，它们的反应相对于其他猴子来说显得过度活跃。很明显，这些涉及可变觅食需求实验的猴子的焦虑程度永久地高于同类了：它们不爱社交，更喜欢退缩，而且更多地表现出服从性的行为；它们还呈现出自主神经系统活动提高和免疫反应受损的情况。这为鲍尔比在半个世纪之前提出的观点提供了有力的生理学证据：婴儿时期的养育（不仅是那些明显造成创伤的经历，还包括细微的经历）对孩子的幸福感存在心理和生理上的影响，并且甚至一直持续到他们成年以后。柯普兰的团队总结认为即使是母子关系短暂的中断也会使得"对成人焦虑症起核心作用"的神经系统的发育发生改变。①

最近 20 年中这一实验以不同版本重复了多次，不断地呈现出相似的结果：童年时期短暂的压力，甚至是母子关系方面轻微的紧张都会在灵

---

① 对啮齿动物的相关研究也得出了一致结论：母鼠对幼鼠舔触的次数会对幼鼠对压力的耐受性产生终生的强大影响——幼鼠受到越多的舔触，成年后对压力的免疫力就越强。从母鼠处得到更多舔触的老鼠展示出自发性神经系统活动的减少——下丘脑—垂体—甲状腺轴中的活动水平降低——同时伴随着对压力的耐受力的增强。这些被舔触较多的老鼠在对压力的反应上拥有研究人员称为"有放大的'关'的开关"；增加舔触仅仅四天，老鼠杏仁核中的活动就减少了。作为对照，较少受到母亲舔触的老鼠会展现夸张的压力反应。

这些影响是适应性的，哪怕看起来是具有负作用的。幼时受到较少舔触的老鼠容易害怕，学习避开恐惧的环境的速度较快——这在严酷或危险的环境中是有用的适应性行为。事实上，在自然的状况下，危险的环境首先导致了较少的舔触，因为母鼠的注意力会放在觅食和躲避外部危险上，而不是浪费在对孩子的爱的表达上。受到高水平母爱的老鼠不那么容易害怕，更具有冒险性，学习躲避威胁的速度较慢——在稳定的环境中，这是有利的适应性行为；但在危险的环境中，却是不利条件。

长类的神经化学方面产生持久的后果。[①] 甚至还有有力的证据表明参与了可变觅食需求实验的灵长类母亲的孙辈从出生起就有着更高的皮质醇水平，生命最初的短短几周的轻微压力的影响就这样一代一代地遗传了下去。

研究人员在精神创伤受害者的后代身上发现了类似的证据：有心理生理证据显示，纳粹大屠杀幸存者们的子女，甚至是孙子孙女，相对于那些没有经历过大屠杀的同种族同龄人的子女和孙辈，都表现出了更强的压力和焦虑冲动，比如多种应激激素浓度的升高。当向这些幸存者的孙辈们展示令人产生压力，但与大屠杀并没有直接关联的图片（例如在索马里发生的暴力事件）时，他们比其他同龄人在行为和生理方面都表现出了更加极端的反应。约翰·利文斯通是一位专门治疗精神创伤受害者的精神病医生，他告诉我："这就好像是创伤的经历与身体组织附着在了一起，并且传递给了下一代人似的。"

如今，大量的研究支持母亲对孩子的爱的总量和质量对孩子在未来的人生中的焦虑程度有着重大影响。发表在《流行病学与公众健康》杂志上的一项近期研究中对罗德岛的普罗维登斯 20 世纪 60 年代初出生的462 名婴儿进行追踪，一直到他们 35 岁。在实验对象还是婴儿的时候，研究人员观察他们与母亲之间的互动，并且在一个范围从"无"到"过度"的量表上给母亲的感情水平评级（大多数母亲——总数的 85%—

---

① 神经系统科学的研究开始为早年压力造成精神机能障碍的特殊机制寻找具有启发性的证据。从本质上说，童年时期升高的应激激素水平及作用在脑部的血清素和多巴胺系统上的反作用有关，这些都是导致临床焦虑症和抑郁症的有力原因。神经成像研究也显示了长期的童年压力很可能产生科学家称为神经病理学上的后果。例如，大脑中对制造新记忆至关重要的海马体会部分出现萎缩。

一的评级是"温暖",或者说是正常)。当心理学家们在 34 年之后访问这些实验对象的时候,那些母亲的感情曾经被评为"过度"或者"宠爱(第二高的等级)"的人相比其他人更少地表现出焦虑,也更少地经历身心失调的症状。

这似乎说明约翰·鲍尔比的观点是正确的:如果你想要养育一个适应能力强、不受焦虑困扰的孩子,最佳的方法并不是行为主义的鼻祖约翰·华生所给出的,他曾经断言:"记住,当你忍不住要宠爱自己的孩子的时候,母爱是一种危险的工具。"在他 1928 年出版的著名的育儿书籍中,华生警告说母爱对于孩子的性格培养可能存在危险的影响。"绝不要拥抱和亲吻孩子,绝不要让他们坐在你的膝盖上。"他写道,"如果必须要亲他们,就在他们说晚安的时候亲一下他们的额头吧。早上和他们握一握手。如果他们在一项困难的任务上干得特别漂亮,轻轻拍一下他们的脑袋吧。"换句话说,对待孩子"要像对待年轻人一样"。鲍尔比本人小时候就是以这样的方式被抚养的,他的想法或多或少与此相反:如果你想给孩子灌输安全基地的概念以及抵抗焦虑和抑郁的能力,你应该慷慨地向他们倾注爱与感情。

到 1973 年出版自己的经典著作《分离:焦虑与愤怒》时,鲍尔比确信成年人几乎所有形式的临床焦虑[①]都可以追溯到幼儿时期与首要依恋人物(几乎总是母亲)之间的不良经历。近期的研究结果继续为这一观点提供了大量支持性证据。2006 年,来自一项跨度 40 年的明尼苏达州从出生到成人的风险与适应性研究的新结果发现,不安全型依恋的婴儿在青春期明显比安全型或者回避型依恋的孩子更容易患上焦虑症。幼儿时期

---

① 例外是特定的动物恐惧症。这在鲍尔比和弗洛伊德看来源自错误的进化适应性。

的不安全型依恋会造成童年时期和成年后对被抛弃的恐惧，并且导致一种基于"慢性警惕"（chronic vigilance）的应对策略：那些孩子焦虑地审视周围的环境，寻找他们不定时亲近自己的母亲的踪迹，他们往往在长大后会永远焦虑地审视周围的环境，寻找可能存在的威胁。

鲍尔比的依恋理论完美而简洁，有着言之成理、通俗易懂的进化论基础。如果你的父母在你还是个婴儿的时候提供了安全基地，而且你能够将它内在化，那么你就更有可能带着安全感和心理上的安定度过一生。如果你的父母没能提供安全基地，或者他们提供了，但是被精神创伤或者分离打断了，那么你更有可能要忍耐焦虑和不满的一生。

他们弄糟了你，你妈妈和爸爸。

也许不是有意，但事实如此。

——菲利普·拉金 《这就是诗》（1971 年）

最近，我无意发现了自己在 1981 年夏天短暂写过的一本日记。那年我 11 岁。就在写日记的几个月前，我开始去儿童精神疾病医生 L 博士那里求诊，他接受的是弗洛伊德学派的培养，后来治疗了我 25 年。在他的鼓动下，我利用日记来进行自由联想，以寻求自己的情绪问题的根本原因。我必须说步入中年的我发现 11 岁的自己就已经如此焦虑和自我关注，整天翻阅日记寻找对我长期的焦虑和不满负有最大责任的根源，这多少是件令人沮丧的事情：是我 6 岁时贝尔蒙特日间夏令营那位专横的营长吗？他因为我颤抖、哭泣，害怕自己到大游泳池里去，就冲我嚷嚷、把我赶到婴儿游泳池去——我是夏令营酋长部落里那些营员里唯一一个受此待遇的。或者，是那位在我 4 岁时当着所有学前班同学的面打了我一个耳光的邻居吗？当时我在她的儿子吉尔伯特的生日聚会上大哭起来，因为我害怕，想要找妈妈。

显然，我的自恋和对自我认识的需求是无限循环的：43 岁的我回头钻研自己的过去，寻找焦虑的根源，并且发现……11 岁的自己在回头钻研自己的过去，寻找焦虑的根源。

我们当时刚刚结束一次家庭旅行回到家里，日记的大部分内容都是对我在旅途中出现的恐惧和感受到的不公平的列举：

1. 害怕晕机。

2. 第一天晚上想家，睡不着。

3. 不喜欢食物。

4. 在餐厅：妈妈生气了，不跟我说话，因为我抱怨说想回家。

5. 害怕不卫生。

6. 害怕山里稀薄的空气会让我生病。

7. 爸爸逼我吃东西。在我吃东西的时候生气，我抱怨的时候就不让我吃东西。

8. 爸爸总是不听我说话，当我坚持问他的时候他还打我。

9. 我看到楼下地毯上可能是呕吐物的东西时真的被吓坏了，而且很烦。我感觉很不舒服，很害怕。

10. 在返程的飞机上，有人吐了。我非常惊恐，感觉很难过、很抑郁、很害怕。

关于这次旅行的日记是这样结尾的："我只是很想要把头埋在爸爸妈妈的怀里，想要得到他们的爱，但是他们对我的恐惧一点儿也不同情。"

不久前，我用电子邮件给我妈妈发去了日记的一份抄写稿，然后给她打电话，问她自己觉得给我和妹妹的爱相比于其他妈妈给孩子的爱是多还是少。

"差不多吧。"她说。接着她思考了一会儿，"事实上，"她说，"我有意识地对爱做了一些保留。"

我目瞪口呆，问她这是为什么。

"我觉得这是为你自己好。"她说，然后继续解释。

她本人的母亲，也就是我的外祖母伊莱恩·汉福德给了我母亲和她的姐妹充分的爱，总是不离她们左右，无论是她本人还是以其他的方式。伊莱恩围绕着满足女儿们的需要安排了她的人生。每天当我母亲从小学回家来吃午饭时，伊莱恩都会亲自给她做饭。我母亲感觉自己被爱和被关心着，而且是被溺爱着。于是当她在年轻的时候开始与惊恐发作、广场恐惧症、呕吐恐惧症和其他恐惧症做斗争的时候，她怀疑自己的焦虑如此强烈，是不是因为在母亲充分的关爱下感觉过于受宠和安全了。因此为了让我和妹妹免受她经历的焦虑之苦，她拒绝向我们外在地表达自己接受的那种无条件的爱。

要是约翰·华生还活着，他对此会表示赞同的。

但是在我母亲保留了对我们的爱的同时，却没有在对我们的过度保护上有所保留。过度保护与有保留的爱可以形成一种有害的组合，它可能导致不仅感觉没人爱（因为你并没有接收到情感），而且感觉自己能力不足和无助（因为别人替你做了所有的事情，并且认为你自己做不了）。

一直到我9岁或者10岁的时候，母亲都会亲手给我穿衣服。在那以后直到我15岁，她前一天晚上会帮我找好衣服。直到我上高中，她还为我放洗澡水。上初中的时候，我的很多朋友会乘坐公共交通工具去波士顿市中心闲逛，会在学校放假而他们的父母还在上班时自己待在家里，会去商店选摩托车。即使我想要乘地铁去波士顿或者骑摩托车——而且相信我，我从没有这么想过——我也是不会得到允许的：母亲不允许我步行到离开我们在郊外的住所附近几条街远的地方，因为她认为那里有些街道车流量太大，过街会有危险；她认为在那里的某些社区中走路也是很危险的（这指的是一个寂静的社区，居民大多在其他地方上班，暴力犯罪每 10 年差不多才发生一次）。无论何时，只要父母上班，我和妹妹在家，都会有保姆陪着我们。当我进入少年时期的时候，这开始显得有些奇怪——我意识到这一点是因为有一天我发现保姆和我的年龄一样大（都是 13 岁），这让我们两个人都有些不舒服。

母亲所做的这一切都是出于真正的焦虑的关心。我欢迎这种过分的关心，它让我置身于一种舒适的依赖的襁褓中。哪怕尴尬到了当着小伙伴们的面被告知不能去市中心，除非母亲和我们一起去的地步，我也不希望她放开保护我的臂膀。母子之间的双边关系同时涉及双方的行为：我渴望被过度保护，而她提供过度保护。但是我们的关系剥夺了我的自主权，或者说是自我效能意识，所以我是个黏人、依赖性很强的小学生，然后是个黏人、依赖性很强的少年，然后我长大了，变成了一个——我那长期受苦的妻子会告诉你——依赖性很强，还很焦虑的男人。

"患有广场恐惧症的成年人更容易认为他们的父母对他们投入的感情不够，但却对他们保护得过度。"（来自 2008 年的论文《成年人的依恋和心理病理学行为》）"患有广场恐惧症的成年人比对照组报告了更多儿童时期的分离焦虑。"（来自 1985 年发表在《美国精神病学杂志》上的一项研究）"不安全型依恋的婴儿患上抑郁症的可能性明显比安全型依恋的婴儿高。"（来自 1997 年发表在《美国儿童与青少年精神病学会杂志》上的一项研究）"你的父母——焦虑、过度保护的母亲和酗酒、情感冷漠的父亲——是产生焦虑症的经典组合。"（我的第一位精神疾病医生、最近重新恢复联系并采访了他的 L 博士如是说，这距离我第一次去他那里就诊已经过去差不多 30 年了）然后还有以下这些的神经生物学证据："有证据表明，相比自称与父母之间的亲子关系质量很高的成年人，自称与父母之间关系不佳的成年人在压力来临时腹侧纹状体（前脑深处的一部分皮下组织）内会释放出更多的多巴胺，同时唾液皮质醇（一种应激激素）的含量上升。这样的结果说明人类幼儿时期的照顾可能对作为压力反应的基础的系统发育有着类似的影响"（来自 2004 年发表在《神经科学杂志》上的一项研究）。在我写下这些话的同时，我的办公室里堆着几乎有两英尺（约 0.6 米）高的文章，它们为这些以及相关的一些发现提供了支持。这证明我的焦虑症主要是儿童时期与母亲的关系造成的。

当然，除非这什么都没有证明。

基因能使一个人更容易患上精神分裂症、酒精中毒或者焦虑症，致病环境这个因素同样不容忽视。

第九章
父亲是什么脾气，儿子就是什么脾气

我本可以轻松愉快地将患焦虑症的责任推到我父母的行为上（我父亲酗酒，我母亲过度保护并有恐惧症，他们的婚姻并不幸福，最终离异），然而事与愿违。事实上：我的两个孩子，一个 9 岁，一个 6 岁，最近都患上了和我自己类似的焦虑症，这令我很烦恼。

　　我的女儿玛伦有着和我很像的拘束气质：害羞，面对不熟悉的环境会退缩，探索世界时规避风险，对于压力和任何新鲜事物反应强烈。尤其突出的是，她在上一年级的时候患上了强迫性的呕吐恐惧症。当她的一位同学在数学课上呕吐之后，当时的画面就在她脑海里挥之不去了。"我无法不去想不好的事情。"她说，我的心都碎了。

　　尽管我接受过数十年的治疗，拥有来之不易的关于焦虑的个人体验和学术知识，和妻子做了大量的努力给孩子预防，但我是不是仍然把自己的疾病传给了玛伦，就像我母亲传给我那样呢？

　　不同于我母亲的是，我在女儿患上呕吐恐惧症之前从来没有向她透露过我有这样的问题。我尽力不露出能让她发现我有焦虑症的迹象，因为我知道这样可能会通过心理学家所说的模仿行为将疾病传给她。我的妻子没有焦虑问题，她也完全没有我母亲多年以来表现出的紧张的过度保护倾向——我曾经认为这是导致我和妹妹出现神经质依赖状态的原因。我和妻子都充满爱意、善于培养孩子，并努力从精神上关心他们。这些都是我的父母在当时没有做到的。

大概我们也乐于思考。

然而玛伦在差不多我初次患病的年纪还是出现了和我非常类似的症状。尽管我们尽了最大的努力提供精神预防，玛伦还是遗传了我的神经质人格，而且明显遗传了和我完全一样的对恐惧症的专注。碰巧，我和我的母亲都有这样的专注。

我妻子问我，恐惧症是不是特异体质的一种体现，可能通过基因遗传给孩子呢？

人们或许会认为这不可能。然而我们手上掌握的证据显示，我母亲这一族的三代人都患有同样的恐惧症。除非玛伦是在无意识的情况下被潜移默化的（我承认这是有可能的），否则她是不可能像我从我母亲那里一样，通过一些行为调节从我这里"习得"恐惧症的。

早在希波克拉底时期人们就注意到性格是可以遗传的，现代行为遗传学领域正越来越准确地——可以精确到单个核苷酸——揭示我们遗传的分子和倾向于拥有的情绪之间的关系，但是目前还没有人能够识别出一种，或者甚至是一组与呕吐恐惧症相关的基因。同样，也还没有人能够将焦虑症或者任何一种行为特性还原到纯粹的基因层面。但在最近几年中，成千上万项研究表明不同形式的临床焦虑存在多种基因基础。

关于焦虑的遗传学根源的一些早期研究是以双胞胎为对象的。在最基础的研究中，研究人员比较了同卵双胞胎和异卵双胞胎的焦虑症患病率。如果说惊恐性障碍完全是基因决定的，那就意味着在一对拥有相同基因的同卵双胞胎当中不会只有一个人患病，但是事实并非如此。当双胞胎中的一个患病时，另一个患病的概率要比从人群中随机选出的人高出很多，但并不是一定会患病。这说明惊恐性障碍——就像身高或者眼睛颜色——有着强大的基因成分，但并不完全是由基因决定的。

　　2001 年，弗吉尼亚联邦大学精神病学专家肯尼思·肯德勒比较了
1200 对同卵双胞胎和异卵双胞胎的惊恐性障碍患病率，他判断在焦虑症
的易感性方面，基因大约导致了 30% 的个体差异。后续研究的结果趋向
于大致支持肯德勒的发现。近期一项关于基因研究的元分析[1] 得出结论，
如果你没有任何近亲患有广泛性焦虑障碍，你本人患上这种疾病的概率
就会低于 1/25；但是只要有一位近亲患病，你患病的概率就会飙升到
1/5。

　　等等，你可能会反对说，这并不能证明基因是焦虑症的基础。同一
个家族中的成员有更高的可能性患上同一种精神疾病，难道不是因为他
们有着同样的会导致患上焦虑症或者抑郁症的环境，也就是研究人员所
说的致病环境吗？如果一对双胞胎在被抚养长大的过程中受到了同样的
精神创伤，在他们两人身上会不会同时产生更高的精神疾病易感性呢？

　　当然会。基因能使一个人更容易患上精神分裂症、酒精中毒或者焦
虑症，致病环境这个因素同样也不容忽视。尽管如此，有关焦虑症的遗
传可能性的研究数量已经多达上万项，几乎所有研究得出的压倒性结论
是：对焦虑——既是作为一种性格倾向，也是作为一种临床疾病——的
易感性在很大程度上是由基因决定的。

　　这个结果不会令希波克拉底、罗伯特·伯顿、达尔文或者任何远远
早于分子遗传学时代的研究者们感到惊讶。一旦家谱中有一两个成员患
有焦虑症或者抑郁症，那么你很可能会发现家谱中的其他成员时不时会
出现焦虑症和抑郁症。研究人员将这一现象称为"基因风险导致的家族

---

① 指对众多现有实证文献的再次统计，通过对相关文献中的统计指标应用相应的
　统计公式，进行再一次的统计分析，从而可以根据获得的统计显著性等来分析
　两个变量间真实的相关关系。——译者注

聚集性"①。

"家族聚集性"（familial aggregation）是否意味着我的女儿会像我的母亲和我一样，从生物学和基因角度注定要患上焦虑症和神经疾病？仅仅在家族里我母亲这一支，除了我母亲、我女儿和我自己以外，还有：我的儿子纳撒尼尔，今年六岁，患有分离焦虑症，将来情况有可能会和我的一样严重；我的妹妹从12岁起便和焦虑症做斗争，尝试过的药物治疗和我一样多；另一位亲戚同样一辈子都受焦虑症、抑郁症和肠胃问题的折磨，断断续续地治疗了好几十年；那位亲戚的哥哥在80年代初还是个8岁孩子的时候就被诊断为患有临床抑郁症，在整整一年的时间里几乎每天去上学之前都会因为焦虑而呕吐；还有我已92岁高龄的外祖父，他如今还要服用很多种抗焦虑和抗抑郁的药物。追溯到祖先，我外祖父的祖父尤其拘束，讨厌和别人打交道，他从康奈尔大学退学后，开始了种植果园的"安静人生"（"户外生活挽救了他。"他的儿媳后来这样说）；我外祖父的姑姑也饱受严重的焦虑症、抑郁症的困扰，而且她肠胃不好也是人所共知的。

然后便是我的曾外祖父切斯特·汉福德，他患有严重的焦虑症和抑郁症，不得不多次住院治疗，这让他在人生的最后30年里无法正常地工作。

---

① 2011年，巴西精神病学专家乔瓦尼·萨鲁姆进行了有史以来对焦虑症的遗传性最大的研究，他在研究成果中表示：通过对上万人的调查发现，亲属中没有焦虑症病人的孩子，患病率有1/10；同样的孩子，如果家族中有一人患病，他的患病率会上升至3/10；当大部分亲属都有焦虑症时，孩子就会有80%的概率得病。

我怀疑人类诸多的气质（尽管并非全部，但是其中的大部分）都是决定那些影响大脑功能的分子和受体密度情况的基因因素的结果。

——杰罗姆·凯根　《情绪是什么》（2007 年）

常见的情况是，母亲将歇斯底里症遗传给儿子是大概率事件。

——让 – 马丁·沙可　《神经系统疾病讲演》（第三卷，1885 年）

杰罗姆·凯根是哈佛大学的发展心理学家，他从事人类的人格遗传性的影响方面的研究已 60 年。在数十年的纵向研究中，他始终发现有 10%~20% 的婴儿从几个星期大开始便表现得比其他婴儿更加胆小。这些婴儿较难取悦，睡眠质量较差，心率较快，肌肉更加紧张，血液中的皮质醇含量和尿液中的去甲肾上腺素含量更高，表现出更快的惊跳反射（也就是说，他们对于突然发出的噪声的抽搐反应要快上几个纳秒，而且瞳孔扩张的幅度也更大）。在功能性磁共振扫描中，他们大脑中关于恐惧的回路（也就是杏仁核和前扣带回）显示出高于正常水平的神经活动。也就是说，在这些孩子的一生中，他们在上述生理标准上始终要比其他的孩子更高，无论他们是在 6 周、7 岁、14 岁、21 岁或者什么年龄接受测试，都会比其他活性较低的同龄人有更高的心率、更快的惊跳反射和更高的应激激素水平。

凯根将这些生理活性较高的孩子的气质归纳为抑制型。"我们相信大部分被划为抑制型的孩子气质上和其他孩子不同，他们天生在面对环境的意外变化和新情况时的唤醒阈值较低。"凯根说，"孩子们在面对新鲜事物时很典型的准备反应对于这些孩子来说会显得有些夸张。"

多年前，凯根和同事们曾对一组他们已经研究了 19 年的 21 岁年轻人进行了脑部扫描。1984 年，当凯根第一次观察这些当时只有两岁的实验对象时，他认为其中有 13 人属于抑制型气质，其余 9 人则属于非抑制型。20 年后，凯根向这 22 个已经成年的实验对象展示了陌生人的照片，那 13 个曾被鉴定为抑制型气质的人明显比那 9 个被鉴定为非抑制型气质的人表现出了更强的杏仁核反应。这说明基因决定了杏仁核的反应度。另有研究显示，杏仁核的反应度关系到一个人在面对压力时会如何反应。

这些被鉴定为抑制型气质的婴儿和幼童相比于同龄人更容易变成害羞、紧张的少年，接着变成害羞、紧张的成年人。他们在少年和成年时期比生理活性较低的同龄人更有可能患上临床焦虑症或者抑郁症。生理活性较高的婴儿即便长大后没有被正式诊断为焦虑症，就平均而言，往往也会比其他人更容易紧张。

凯根相信气质是与生俱来的，在出生时大体上就已确定，因此他赞同的知识分子传统可以追溯到公元前 4 世纪的希波克拉底。希波克拉底提出性格和精神健康源自人体内四种体液（血液、黏液、黑胆汁和黄胆汁）的相对平衡。第一章中提到，希波克拉底认为一个人的四种体液达到相对平衡时的比例决定了他的气质：一个血液质的人可能肤色火红，有着活泼或者"乐观"的气质以及热血沸腾的脾气，而一个黑胆质的人则可能气质抑郁。希波克拉底的体液平衡理论以比喻的形式直接预见了抑郁症的血清素假说以及其他阐述大脑中的化学不平衡与精神健康之间关系的现代理论。例如，希波克拉底将我们直到 20 世纪中叶还叫作"神经性抑郁症"（neurotic depression）——我们今天称之为"广泛性焦虑障碍"（generalized anxiety disorder，DSM 代码 300.02）——的病因归结为黑胆汁过量（古希腊语 melainachole）。按照希波克拉底的描述，这种状况的特征既包括身体症状（"腹痛、呼吸困难……频繁打嗝"），也包括情绪症状（"焦虑、坐立不安、惧怕……害怕、悲伤、焦躁"，往往伴随着"在幻想中夸大了的冥想和担心"，通常也是由后者引起的）。

希波克拉底用于解释的比喻可能并不正确，但现代科学证明他在气质的固定性和生物学基础方面的观点基本上是正确的。凯根如今已是耄耋之年，处于半退休状态，但是由他或者他以前的学生马里兰大学的内森·福克斯发起的四项主要的纵向研究仍在持续。所有的四项研究即将得出的结论都会支持凯根长期坚持的理论，认为焦虑气质是一种与生俱来的由基因决定的现象，有固定比例的人具有这样的特征。[①] 他在研究中一再发现那 15%~20% 对陌生人或者新环境反应强烈的婴儿长大后患上焦虑症的可能性会比他们活性较低的同龄人更高。如果你一出生，生理反应活性就很高，并且属于抑制型，那么你的生理反应活性往往一直很高，一直属于抑制型。在数十年的纵向研究中，凯根见过的从一种气质转变为另一种气质的例子屈指可数。

所有这些如果还没有推翻我在前面章节中讲到的依恋理论，似乎也将它变得复杂化了。凯根确信约翰·鲍尔比、玛丽·爱因斯沃斯和他们的同事在焦虑症是如何从一代人向下一代人遗传这个问题上谬以千里。在凯根看来，不安全型依恋模式本身并不会导致一个孩子患上焦虑症。而是——我对此做了一些过度的简化——基因造就了一位具有焦虑气质的母亲；这种气质又让她表现出一种在心理学家看来并不安全的依恋模式。这位母亲之后将焦虑症遗传给了她的孩子们，并不是像鲍尔比和爱因斯沃斯认为的那样主要是通过她神经质的抚养模式（确切来说，这会强化传递的过程），而是通过她的基因的传递来进行的。如果事实如此，那么

---

① 这和关于士兵的研究得出的有相对固定比例的士兵在面对战斗压力时会崩溃的结果相一致。

试图通过改变抚养模式来打破焦虑症从上一代到下一代的遗传就会变得更加困难。而这或许也能够解释为什么尽管我和妻子竭尽全力，还是没能阻止我们的孩子出现焦虑症的初期迹象。

约翰·鲍尔比和杰罗姆·凯根都引用了动物实验的结果，前者用来支持自己的依恋理论，后者则以此来反驳鲍尔比，同时支持自己的气质理论（theory of temperament）。20世纪60年代，伦敦莫兹利医院的研究人员喂养了著名的莫兹利活泼鼠群，它们对压力的反应存在着显著的焦虑行为。进行这一喂养实验时科学还没有发展到现代基因组学成果的阶段。研究人员只是观察了老鼠的行为，对"情绪化"的老鼠进行标注（主要是通过测量它们在被放到开放空间里时的排便率），并且让它们相互交配——以这样的方法成功地造就了这个高度焦虑的变种（他们使用同样的选择性喂养技术，还造就了一种不活泼的老鼠，它们在面对开放空间和其他紧张性刺激的时候反应没有焦虑处于平均水平的老鼠那么害怕）。这似乎是鼠群中存在强大的遗传要素的证据。

现代实验技术的水平已经超越了选择性喂养。科学家们现在能够通过化学手段开启或者关闭老鼠体内的不同基因，让研究人员观察基因是如何对行为产生影响的。例如，通过抑制某些基因的活性，研究人员已经制造出了不再会感觉到焦虑的老鼠——其实是因为它们的杏仁核停止了工作，所以它们无法意识到真实的危险。研究人员每年进行数百项类似的实验，到目前为止已经至少识别出了17种可能会对老鼠体内恐惧回路的不同部分产生影响的基因。

比如，来自哥伦比亚大学的诺贝尔奖得主、神经科学家埃里克·坎德尔发现了两种基因。一种基因叫作"Grp"，作用是将老鼠通过恐惧条件反射获得新的恐惧症的能力进行编码；而另一种基因叫作"stathmin"，是来调节生理焦虑的先天水平的。那些 Grp 基因被关闭的老鼠无法学会像正常的老鼠一样把电击和中性的状态联系在一起；而那些 stathmin 基因被关闭的老鼠变得一身是胆：它们并不像正常的老鼠那样本能地蜷缩在开放空间的角落里，而是大胆地冒险进入了空旷地带。

在进化中，很多基因得以保留下来，因此人类和啮齿类动物有着许多共同的基因。以 G 蛋白信号调节因子 2（RG2）为例，它是一种既存在于老鼠体内又存在于人类体内的基因，似乎与调节一种控制大脑中的血清素和去甲肾上腺素受体的蛋白质的表达有关。在人们注意到缺少 RGS2 基因的老鼠表现出明显的焦虑行为并且"交感紧张提高"（它们的身体持续地处于低度的战斗或逃跑的警报状态）之后，哈佛医学院的乔丹·斯莫勒（Jordan Smoller）和他的团队在人类身上进行的一系列试验，发现了 RGS2 基因的某些变体与人类的害羞之间的联系。在第一项针对来自 119 个家庭的孩子的研究中，那些表现出"行为抑制"气质特征的孩子往往具有 RGS2 基因的同一变体。第一项针对 744 名大学生的研究发现具有这种基因的"害羞"变体的学生更容易将自己划分为内向的那一类。第三项研究则揭示了基因是如何对大脑施加影响的：当对 55 位年轻的成年人进行脑部扫描，并且向他们展示愤怒或者害怕的面部表情的时候，"神经元冲动"的增加会更多出现在那些具有相关的 RGS2 基因的人的杏仁核与脑岛中。脑岛是大脑皮层的一部分，它不仅与脑边缘系统对恐惧的表达有关系，还与"内感受器觉察度"有关，这说明对内在的身体功能的明确意识能够引起"焦虑敏感度"的提高。第四项研究取样于 607 位熬过 2004 年佛罗里达州严重的飓风季节的人士，结果发现那些具有相关的 RGS2 基因的人在飓风的余波中更有可能患上焦虑症。

以上研究中虽没有任何一项证明仅仅具有 RGS2 基因的某些变体就

会引起焦虑症，但这些研究表明 RGS 2 基因会影响脑岛和杏仁核中的恐惧系统的功能。而具有这种基因的"害羞"变体的人们的杏仁核更有可能过度活跃，往往也会在社会环境中经历更高程度的自主唤醒，因此会害羞或者内向（害羞和内向均为焦虑症的诱发因素）。

劳伦·麦克格拉斯是马萨诸塞州总医院精神病学与神经发育遗传学部门的一位研究员，她针对 134 个婴儿进行了差不多 20 年的研究。在这些婴儿 4 个月大的时候，麦克格拉斯的团队将他们分成了"高活性"（high-reactives）组和"低活性"（low-reactives）组（借用凯根的术语）。4 个月大的时候，高活性的婴儿对于运动物体做出反应时比低活性的婴儿哭闹挣扎得更多；在 14 个月和 21 个月大的时候，那些高活性的婴儿往往仍然在面对新环境时表现出害怕的反应。18 年之后，麦克格拉斯的团队追踪了这些当初的实验对象，观察了他们杏仁核的结构和活性。果然，那些 4 个月大时被鉴定为高活性的婴儿在 18 岁的时候比低活性组有着更大、更活跃的杏仁核——这也为杏仁核对新事物的反应在很大程度上预示着一个人气质的焦虑程度提供了更多证据。在最后一个问题上，麦克格拉斯的团队利用新的基因编码技术发现，人在 18 岁时，杏仁核的高活性与一种叫作"网状蛋白 4"（RTN 4）的特殊基因的一个特殊变体存在高度的相关性。麦克格拉斯和她的同事们提出一种假说：RTN 4 基因决定杏仁核的活跃程度，杏仁核的活跃程度又决定了一个人的气质属于高活性还是低活性，而这又起着决定一个人是否容易患上临床焦虑症的作用。

这些庞杂的基因研究——无时无刻不在进行，没有几千项也有几百项——看起来是一种空洞的简化。几年前，我在《纽约时报》上读到了一篇研究，内容是关于两种人类基因精氨酸加压素受体 IA（AVPR 1a）和 5-羟色胺转运基因（SLC6A）的某些变体与一种"舞蹈创作表演天赋"之间的相关性[1]。我想，好消息是，如果这能改变我们对性格和命运的看法，它或许也能改变我们对勇气与胆怯、羞耻与疾病、污点与精神疾病的看法。如果极度焦虑只是由于基因异常，你还会认为它比多发性硬化症、囊肿性纤维化或者黑头发这些由基因编码的疾病或者特征更令人感到可耻吗？

50 年前，我们可以振振有词地因为我们的母亲各种形式的神经症、苦恼和不良行为而指责她们。如今，我们仍然可以这么做，但是更合理的原因是她们将这样的基因遗传给我们，而非她们表现出的行为抑或遭受到的情感创伤。

对一个人来说只不过像是跳蚤咬了一口的伤害，对另一个人来说却会导致难以承受的痛苦。

——罗伯特·伯顿　《忧郁的解剖》（1621）

一些私营企业会让顾客提供一滴唾液并缴纳昂贵的费用，帮顾客确定一部分基因组的排序，从而提供关于患上多种疾病的相关危险因素的信息。几年前，我曾经付给一家叫作"23 和我"（23 andME）的公司几百美元，于是我现在知道自己的基因给了我在同等条件下比平均水平略微高一些的患上胆结石的可能性，比平均水平略微低一些的患上 II 型糖尿病和皮肤癌的可能性，与平均水平差不多的患上心脏病和前列腺癌的可能性。我同时也了解到根据我的基因型，我是个"咖啡因快速代谢者"，处于"典型的"海洛因成瘾和酒精滥用的风险之中，另外，我有着

---

[1]　诚然，基因研究人员承认无论是焦虑的情绪，或者舞蹈天分，肯定都有多种基因（及环境）原因，但将情绪简化为与之相关的内在神经化学因素或者形成它们的基因的趋势已不可避免。

快速收缩的短跑运动员式肌肉（我还了解到我有着"湿态"的耳垢）。

我希望弄清楚自己拥有两种特殊基因的哪一个变体，这两种基因在不同的时间都被称为"伍迪·艾伦基因"。第一种基因叫作 COMT（儿茶酚氧基甲基转移酶），是在 22 号染色体上发现的，它对一种分解你的大脑前额皮质中的多巴胺的酶的产生过程进行编码。第二种基因有多种不同的名称：SERT 基因、SLC6A4 或者 5-HTTLPR，它是在 17 号染色体上发现的，对血清素通过神经元突触的有效程度进行编码。

COMT 基因有三个变体[1]：其中一种（val/val）编码的是酶的高水平，能够非常有效地分解多巴胺；其余两种（val/met 和 met/met）编码的则是酶的低水平，它们分解的多巴胺比较少，会将更多的多巴胺留在突触里。近期的研究发现具有 met/met 变体的人往往不容易调节他们的情绪唤醒。研究人员推测，过高的多巴胺水平与"负面情绪"存在联系，也与一种"刻板的注意力焦点"存在联系，会使人陷入无法摆脱的对可怕的刺激的关注中难以自拔，而这些特征又与抑郁症、神经质，尤其是与焦虑症存在联系。具有 met/met 变体的人不具备在遭受到明显的威胁刺激之后放松下来的能力，即便是在了解到这些威胁说到底并不危险的情况下。与此相反，与 val/val 变体相关的是不那么强烈的负面情绪体验，

---

[1] 此处我必须声明：本人不是基因科学家，只是在这里对大量艰深的研究进行了过度简化而已。若您想找一本易读的生理基因方面的专业著作，我推荐乔丹·斯莫勒的《正常的另一面：生物提供的解密正常和异常行为的线索》（*The Other Side of Normal：How Biology is Providing the Clues to Unlock the Secrets of Normal and Abnormal Behavior*）。

不那么活跃的惊跳反射，以及不那么多的行为抑制。①

　　美国国立卫生研究院人类神经遗传学的负责人大卫·古德曼曾经将 COMT 基因标注为"忧虑者 – 勇敢者基因"。根据古德曼的观点，那些具有 val/val 变体的人是"勇敢者"：在充满压力的环境下，这一变体给脑细胞外的多巴胺水平带来了有益的增长，据推测可能是这降低了他们的焦虑程度，使他们较不容易受到痛苦的影响，让他们能够更加专注。额外的多巴胺也让他们在压力之下有"更好的工作记忆"。例如，我会联想到美国国家橄榄球联盟的四分卫汤姆·布雷迪——他是个传奇人物，因为他能够在巨大的压力下迅速做出正确的决定（在体重上千磅的对方后卫们全速向他冲来，上百万观众在观看比赛、对他评头论足的情况下将球准确地传到正确的接球员手中）——就具有这样的勇敢者变体。也存在一些忧虑者变体能够体现出进化优势的情况，这部分人占到全世界人口的 25%。研究显示，在没有巨大压力的情况下，带有 met/met 变体的人在需要记忆力和注意力的认知任务上有着更好的表现；这说明忧虑者可

---

① 很多研究都为 COMT 基因的 met/met 变体与非正常的高度焦虑之间的关系提供了支持性结论。有趣的是，这些研究对象多为女性。在一项由美国国家酒精滥用与酒精中毒研究所进行的研究中，两组完全不同的女性（一组为来自马里兰州郊区的白人，另一组为来自俄克拉荷马州乡村大草原的印第安人）中带有 met/met 变体的个体比带有其他变体的个体的焦虑程度高得多（met/met 变体还和脑中只有 1/3 到 1/4 标准数量的 COMT 有关）。带有 met/met 变体的女性在脑电图机器检测下会呈现出"低电压阿尔法脑电波图"，这也和焦虑症及酒精中毒有联系。简而言之，这项研究不仅揭示了基因和酶水平有关，还揭示了酶水平与脑活动、脑活动与主观体验的焦虑程度有关。另一项 2009 年对德国人和美国人进行调查的研究发现，带有 met/met 变体的人群在看到一系列令人不适的图片后会展现高于平均水平的生理惊跳反射，并且在标准化性格测试中反映出较高的普遍性焦虑。

能更擅长评估复杂的环境，也因此更擅长躲避危险。两个变体各自体现了不同的适应策略：具有忧虑者变体的人擅长置身于危险之外；具有勇敢者变体的人一旦身处危险之中便会非常高效地行动。[1]

SERT 基因同样有三个变体：短 / 短、短 / 长和长 / 长（根据首字母，简写为 s/s、s/l 和 l/l）。90 年代中期的研究发现，那些具有一个或多个短的 SERT 等位基因的人（具有 s/s 或者 s/l 变体的人）往往在加工血清素方面比只有长等位基因的人效率更低——当向具有短等位基因多态的人展示恐怖镜头时，他们比具有 l/l 变体的人表现出更多的杏仁核神经活动。研究人员推测，一种特定基因和杏仁核活动之间的这种相关性有助于解释其他研究所发现的具有 s/s 变体的人患上焦虑症和抑郁症的比例更高这一现象。

在没有生活压力的时候，具有 s/s 和 s/l 基因型的人并不比具有 l/l 基因型的人有更大的抑郁可能性。然而，当压力环境出现时——无论是经济压力、工作压力、健康压力还是人际关系问题——那些具有短基因变体的人更容易变得抑郁、更容易寻短见。反过来说，那些具有 l/l 变体的

---

[1] 这些不同的进化策略甚至也适用于鱼类。李·杜加金是路易斯维尔大学的生物学教授，主要研究红鳉鱼的行为。这种鱼有些很勇敢，有些却很胆小。杜加金观察到，勇敢的雄性红鳉鱼比胆小的雄性红鳉鱼吸引雌性与之交配的概率高得多；也因为它们的肆无忌惮，这些胆大的雄性红鳉鱼也更容易游到捕食者附近而被吃掉。因此，胆小的红鳉鱼活得更长，也有更多的时间来获得交配的机会。无论是勇敢的还是胆小的红鳉鱼都有可行的进化策略：要么勇敢、多多交配，虽然活不了多久；要么胆小，很少交配，但可能活得更长。勇敢有适应值，胆小也有适应值。在人身上也不难发现同样的进化策略：有些人勇敢、滥交、冒险，易英年早逝（想想勇敢却悲剧的肯尼迪家族吧）；另一些胆小、较少交配、规避风险，不太可能未成年就死于非命。

人似乎即使是在压力下也有一部分对抑郁症和焦虑症免疫。①

　　埃默里大学的精神疾病专家凯利·雷斯勒在其他基因上获得了类似的发现。雷斯勒发现与一些基因型似乎会提高某些形式的焦虑症的患病率相反的是，另外一些基因型似乎能够提供对焦虑症几乎完全的免疫力。比如，一种叫作"CRHR1"的基因编码的是针对促肾上腺皮质激素释放激素（CRH）的大脑受体的结构，促肾上腺皮质激素释放激素是在激活战斗或逃跑反应的过程中，或者是在持续的压力下释放的。简单说来，这种基因有三个变体：C/C、C/T 和 T/T（这些字母指代的是对组成 DNA 的氨基酸进行编码的蛋白质序列）。雷斯勒对一组总数为 500，来自亚特兰大市中心，其中很大比例遭受到贫困、创伤和虐待的人进行了观察，他发现一个人如果小时候受到过虐待，他从遗传中获得的 CRHR1 基因变体在很大程度上预示着成年以后患上抑郁症的可能性。这一基因的一个同型结合变体（C/C）与那些成年后非常容易患上临床抑郁症的虐待儿童受害者存在相关性；这一基因的异型结合变体（C/T）与成年后患上抑郁症的中等可能性相关；最吸引人的是另一个同型结合变体（T/T），它与成年后的抑郁症一点关系都没有——这一基因的 T/T 变体似乎给了这些虐待儿童的受害者对于抑郁症几乎完全免疫的能力。虐待看起来对那些具有这种变体的儿童完全不存在长期的心理影响。

　　雷斯勒还在研究编码糖皮质激素受体反馈敏感度的基因的过程中获

①　并非每个研究的结论都支持最新的假设，即有短 SERT 等位基因会让你易患焦虑症或抑郁症。例如流行病学调查总能发现亚洲国家的临床焦虑症和抑郁症的得病率比欧美国家低，基因检测发现 s/s SERT 等位基因的普及率在东亚人口中比西方人口中明显高得多。这也提出了有趣的问题：文化和社会结构是如何与基因互动来影响不同社会中个体的患焦虑症的概率和强度的？

得了相似的发现。这种叫作"FKBP5"的基因的变体对于儿童患上创伤后应激综合征的敏感性似乎有着强大的影响。FKBP5 基因的一种变体看起来与创伤后应激综合征的高发病率存在关联。与之相反的是，另一种变体则提供强大的免疫力：具有 G/G 变体的孩子的发病率差不多只有具有其他变体的孩子的 1/3。

这些研究说明对精神崩溃的易感程度在很大程度上是由你的基因决定的。某些基因型令你在遇到压力或者创伤时尤其容易出现心理崩溃；其他的基因型令你能够自然地恢复常态。没有一种基因，或者是一组基因本身会让你患上焦虑症。但是某些基因的组合会让你具有或高或低的下丘脑 – 垂体 – 肾上腺活跃程度：如果你天生就有敏感的自主神经系统，在幼儿时期遭遇过压力，你的下丘脑—垂体—肾上腺系统会变得更加敏感，于是在你之后的人生中会总是过度活跃，造成杏仁核的过分紧张，这种过分紧张又会导致你患上抑郁症或者焦虑症。从另一方面讲，如果你天生具有让下丘脑—垂体—肾上腺基准活跃程度更低的基因，你往往即使对巨大的压力也会有很高的免疫力。

早在 1621 年，牛津大学的学者罗伯特·伯顿就在其著作《忧郁的解剖》中观察道："对一个人来说只不过像是跳蚤咬了一口的伤害，对另一个人来说却会导致难以承受的痛苦。"以上这些似乎至少为这一现象提供了部分的解释。

如果我查出有 COMT 基因的勇敢者变体，也就说明我终究不是天生注定高度"神经质"和"伤害回避"的，这会不会让我轻松一些呢？或者，如果发现我具有的是 SERT 基因的长/长变体，会不会让我感觉比现在更糟糕呢？在我被赋予了从容的、恢复性很强的基因的情况下，我仍然感觉如此焦虑，如此神经质——这是件多么悲哀的事情啊！我会意识到自己莫名其妙地浪费了一份如此慷慨的基因遗产。

弗洛伊德的学生卡伦·霍妮在她 1937 年的著作《我们时代的神经症人格》中记述了神经疾病患者的标准行为特征之一就是认为自己一无是处——"我是如此的没用。"他心想，"看看所有这些妨碍我的障碍，还有限制我的缺陷吧，我要是还有用才是奇迹。"——以此减轻完成任何事情所承受的压力。神经疾病患者会悄悄地（有时甚至不自知地）培养一种有所成就的强大野心，作为补偿他们孱弱的自我认同感和自我价值的一种手段。但是对无法实现目标，或者尽管付出了真诚的努力想要成功，却因为无所成就而证实了自己贫乏的自我价值的恐惧是难以忍受的。因此神经疾病患者会宣扬那些表面上给取得成功带来困难的缺点，以此作为一种心理上自我防御的策略。一旦这些缺陷和缺点建立起来，压力就小了：一个神经疾病患者实现的任何成就都值得额外加分。如果他失败了呢？那么，宣扬所有的这些缺陷就是有备而来了：在条件对他如此不利的情况下，除了失败你还能期待别的什么结果呢？因此，如果发现我具有焦虑 / 抑郁的 COMT 基因或者 SERT 基因变体，在某种程度上或许被证明是一种安慰。"看，"我可以说，"这是我的焦虑症'真实存在'的证明，它就在我的基因里。别人怎么能够期望我——我又怎么能够期望自己——实现比焦虑地混日子更多的成就呢？带着像我这么混乱的基因序列，我能完成任何事情都是个奇迹！现在让我蜷缩在被窝里看看令人宽慰的电视节目吧。"

一天深夜，我收到了关于我的 COMT 基因的报告。我的基因是异型结合（val/met），也就是说，基于目前获得的有限资料，我既不是勇敢者，不是忧虑者，而是两者的中间态。尽管圣迭戈州立大学 2005 年进行的一项研究发现具有 val/met 变体的人（主要为女性）倾向于内向和神经质。过了一段时间，我又收到了关于我的 SERT 基因型的结果：我属于短/短类型。也就是说，根据多项研究成果，我具有的变体是在遇到生活压力时容易患上焦虑症和抑郁症的类型。如果现在的基因研究值得相信的话，我应该是个——基于自己的基因型——焦虑、喜欢规避伤害、对痛苦和疼痛非常敏感的人。

这不应该是一种解放吗？如果焦虑症是由基因编码的，是一种医学疾病，并不是性格或者意志的失败，我们怎么能够因为它而被指责、感到羞耻或者受到侮辱呢？

但是将你的气质、性格和焦虑基准水平的责任推给遗传方面的坏运气——尽管这可能的确是以基因科学为基础的——很快就进入了令人烦恼的哲学领域。构建核苷酸、基因、神经元和神经递质的成分既组成了我的焦虑症，也组成了我的性格。基因对我的焦虑症编码到了什么程度，它们对我本人的编码也就到了什么程度。我真的希望将自己的"自我行为"归因于完全不受控的基因因素吗？

幼儿时期那些神秘的恐惧症需要被再一次提起……其中一些（害怕独处、害怕黑暗、害怕陌生人），我们可以理解为针对失去客体的危险的反应；至于其他的（害怕小动物、害怕雷暴雨等），有可能它们代表的是针对真实的危险的先天准备退化后的残余，而这种先天准备在其他动物身上发展得非常好。

——西格蒙德·弗洛伊德 《焦虑问题》（1926）

像特定的恐惧症一样特别的东西是如何从我母亲遗传给我，再从我遗传给我女儿的呢？简单的恐惧症能够遗传吗？

　　回想一下，弗洛伊德在晚年时观察到某些常见的恐惧症：害怕黑暗、害怕独处、害怕小动物、害怕雷暴雨——它们的根源看起来是具有进化适应性的，代表着"针对真实的危险的先天准备退化后的残余，而这种先天准备在其他动物身上发展得非常好"。根据这一逻辑，某些恐惧症之所以非常常见，是因为它们源自进化所选择的本能恐惧。

　　20 世纪 70 年代，宾夕法尼亚大学的心理学家马丁·塞利格曼将这一概念详细阐述为备战理论：某些焦虑症之所以十分常见，是因为进化选择让大脑优先对危险的事物做出夸张的恐惧反应。那些与生俱来地害怕——并且因此回避——跌落悬崖，或者被毒蛇、虫子咬伤，或者在开阔地带暴露在掠食者面前的克罗马农人（Cro-Magnons）①存活下来的可能性更大。

　　如果人类的大脑倾向于培养对某些事物的恐惧，它便为心理学历史上最著名的实验之一提供了新的线索。如果约翰·华生曲解了我在第二章中提到的小艾伯特实验会怎么样呢？如果艾伯特形成对老鼠如此深的恐惧，并且如此容易地将它扩大到其他毛茸茸的生物身上的真正原因并不是行为条件反射有多么强大，而是人类的大脑自然地倾向于害怕毛茸茸的小东西会怎么样呢？毕竟，啮齿类动物会携带致命的疾病。学会对老鼠保持谨慎的恐惧的原始人类可能具有进化优势，让他们存活下来的可能性增大。所以今天很多人形成了啮齿动物恐惧症的首要原因可能既不是内在的心理冲突向外投射（弗洛伊德早期的观点这样认为），也不是行为条件反射的力量（华生这样认为），而可能是这些恐惧与易触发的返祖反应之间的一种联系。

---

① 距今约 3 万年前存在于欧洲大陆的一种晚期智人，化石发现于法国的克罗马农山洞。——译者注

在相当长的一段时间里，灵长类动物学家相信猴子对蛇有一种与生俱来的恐惧。当研究人员观察到猴子与蛇（甚至是蛇形的物体）相遇的时候，猴子会流露出害怕的表现——似乎是纯粹的先天备战的一个清晰例子，针对的是一种渗透在基因里的天生的恐惧。但是西北大学的心理学家苏珊·迈尼卡发现那些与母亲分开，并且在圈养环境中长大的猴子在它们第一次遇到蛇的时候没有表现出任何恐惧。幼猴只有在观察到自己的母亲在蛇面前害怕的反应或者是在它们观看了其他猴子在蛇面前害怕的反应的视频后，它们自己才会在遇到蛇的时候出现害怕行为。这说明幼年的猴子是通过观察它们母亲的反应学会害怕蛇的，这又似乎是恐惧症是通过环境学习，而不是通过基因遗传的一个有力证据。但是迈尼卡又碰到了另一个难题：她发现猴子不容易学会害怕那些本质上并不危险的事物。幼年的猴子如果看过其他猴子在蛇面前害怕的反应的视频，随后便会形成对蛇的恐惧；但是猴子如果看过（被巧妙拼接过的）其他猴子在花朵或者兔子面前害怕的反应的视频，却不会形成对花朵或者兔子的恐惧。很明显，社会观察与内在危险的结合是猴子产生类似恐惧症行为的必要条件。

我在第四章中提到的研究社会性焦虑的瑞典心理学家阿恩·欧曼指出，尽管从进化的角度来说所有人要做好准备学会一些具有适应性的恐惧，但大多数人并不会形成恐惧症。欧曼提出，这证明我们的大脑在平衡那些从进化的角度来说要做好准备去害怕的刺激物时，其敏感度是存在遗传差异的。有些人（比如我母亲、我女儿、我儿子还有我自己）具有一种基因编码的倾向去学会恐惧，并且比平均水平更加强烈。①

　　作为对塞利格曼的备战理论的支持，欧曼发现与那些人类早期的进化历史的适应性有着清晰关联的恐惧症——包括恐高症（害怕高处）、幽闭恐惧症（害怕密闭的空间）、蜘蛛恐惧症（害怕蜘蛛）、恐鼠症（害怕啮齿类动物）和蛇类恐惧症（怕蛇）——相比以马或者火车之类并非在历史上就与恐惧相关的事物为对象的恐惧症来说，通过暴露疗法消除的难度要大很多。此外，欧曼发现，即使是对枪支和刀具——这些在今天明显与恐惧相关但是对于尼安德特人（Neanderthals）②及其他进化上的祖先来说与恐惧无关的事物——的恐惧症要比对蛇和老鼠的恐惧症更容易消除，这说明我们最容易做好准备，也是最不容易摆脱的恐惧，在灵长类进化中相对较早的阶段就已经铭刻在我们的基因里了。

　　但是如果呕吐恐惧症存在什么进化上的用处，那用处是什么呢？呕吐是具有适应性的，它可以让我们摆脱可能致命的毒素。如何解释造成这种恐惧症的基因型呢？

　　据推测，呕吐恐惧症从基因上来说可能来源于一种具有进化适应性的冲动：避开其他呕吐的人。本能地逃离那些反胃的同类也许保护了原

---

① 有趣的是，不同的恐惧症似乎会刺激我们神经机制的不同部分，也有不同的基因原。这也符合我的经验。我对坐飞机、高度、呕吐和奶酪的恐惧尤甚，却不怎么害怕蛇、老鼠或其他一些动物。事实上，对动物世界的恐惧是为数不多的我实际感到的小于我应该感受到的恐惧之一。我曾被狗狠狠咬过（8岁时，因此还进了急诊室），被蛇咬过（曾养过一条叫"金"的牛蛇作宠物），特别时有次被一只我误以为在索要拥抱的袋鼠残忍地攻击过（这是个很长的故事）。尽管如此，相比于哪怕在最轻微的气流中飞行，我宁愿埋身于（无毒的）蛇堆或鼠堆之中。

② 距今约20万年前至约3万年前存在于欧洲和西亚的一种早期人类，化石发现于德国的尼安德特山洞。——译者注

始人类，使他们避免与周围可能造成中毒的毒素接触。另一种可能是，一系列由基因赋予的气质特征、行为倾向和认知倾向，与高度来自先天的生理活性共同作用，增强了惊恐性焦虑症的易感性——可能在这一特殊的惊恐性焦虑症上体现得尤其明显。我母亲、我女儿和我都具有高活性的生理机能，过度敏感的杏仁核和身体总是处于 DEFCON 4[①] 警戒状态，这让我们持续地高度警惕着危险。我母亲（跟我女儿还有我一样）是个容忍力很高的忧虑者，有时，我们都能听见她紧张得哼哼。我们三个人的生理活性和抑制型的气质让我们总体上相比低活性、非抑制型气质的人都要更加紧张，在面对可怕的刺激物时更容易出现强烈的负面情绪。

下面是我和我女儿在一次前往佛罗里达游玩前夜的对话，当时她刚过完 6 岁生日不久。

"明天要坐飞机，我害怕。"

"没什么可怕的。"我说，试着保持平静，"飞机有什么让你害怕的地方呢？"

"安全示范。"

"安全示范？安全须知的哪一部分？"

"涉及坠机的那一部分。"

"哦，飞机是很安全的。飞机不会坠毁的。"

"那为什么示范里要告诉我们在坠机时应该怎么做？"

"那只是因为有特殊规定要求乘务员给我们做示范，目的是为安

---

① 指（美军）初级战备状态。——译者注

全再加一层保险。但是开飞机比开车要安全多了。"

"那为什么我们坐车的时候不用听安全示范呢？"

"苏珊娜，"我朝楼下喊道，"你能来和玛伦谈谈吗？"

玛伦似乎是在没有得到我的任何明显示范的情况下害怕坐飞机的。她的性格已经能够担心事物了，能够查看周围的环境，注意潜在的危险了；她的思维特征（和我、我母亲还有那些广泛性焦虑症的典型患者差不多）是找出并且担心（原始意义是"摆弄"，在她的脑子里翻过来倒过去，从各种角度来考虑）一切最坏的情况。她对安全示范萌生的意识，以及安全示范中提到的水面降落和坠机安全姿势激起了她的焦虑。

我的两个孩子都遗传了我的小题大做：总是想象和担心最坏的情况，哪怕那种情况发生的可能性极小。如果我在刮胡子的时候发现脸上有一个小肿块，我会立刻担心它并不是一个刚刚长出来的小疙瘩（这是最可能的情况），而是一个恶性的、无疑会致命的肿瘤。如果我感觉到腹部有刺痛感，我会马上担心它并不是肌肉紧绷或者消化问题，而是急性阑尾炎或者肝癌发作。如果在朝向阳光开车时感觉稍微有些眩晕，我会确信它并不是光线闪烁的把戏，而是中风或者脑瘤的先兆。

过了一些日子，我们又一次准备坐飞机进行家庭旅行时，玛伦在起飞前紧紧抓住座椅扶手，密切关注着飞机内部结构发出的当啷或者呼呼的声音，每一阵声音之后她都要问："一句这噪声是不是意味着飞机坏了？"

"不，飞机没有坏。"我妻子说。

"可你又怎么知道呢？"

"玛伦，我们什么时候让你待在有危险的地方吗？"

引擎又发出一声响动：当啷！"可那个声音又是怎么回事？"玛伦说，她眼里泛着泪花，"那个声音的意思是飞机坏了吗？"

唉，苹果落得离树太近了[①]。

更加奇怪的是，（忧郁症）在部分家庭中跳过了父亲，直接传给了儿子，"或者在直系血统中每两代之一，有时是每三代之一患病，而且并不总是产生相同的具有象征性的疾病，虽然有些相似。"

——罗伯特·伯顿 《忧郁的解剖》（1621）

证据表明病人是一个完美主义者，有获得成功的雄心壮志，但并不以自我为中心，而且对程度轻微的失败非常敏感。这些心理动力方面的解释是不是抑郁症的诱因还不得而知。焦虑看起来起着更大的作用。

——麦克莱恩医院为切斯特·汉福德出具的报告（1948）

看着我女儿的焦虑症沿着类似我当年的路线发展是非常令人不安的，发现我的曾外祖父的神经症与我自己的疾病之间的相似之处，同样令我不安。如果我母亲和我、我和我女儿之间存在行为上的这种相似性，那么焦虑的基因型难道不可能是从我的曾外祖父一直遗传到我女儿身上的

---

① 这里我想说，也许因为我的两个孩子都接受了焦虑症的早期心理治疗——帮助他们控制所谓的"操心的大脑"——两个孩子的焦虑症状比几年前有所好转。玛伦仍对呕吐充满恐惧，但已掌握了控制自己的恐惧的技巧，从而能让自己不那么焦虑——事实上，在大多数情况下她都相当自信。纳撒尼尔还是会自己吓自己和小题大做，但分离恐惧症没有那么严重了。从性格上说，没准他们一辈子都易患焦虑症，但我希望他们能够控制内心的恐惧，甚至用有效的方式得到治愈，或采取一种方式与焦虑症和谐共存。

吗——贯穿（至少）五代人的基因污染？

切斯特·汉福德是在我 6 岁那年的夏天去世的。他给我留下的主要回忆是一位文雅、仪态温和、既高贵又衰弱的老人，总是坐着轮椅，要么在我外祖父在新泽西郊区住宅的起居室里，要么在附近的私人疗养院他自己的房间里，穿着深紫色的夹克衫和法兰绒的便裤，系着一条深色的领带。1975 年去世后，他似乎仍然存在于我们的家中，他睿智、悲伤的目光从照片里向外注视着，起居室的墙上挂着肯尼迪总统写给他的一封信，旁边还有他们俩以及杰奎琳·肯尼迪的合影。

在我还小的时候，我只知道切斯特的成就：他在哈佛大学漫长且成功的教务主任生涯；他在市政管理方面广受尊敬的学术成果；他与约翰·肯尼迪长达数十年的交情，从肯尼迪的大学时代一直到他入主白宫。直到我长大以后才开始逐渐发现那些阴暗的地方：他饱受焦虑症和抑郁症的困扰；他经历过多个疗程的电击疗法；他在 40 年代末到 60 年代中期之间曾经多次被精神病医院延长治疗时间，不得不进入提前退休状态（放弃教务主任的职位），随后导致彻底退休（离开哈佛大学）；在他人生的最后几十年里，他有相当大的一部分时间像胎儿一样蜷缩在西马萨诸塞州住宅的卧室里呻吟着。

为什么切斯特会受到这样的折磨呢？首要的问题是不是焦虑症或者临床抑郁症呢？他的焦虑症和我的有多大的相似性呢？

根据切斯特在多家医院的精神疾病记录，他总体存在的恐惧和焦虑与我自己的是同一类。这是不是说明我——要么是由于特定的基因遗传，要么是由于我们的祖先建立的神经质的家庭文化——与我的曾外祖父患有同样特定的精神疾病呢？或者，与托尔斯泰的名言①正相反，所有精神疾病患者的不幸都是相似的？

阅读我的曾外祖父的情况（尤其是在对行为遗传学有了一些了解之后）点燃了我的一种深深的不安感觉，因为他身上有太多的地方让我想到自己。他神经过敏、害怕当众演讲、有拖延症倾向②、有洗手强迫症③、有顽固的肠胃问题④、不断残酷地自我批评；尽管他有着受人尊敬的工作，却缺乏自信；他有能力保持看似冷静和乐观的风度，内心却饱受痛苦的折磨；⑤他对自己更开朗、情绪更稳定的妻子有着情绪上和实际上的依赖。⑥

他第一次被送进精神病院是在 56 岁那年，原因看起来是他将要给研究生们做一系列讲座而感到很焦虑。"过去的这个秋天他读了很多书。"1948 年切斯特住进麦克莱恩医院之后，他的精神病主治医师写道，"却开始害怕自己无法将材料组织成讲座内容。"他感觉其他教授比自己强，他不足以像学者那样做出令人满意的讲座。在 1947 年的春末，切

---

① 托尔斯泰的名言："幸福的家庭是相似的，不幸的家庭各有各的不幸。"——译者注

② 引自一份 1948 年的"诊断印象"报告："他过分认真，特别具有自我批判意识，是个充满活力的工作狂，但是有拖延症。"

③ 引自 1953 年 5 月他在麦克莱恩医院住院期间的精神病主治医生的报告："发现他洗手次数逐渐增多。这种行为并未在心理治疗环节提及是因为我认为很重要的一点是不能给他一种我们会对他的个人行为过度批判的印象。"

④ 引自 1948 年春一位内科医生的手写病历："病人多年来有严重的肠胃问题。"几年后的另一份病历上写着："病人常年担心排便问题。"

⑤ 在切斯特第二次住进麦克莱恩医院时，一位护士看见他在病房里走来走去，她在病历上写道："病人很好，看来没有什么事是能让他失落的。"

⑥ "他一直是他妻子的沉重负担。"切斯特三入麦克莱恩医院时精神病医生报告说。

斯特"由于自己无法组织工作，也无法创新而非常沮丧。焦虑压倒了他，他变得相当抑郁，有时还会哭泣。"

切斯特的精神治疗医师们试图让他的超我平静下来。"患者的自我批评感被认为是引起抑郁症的因素之一，这种感觉的严格和程度超出了他的天赋和品格所能保证的范围。"（多年以后，我的精神治疗医师们尝试了同样的做法，只不过他们总的来说不再称之为"超我"了，而称之为"内心的批评家"或者"批判的自我"）在我曾外祖父身上，这个方法没有奏效。尽管大量证据都表明他无论是作为学者还是作为教务人员都很出色，但他无法减轻自己徒劳无功和自卑的感觉（"他不愿意以回想自己对学校所做的巨大贡献来改善当前认为自己无用的困境。"他的治疗师写道）。客观证据表明无论在学生还是学校的同事中间，他都是一位备受尊敬的人物。然而到1947年秋，他已经开始相信自己是一个骗子，无法为学生做出一场令他们足够感兴趣、足够有说服力的讲座。

怎么会发生这样的事情呢？他是一位明显在事业和家庭上都取得了成功的人：他早在数十年前就在哈佛获得了终身教职；撰写了一本被广泛使用的政治学教科书；并且已经担任学校的教务长多年；婚姻已经长达32年；在剑桥地区的社会威望极高，并且经常为本科生主持晨祷。一位父亲，一位祖父，哈佛大学的教授和教务主任，社区里一位名声很好的成员——他拥有成功、稳定和幸福的一切外部标志，然而他的内在却是支离破碎的。

我的外祖父说，在曾外祖父40年代末的时候出现第一次彻底的精神崩溃之前，完全没有任何迹象显示自己的父亲焦虑或者抑郁。然而，根据切斯特的病历，他一直是一个"相当紧张的人"，他的妻子露丝早在两人恋爱的时候就注意到他有一种习惯：不停地眨眼（现代的研究人员有时会使用"眨眼频率"的计量方法作为衡量生理焦虑的标准)。露丝还回忆了切斯特刚当上助理教授时曾经因为要做一系列的讲座而出现过焦虑,他告诉医生自己在事前连续很多天"相当不安,睡不着觉"。在梳理陈年信件的过程中,我偶然发现了第一次世界大战期间还是哈佛大学的初级教授的切斯特给露丝的一封信,他在信中称自己简直希望被征兵去打仗,因为在战场上躲避子弹并不像给本科生做讲座那么令人伤脑筋。

这一切都说明切斯特存在一种几乎肯定具有可遗传性的神经质倾向,也就是杰罗姆·凯根所称的行为抑制型气质。他的父亲和一位姨妈都有不同形式的焦虑症和抑郁症倾向。但是这种神经质倾向,这种行为抑制在切斯特人生的前 50 年里并没有过分地折磨人:尽管他有时会不安、容易担心和失眠,但他仍然能够稳定地沿着高尚的职业道路前进,赢得尊敬和尊重。

那么,(这连切斯特自己都感到惊讶)为什么他在 50 多年里都能控制住自己的担心和忧郁,却最终在 1947 年冬天崩溃了呢?[①] 根据精神疾病的压力—素质模型,像焦虑症和抑郁症这样的临床疾病往往在易感精神疾病的基因与超出人所能应付的范围的生活压力相结合的时候爆发。有些人被赐予了用来抵抗严重创伤的基因型;而另一些人,比如我的曾外祖父(应该还有我)在生活压力过大的时候就没那么容易自然地恢复,并且失去应对的能力。

直到第二次世界大战,我的曾外祖父仍然能够继续他的工作。但是因为有几位同事被调去了前线,他的教学任务增加了。"这给他带来了额

---

① "汉福德先生说,有次他去马萨诸塞州总院的神经精神病病房看望一位学生时,他对紧锁的房门等的印象尤为深刻。"他的精神病医生写道,"他说'我永远无法想象自己会处于同样的环境中,我总是觉得我是能够照顾好自己的'。"

外的负担。"他的主治医师后来报告说，"而他对于自己是否有继续工作的能力开始感到非常紧张和焦虑。"他开始总是感觉疲倦。在剑桥的家里组织了多年沙龙的他，此刻却感觉自己累到无法娱乐，甚至根本无法社交的地步了，与人打交道让他太紧张了。他向哈佛大学校长詹姆斯·柯南特提出，自己可能要辞职了（当时柯南特建议他继续担任教务长）。

1945年春天，切斯特的一位好友去世了。已经备感焦虑和紧张的他，在那之后（根据他妻子的说法）持续地"神经过敏"（jittery）。这种状态的出现是因为他查看了阵亡者名单，并且在其中看到了许多他以前的学生的名字。在执教本科生多年之后，切斯特突然再也无法上课了。有几次，他的妻子不得不为他教的新生研讨课撰写讲稿。

在他的家庭医生罗杰·李的敦促下，他在1946年夏天休了一个月的假。"休假之后他感觉好多了，"他的病历里说，"并且在接下来的一学年里都保持着这样的良好态势。"但是到了第二年春天，他又一次因为无法做好自己的工作而失望；他担心自己的讲座水平不够。同时，他还总是担心琐碎的资金问题。抑郁症降临了。白天他能够履行自己的教学和行政职责，夜里却会因为紧张和沮丧而哭泣。李博士建议他削减自己的工作负荷，于是在1947年秋天，他辞去了教务长的职务，回到了他政府管理学系的全职教员岗位上，教授政治科学课。

那之后，切斯特的病情迅速恶化了。到了10月中旬，他已经变得"过度疲劳、紧张，因为上课而沮丧，感觉自己难以继续了"。他会每天凌晨2点还在修改自己的教案，但是由于不满意而难以入睡，在第二天早起重做。"他开始认为自己教学不够格了。"他在麦克莱恩医院的病历里有这样的记录，"他开始认为其他教授比他强，他达不到自己定下的标准。"在他初次入院治疗的前一周，他对上课变得"甚至更加忧虑了"。

有时他"哭得非常伤心",已经开始谈论自杀的事情了。

在切斯特入院文件的"诊断印象"一栏中,医院的精神科主任记录道:"患者给人的印象是一位在自己的职业生涯中曾经极有价值的人士,与人相处时也非常和善、乐于助人。他过度认真负责、过度自我批评;他富有活力、工作成绩突出,但却是个拖延者。他经常忧虑,有过抑郁症病史,因此他具有焦虑和强迫的性格特征。从行政岗转回到教学岗削减了他令人满意的工作以及人际交往,却增加了他的沉思、自我意识和自我批评的思想,依赖和绝望的态度增加了。他的诊断结果可能是神经官能症或者反应性抑郁症。预后似乎能够很好地缓解当前的症状,但是未来调整的情况值得怀疑。"

如果切斯特·汉福德的神经官能症疾病和他的基因型(以及在稍低一些的程度上,他的生活环境)与我自己的相似,是否意味着他的命运正在等待着我("但是未来调整的情况值得怀疑")?如果面对过大的压力,我的遗传性会不会让自己注定进入类似的恶性循环呢?如果我没有多次求助于现在很容易得到,而对于曾外祖父来说却无从获取的抗精神疾病药物、三环类和SSRI抗抑郁药物以及苯二氮类药物的帮助,会发生什么呢?如果我的曾外祖父能够得到类似赞安诺或者喜普妙的药物,他能不能免受那好几轮的电击疗法和胰岛素昏迷疗法,还有长年累月蜷缩在床上呻吟的折磨呢?

当然,我们不可能知道答案。无论我和切斯特·汉福德身上存在多少共同的抑郁症和抑郁症基因,我们都是不一样的人,生活在不一样的时代,身处不一样的文化环境,拥有不同的经历,也面对不同的压力。也许喜普妙对切斯特就不起作用(正如我们已经看到的,SSRI类药物的临床证据是有喜有忧的)。而且,谁又能知道呢,也许我可以不依靠托拉嗪、丙咪嗪、安定、去郁敏、百忧解、左洛复、百可舒、赞安诺、喜普妙、心得安、克诺平就应付得了。

但是我并不这么认为。这就是为什么我们之间的相似之处显得如此令人不安——这也让我思考在维持状态（就像我现在正在做的和切斯特·汉福德在最终崩溃之前的许多年里做的那样）和无法维持状态之间的区别是不是吸收了某种化学物质，它不知以何种神秘的、不完美的方式与我的基因型互动，让我惊险地悬挂在万丈深渊之上而不坠下去。

我的曾外祖父第一次在麦克莱恩医院的住院经历相比后面几次简直就像在伊甸园里一样。在为期 7 个星期的疗程中，他每天要接受精神治疗、游泳、打羽毛球、玩牌、读书、听广播。同时，他还服用多种当时药物疗法的代表性药物。

在切斯特每天的精神治疗时段里，精神疾病医生尝试促进他的自尊，通过让他少钻牛角尖来减轻他的焦虑。渐渐地，不知是谈话疗法，还是羽毛球，还是药物，还是暂缓工作，或者是时间推移的作用，他的焦虑消散了（无论如何，他的主治医师将这归功于注射睾酮和常规的身体锻炼）。切斯特在 4 月 12 日出院了，他不那么抑郁了，也不再整天想着自杀了。但是在他的出院记录里，医生预测虽然焦虑症状暂时减轻了，但他具有担忧倾向的气质很可能再次给他带来麻烦。

一年以后，切斯特又回去了，1949 年 3 月 28 日他再次入院，根据医院院长记录，他当时感觉"紧张，焦虑，抑郁，自我否定"，并且受到"失眠和无法专心工作"的困扰。在他重新住进麦克莱恩医院的前一天，他告诉自己的家庭医生罗杰·李，他想结束自己的生命，但是"没有胆量动手"。李博士建议他再次住院治疗。

　　这一回切斯特更快地适应了精神病医院的生活，不到 10 天时间，在医院工作人员看来他已经放松了不少，但是他仍然被前一次住院时的那些问题困扰：焦虑、紧张、备课时的实际困难、他感觉自己相比其他教员同事总体水平不够。^①

　　随着医生们成功地"安慰他，让他了解到自己在学校的重大价值"，切斯特在几周内就"变得善于社交，也放松多了"。他的精神科医生相信"从工作责任中解脱"与他从睾酮注射中获得的积极促进相结合，保证了他的自信颇为迅速地建立了起来，一个月之内就出院了。^②

　　我的曾外祖父至少曾经一度出现了好转。他重新开始了在学校的完整教学职责，回到了学术工作中。在接下来的几年时间里，他似乎感觉不错，工作也很有效率，富有成果。

　　随即他就彻底崩溃了。

　　在 1953 年 1 月 22 日的一次教师会议上，切斯特的同事们注意到他似乎非常紧张、抑郁而且不安。那年春天，他的抑郁症恶化了，焦虑也增强了，无法继续工作。他的妻子说，最令人担忧的是他整天在家里转来转去，发出尖叫。"哦！主啊，我的心仰望你。"他大声地悲叹道，"今天，是一切的终点，是一切的终点。我本不应该放手的。"他"强烈地感觉自己失控了"，于是向李医生寻求紧急治疗，李医生建议他回去住院。1953 年 5 月 3 日，这是他在 5 年内第三次住进了麦克莱恩医院。

① 他的精神病主治医生如是写道："与他交谈时，我把大部分压力过大的原因归于他之前作为个体对自己在学校工作的评价。引导他提升对自己行政和教学业绩的满意度可能能够或多或少舒缓他自我批评的态度。"

② 1949 年 4 月 29 日，切斯特回到家，由妻子和私人医生李医生照顾。他的病历上写着："有证据表明，紧张和抑郁仍未消除，但是因为情况得以改善，还是可以让他出院回家的。"

在入院的精神疾病检查中，他极度焦虑，明显能感觉到他对于自己的焦虑症和抑郁症的羞耻感。[①] 此时切斯特已经出现了在今天称为"强迫性精神障碍"的症状：他不断地洗手，每天要刮好几次胡子，换好几次衬衫。

由于睾酮注射在切斯特前几次在麦克莱恩医院住院时似乎减轻了他的抑郁症，医生开始给他加大剂量。然而这一次，"睾酮产生的幸福感"无法战胜他的症状了。他的精神科医生判断，谈话疗法和药物不足以提升他的情绪。

因此，5月19日，在切斯特·汉福德本人的默许下，他接受了肯尼思·蒂洛森的第一轮电击治疗。[②] 在每次治疗时，切斯特都得接受麻醉，并且被牢牢地绑在床上。护理员们把电极贴在他的几处皮肤上，并且在他嘴里插入一个护齿，以防他咬掉自己的舌头。接着会打开一个开关，几百伏的电流会传遍他的全身，他的身体在床上扭动和抽搐。

每次治疗结束后，切斯特会感觉有些糊涂，并且有轻微的头痛。这两者都是电击治疗的常见情况。但是在他的第一次治疗结束还不到一天，他就告诉医生自己感觉明显好多了。几天以后，他接受了第二轮治疗。治疗之后，他病房的护士注意到他看上去"更加轻松，更加愉快，更加外向了"。他不再反复思考自己的问题，看起来焦虑程度明显轻多了。一周以后，经过第三轮电击治疗，转变更加明显：他"看上去很好"，睡得

---

① "他的同事们在他患病的这五年里给了他很大的支持。事实上，他没有承担起应承担的教学计划，这一点他自己很清楚。"有精神病医生记录道，"对妻子而言，他也是很沉重的负担，因为他妻子认为有必要帮他备课。"

② 同期，蒂洛森医生也在为诗人西尔维亚·普拉斯进行电击治疗，这段经历收录在她的小说《钟形罩》中。

好，吃得好，而且"经常开怀大笑"。护士汇报说他"远远不像刚住院的时候那么害怕了"，不再"跑来跑去地问护士他能不能做这个，能不能做那个了"。他开始花大量的时间和其他患者一起待在健身房里，打羽毛球和保龄球（他曾向医生暗示这些活动有违他 62 岁哈佛教授的高贵身份）。电击疗法似乎让他恢复（或者说是注入）了一丝愉悦感。

在第四轮治疗后，6 月 2 日，他汇报说自己"已经放松"并且渴望回到工作岗位上去。他的妻子经常来看望他，对此感到非常惊讶。她告诉医生，她的丈夫"回到了很多年前的样子"。切斯特自己告诉工作人员他感觉"更像自己了"。我觉得这听起来与彼得·克拉默在《神奇百忧解》中所说的惊人地相似：那些他在 90 年代使用百忧解治疗的患者曾经告诉他，药物治疗让他们感觉"更像自己了"。

我们对于电击疗法如何缓解抑郁症和焦虑症还知之甚少。打个比方说，电击疗法就像是在你的电脑键盘上按下 Ctrl+Alt+Delete 的功能键，它重新启动系统，重置神经操作系统的设置。治疗结果的数据非常引人注目。尽管它在七八十年代退出了主流——部分原因是杰克·尼科尔森在电影《飞越疯人院》中表现的一位接受电击治疗的患者形象让人们相信这一技术太过野蛮。现代研究显示，重度抑郁症患者在接受电击治疗之后的恢复率比任何一种药物疗法或者谈话疗法都要高。至少在短期内，我的曾外祖父的经历似乎证实了这一点。

会不会存在更引人注目的证据表明焦虑症和抑郁症是用从亚里士多德时代至今发现的所有方法都不能简单地"具体化"或"物质化"的呢？当切斯特·汉福德第三次住进精神病医院时，医生们似乎大部分已经放弃了用谈话或者精神分析疗法驱除他的抑郁症和焦虑症的想法——他的个性和性格似乎非常固执，抗拒"调整"。但是另一方面，使用几百伏的电流震击他的大脑——重新建立连接——似乎很好地取得了成功。在四轮电击治疗后，院长写道，切斯特的情况"表现出了极大的改善"。

1953 年 6 月 9 日，大约在切斯特入院一个月以后，心情愉快的他出院回到了妻子的身边。他们立刻动身前往缅因州度假，那是他多年来第一次热切地期盼秋季学期的来临，期盼可以教一批新的学生。

我希望切斯特·汉福德的故事能够以这样充满希望的方式结束，但最后他的焦虑症还是复发了，他被迫退休。整个五六十年代，他定期前往麦克莱恩医院——后来前往位于波士顿市中心的新英格兰女执事医院——接受更多的电击治疗。有一次，药效过强的鸡尾酒疗法差点要了他的命。在 50 年代末的一段时间里，他的焦虑和强迫症太过严重，以至于医生考虑进行一次前额脑白质切除手术（一项部分切除术，最终他逃过了这一劫）。

在切斯特的一生当中，某种程度上他一直很坎坷。部分时间段里他的情况还好，接下来一段时间就不怎么好。即使在他的情况不怎么好的时候，他也能够为了表面看不出来而振作自己。我母亲记得 60 年代中期的一个夏日，在汉福德位于西马萨诸塞州的家里要进行一次聚会。来自整个新英格兰的家族友人们在那天晚上要汇聚一堂。聚会那天，整整一个白天都从切斯特的卧室传来令人心神不宁的呻吟声。我母亲不愿去想他在聚会上会是怎样一副样子——如果他还能有副样子的话。可是当暮色降临，聚会开始时，他以一位优雅、善于交际的主人形象从楼梯走下来。第二天他又回到了自己的床上，蜷缩着，呻吟着。

我的父母回忆，切斯特在疗养院的那几年里不那么焦虑和易怒了。

我父亲怀疑这可能是因为那里大剂量地使用了安定。最终可能是苯二氮类药物成功地让他镇静了下来，战胜了他的焦虑，也许是把他从工作压力中解放出来了。

我深深地沉浸在曾外祖父的精神病史中，并且相当强烈地与之产生共鸣，因此我——作为一个过分担心自己健康、有担忧倾向的人——很自然地产生了担心：这种遗传的缺陷会很快让我陷入困境，长时间地在房间里哭泣和颤抖。

当我和 W 博士谈起这些时，他说："你知道的，我并不怎么重视基因决定论。"

我列举了一些最近的研究，它们表明焦虑症和抑郁症存在强大的遗传成分。

"没错，不过你和你的曾外祖父之间已经隔了三代。"他说，"你和他的基因只有一小部分是相同的。"

说得很对。而且无论如何，基因与环境之间的相互作用都是非常复杂的。"（基因）遗传对潜在的危险之间的反应可能是福也可能是祸。"丹尼尔·温伯格说，他是最早的 SERT 基因研究项目之一的首席研究员，"它可以将我们置于焦虑症的危险中，也可以将我们置于可能提供具有适应性的积极特质，比如较高的警惕性的环境中。我们得记住，焦虑症是人类体验的一种复杂的、多维度的特性，不是任何形式的单一基因能够预先决定的。"

W 博士和我谈论了学术会议正越来越重视善于恢复和接受的心理特质能够在多大程度上成为抵抗焦虑症和抑郁症的堡垒；很多尖端研究和治疗特别专注于培养恢复能力的重要性方面。

"对了！"W博士说，"我们需要想办法让你获得更好的恢复能力。"

当我告诉他自己对血清素转运体基因已经有了哪些了解，以及具有特定基因型的人为何会有更大的可能性生活得焦虑、不愉快、缺乏恢复能力时，W博士提醒我他不喜欢现代医学将精神疾病的基因遗传和神经生物学方面作为重点，因为它加固了思维是固定的、不可变的结构这一概念，但事实上它在人的一生当中随时都可以发生变化。

"我知道。"我说。我读过关于神经可塑性的最新发现——人类的大脑是怎样形成神经联系直到老年的。我告诉他我理解恢复能力在与焦虑症的斗争中的重要性。但是现在，我问道："我有这个能力了吗？"

"你已经比自己所了解的要善于恢复多了。"他说。

在某种意义上，焦虑是一种奢侈品：一种我们只有在自己并不担心"真正的"恐惧时才能够承受得起的情绪。

第十章
我们不再是老虎或者乳齿象的猎物

1869 年 4 月，一位名叫乔治·米勒·比尔德的来自纽约的年轻医生在《波士顿医学与外科手术杂志》上撰文，为一种他相信是新生的、只有美国人遭受的病症创造了一个术语"神经衰弱症"（neurasthenia，neuro 指"神经"，asthenia 意为"衰弱的"）。他在自己治疗的 30 位病人身上发现了这一情况，有时也称它为"神经疲劳"。他提出神经衰弱症主要折磨的是那些有雄心、上进心强的城市中上层成员，尤其是"北部和东部那些州几乎所有的脑力劳动者"，他们的神经系统在高速现代化的美国社会中负担了过大的压力。比尔德相信自己曾经患上过神经衰弱症，在 20 岁出头的时候成功战胜了它。

　　1839 年，比尔德出生在康涅狄格州的一个小村庄里，他的父亲是一位公理教会的牧师，而祖父是一位医生。比尔德在安多弗的菲利普斯学院读了预科，随后被耶鲁大学录取。在大学期间，他开始受到一系列神经症状的折磨，持续了 6 年之久。他后来在自己的病人身上也发现了这些症状：耳鸣、肋部疼痛、消化不良、神经过敏、病态的恐惧以及"缺乏活力"。按照比尔德自己的说法，他的焦虑症状很大程度上是由于自己拿不定主意从事何种职业而引起的。尽管也有证据表明他曾经因为缺乏宗教信仰而苦恼过（比尔德的两位哥哥追随父亲做了牧师。在他的日记中，他对自己精神生活上的淡漠表示了谴责）。然而，一旦他打定主意要做医生时，他的怀疑消失了，焦虑也散去了。1862 年，比尔德进入了耶鲁医学院，决心帮助那些遭受曾经困扰过自己的焦虑症折磨的人。

比尔德受到达尔文当时关于自然选择的研究影响，开始相信文化和技术的进化速度高于生物进化的速度，给人类带来了巨大的压力。特别是商务和专业人士阶层，他们是最受资本主义的地位竞争和不断增长的压力驱动的人群。尽管技术进步和经济发展提升了物质生活水平，但市场竞争的压力（伴随着熟悉的真理在现代化和工业化的冲击下崩塌而带来的不确定感）产生了巨大的情绪压力，耗尽了美国工人的"勇气力量"储备，导致严重的焦虑和神经疲劳。"在那些建立时间更久的国家里，人们一代一代沿着父辈的足迹前进，进入更高的社会阶层的可能性很小，因此也很少有这方面的想法。"比尔德的同事 A. D. 洛克威尔 1893 年在《纽约医学杂志》上撰文写道，"在美国正好相反，没有人满足于带着前人进入上层社会的可能性止步不前，人生的竞赛始终是快节奏的、不停歇的。因此我们很容易看到在这个国家，神经衰弱症的主要诱因就是文明本身，以及'文明'这个词涉及的方方面面，铁路、电报、电话以及期刊出版，以各种方式让我们的大脑活动更加激烈，并且加深我们担忧的程度。"①

比尔德相信，不断的变化以及作为美国式生活特有的对成就、金钱

---

① 焦虑似乎植入了美国人的精神之中，阿列克西·德·托克维尔（法国政治思想家、历史学家）早在 19 世纪 30 年代就观察到了这点。他在《论美国的民主》一书中写道："另外，我们也不要以为生活在民主制度下的人觉得终生辛苦和可悲。情况恰恰相反。没有一个地方的人能像他们那样安于自己的处境。要是没有使他们操劳的事情，他们反而会感到人生乏味。他们乐于操劳甚于贵族乐于享受。"

和社会地位不懈追求的联合作用，造成了神经衰弱的蔓延[①]。"美国式神经质是美国文明的产物。"他写道。美国将神经质作为一种文化条件创造了出来："希腊人当然是文明程度很高的，但他们并不神经质，在希腊语中也没有表示神经质的词汇。"[②]他提出，古代文明不可能经历过神经质，因为他们没有蒸汽动力，没有期刊出版，没有电报，没有科学，没有女性的心理活动："当文明加上这 5 个因素入侵任何一个国家的时候，它一定会同时带着神经质和神经疾病。"比尔德还提出神经衰弱症只会影响更"高级"的种族（尤其是盎格鲁－撒克逊人）和拥有更"高级"的宗教信仰的人。他观察到"天主教国家的人都不怎么神经质"（表面上看，这个说法很可疑，比尔德也没有什么真正的证据来支持它。另一方面，现代墨西哥作为一个主要信仰天主教的国家，焦虑症发病率远低于美国。世界卫生组织 2002 年的一项研究发现，美国人患上广泛性焦虑症的可能性是墨西哥人的四倍，一些研究发现，墨西哥人从焦虑症发作中恢复的速度是美国人的两倍。有趣的是，那些移民到美国的墨西哥人焦虑症和抑郁症的发病率也出现了大幅上涨）。

---

①　这同样也造成了对药物的依赖。就像在 20 世纪 50 年代，战后的富裕导致对眠而通、利眠宁及安定的疯狂消耗那样，19 世纪末的竞争压力也使"鸦片吸食者"的数量有了令人恐惧的上升。亨利·G. 科尔于 1895 年在《一位吸食鸦片的美国人的自白：从束缚到自由》一书中提出："机械的发明，商业的传播……对政治荣耀的野心；寻求获得好职位的机会；疯狂地争取快速致富，这也需要狂热的刺激……以及一种快到离谱的增长速度，这一切共同导致精神负担超出生理系统能够承受的范围；到了最后，过劳而透支的身体必须通过反复使用鸦片或吗啡才能得到休息。"

②　比尔德在别处将焦虑症描写为："现代的，美国人独有的，与年龄、国家、文明形式无关，希腊人、罗马人、西班牙人或荷兰人在鼎盛时期都没有这种痼疾。"

神经衰弱症是一种带有自夸性质的诊断，因为它被认为主要影响的是最具竞争力的资本家和情感最细腻的人，它是一种精英才会患上的疾病。根据比尔德的估计，他自己的病人当中有 10% 自己就是医生，而到了 1900 年，"神经质"已经明确地成为一种区分标志——一种同时表明高级和优雅的标志物 ①。

比尔德的著作中包含有在我们今天看来都毫不过时的案例研究以及详细阐述的症状。在他 1880 年出版的《关于神经疲劳的实用论述》一书中，比尔德使用了数百页的篇幅详述了神经疲劳的症状。"我会从头部和大脑开始，然后逐步向下列举。"他写道。这些症状包括头皮压痛、瞳孔放大、头痛、"飞蚊症" ②（或者说是眼前有斑点飞来飞去）、眩晕、耳鸣、嗓音绵软（一种"含糊不清、舌头无力"的嗓音）、易怒、后脑麻木和疼痛、消化不良、恶心、呕吐、腹泻、肠胃胀气（"患者频繁抱怨肠子里有烦人的隆隆响声"）、经常脸红（"我见过一些非常强壮、精力充沛、有着强健的肌肉、能胜任繁重的体力劳动的人却会在神经衰弱的情况下像小

---

① 早些年，乔治王朝时期（18 世纪早期至 1837 年维多利亚女王即位期间）的英国精英也吸收了一种"神经质文化"。据说和美国的神经衰弱症有着同样的自夸性的特点：教养良好、富有创造力的人群的神经系统极易受胃酸过多症和精神崩溃的侵蚀。而这种文化就如同文艺复兴一样，倾向于赞美拥有敏感的神经系统的人，同时给他们孱弱的体质提供了医学和生理学上的解释。就像解剖学家坚持不懈，力求解密人类的神经系统那样，当时的科学家将神经网描述成由纤维、韧带、血管或绳索等构成的系统，较前卫的解释则将系统功能归为水力学、电力学、机械学等等。这些解释中至关重要的概念是精神失常，大意是如果神经系统过度紧张便会崩溃，引发精神及生理症状，常有全身性虚脱。18 世纪 30 年代起，导致神经系统崩溃的神经系统的功能障碍常被称为"精神失调"，这个词也包含了从歇斯底里症、胃酸过多症到忧郁症的所有内容——这些精神和生理抱怨现如今会被安上神经病或身心失调的标签。

② 原文为拉丁语"MuscaeVolitantes"，意为"飞舞的苍蝇"。——译者注

姑娘一样脸红"）、失眠、牙齿和牙龈压痛、酗酒和药物依赖、皮肤异常干燥、手脚出汗（"我治疗的一位年轻人因为汗流不止而非常烦恼，威胁说如果他不能被彻底治愈就要去自杀"）、唾液分泌过多（或者是口腔过于干燥）、背痛、腰部和四肢沉重、心悸、肌肉痉挛、吞咽困难、抽筋、花粉过敏体质、对天气变化过于敏感、深度疲劳、怕痒、易痒、潮热、畏寒、手脚冰凉、暂时麻痹、打哈欠。一方面，这一整套症状广泛得简直没有意义了，因为这些症状只要是个活人，多多少少都会经历。另一方面，这冗长的列表与 21 世纪的神经质异曲同工。实际上，它与我每周过度担心自己会患上的疾病目录没有什么不同。

神经衰弱症也包括我们今天所说的恐惧症。比尔德的案例研究范围从雷电恐惧症（"我的一位病人告诉我，她在夏天总是盯着天上的云彩看，害怕雷暴雨可能会来临。她知道这很荒诞可笑，但她声称自己忍不住要这么做。在这个案例中，症状是从患者的外祖母那里遗传的；她母亲告诉她，当她还是个摇篮里的婴儿时就有这样的症状了。"）到广场恐惧症（"在我的一个案例中，一位中年男士能够轻松地沿着百老汇大道走路，因为他说大大小小的店铺能够让他有机会在感到危险时撤退；然而他无法沿着第五大道走路，因为那里没什么商店；在小巷里也不行，除非是非常短的巷子。他无法去周边的任何乡村旅行，在炎热的夏日里只能绝望地被关在城市里。有一次，他在乘车沿着百老汇大道向北，转向麦迪逊广场的时候，因为恐惧而发出尖叫，令车上的乘客们大为惊讶。这位有着有趣症状的男士是个高个子，精力充沛，面颊丰满，精神上颇具忍耐力"）；从幽闭恐惧症（害怕密闭空间）到独居恐惧症（害怕独处，"一位男士非常害怕单独离开住所，花 20 000 美元雇了一个人作为固定的陪同"）；从不洁恐惧症（害怕脏东西，一天要洗 200 次手）到广泛恐惧症（害怕一切事物）。他还有一位病人病态地害怕醉汉。

到了世纪之交，神经衰弱症在语言和意象上都已经深深地渗透到了美国文化当中。如果你没有神经衰弱的毛病，那么你一定认识有这个毛病的人。无论政治还是宗教场合都会提起它。消费者广告提供它的治疗方案，杂志和报纸刊登关于它的文章。西奥多·德莱塞和亨利·詹姆斯通过小说中患有神经衰弱症的人物吸引了更多的读者。表示神经衰弱的痛苦的词汇（"抑郁""惊恐"）蔓延到了经济领域。看起来，神经质已经成为这个时代与生俱来的心理状态和文化环境。美国处于工业革命改革的混乱中，同时被镀金时代的贫富不均撕裂，整个社会陷入了人类有史以来最为严重的焦虑症水平中。

以上是比尔德的说法。那么他所说的是真的吗？

根据来自美国国家心理健康研究所的最新数字，大约有 4000 万美国人，或者说是 18% 的美国人口正在遭受临床焦虑症的困扰。《美国的压力》是一份由美国心理学会每年推出的报告，它的最近一期发现美国是一个严重的"压力过大的国家"，大多数美国人表示自己感受到"中等"或者"高度"的压力，其中很大比例的人报告说存在与压力相关的身体症状，如疲劳、头痛、肠胃问题、肌肉紧张和磨牙等。在 2002 年到 2006 年，由于抑郁症而寻求药物治疗的美国人数量从 1340 万增加到了 1620 万。由于抑郁症而寻求药物治疗的人数比背痛或者偏头痛的人数更多。

美国焦虑症与抑郁症协会调查发现，有半数美国人称自己在日常工作当中出现过"持续或过度的焦虑"（其他一些调查发现 3/4 的美国人相信如今工作场合的压力比从前更大）。几年以前发表在《美国心理学家》杂志上的一项研究发现，说自己曾经感觉到即将精神崩溃的人在 1996 年比 1957 年时增加了 40%。表示自己经历过惊恐发作症状的人数在 1995

年是 1980 年时的两倍①。根据一项对全美国范围内即将入学的大一新生所做的调查发现，大学生的焦虑程度达到了这项调查问世 25 年以来的最高值。圣迭戈州立大学心理学教授简·特文格在查阅了 20 世纪 50 年代到 90 年代从 50000 名儿童和大学生身上收集的调查数据后发现，90 年代的平均大学生焦虑水平比 50 年代的大学生的焦虑水平高 85%；而 "80 年代'正常'焦虑水平的学龄儿童比 50 年代接受精神疾病治疗的儿童的焦虑水平还要高"（罗伯特·莱希是威尔康奈尔医学院的心理学家，他在《今日心理学》杂志上生动地描绘了这一发现的特征："今天的高中生的平均焦虑水平和 50 年代所有精神疾病患者的平均焦虑水平在一个层次上。"）出生在生育高峰期②的那一代人比他们的父辈更加焦虑；"被遗忘的一代"③又比他们更加焦虑；新千年的一代人已经显得比"被遗忘的一代"更加焦虑了。

焦虑症的发病率似乎在全球范围内都在上升。世界卫生组织近期的一项涉及 18 个国家的调查得出结论，焦虑症再一次超过了抑郁症，成为目前世界上最常见的精神疾病。英国国家健康中心的数据显示，英国医院 2011 年治疗的焦虑症患者数量是 2007 年的 4 倍，同时镇静剂的处方量还在不断地刷新纪录。英国精神健康基金会 2009 年出版的一份报告认为一种"恐惧的文化"——以动荡的经济和政客、媒体夸张地制造的恐慌为标志——制造了大不列颠的"焦虑水平新纪录"。

考虑到似乎在全世界范围内都能看到"焦虑水平新纪录"，我们今天无疑生活在一个有史以来最焦虑，比乔治·比尔德那个流行神经衰弱症

---

① 这并不令人意外，想想直到 1980 年 *DSM-III* 的出版才有了惊恐发作这种病吧。
② 指 1946—1965 年。——译者注
③ 指 20 世纪 60 年代中期至 70 年代末出生的一代人。——译者注

的时代还要焦虑的时代里。

为什么会发生这种情况呢？尽管经济状况不佳，近期全球经济也在出现衰退，但我们生活在一个物资空前富足的时代。在工业化的西方，平均而言生活水平是有史以来最高的；大部分发达国家的人预期寿命很长，并且仍在提高。相比于祖先，我们早逝的可能性大大降低，也不大会面对天花、坏血病、糙皮病、小儿麻痹症、肺结核、佝偻病和成群野狼的威胁，更不必说在没有抗生素、没有电、没有自来水的时代里会面临的那些生活挑战了。在许多方面，生活变得更加容易了。所以我们的焦虑难道不是应该比从前少吗？

也许在某种意义上，物质繁荣的进步与改善的代价（当然在某种程度上也是它的来源）是平均焦虑水平提高的原因。城市化、工业化、市场经济的发展、地域和阶级流动的增加、民主价值与自由的扩大——所有这些趋势，无论是基于自身还是共同作用，都为过去数百年里成千上万人大幅提高的物质水平做出了贡献。但是同时，其中任何一个趋势都可能促成了焦虑水平的上升。

文艺复兴以前，几乎没有出现任何社会、政治、技术和其他方面的进步。这让人们有些顺从于中世纪那种可能具有进化适应性的情感生活：所有事物一成不变的感觉既令人沮丧又令人欣慰——不需要去适应技术或者社会的变化；对更好生活的希望也不会破灭，因为根本没有这样的希望。当生活被对永恒的罪（一位德国的方济会传教士认为任意一个人遭受诅咒的概率是 1/100 000）的恐惧（以及期望）统治的时候，中世纪的人们的思维并不会像我们一样，被发展的希望和对衰落的恐惧占据。

今天，尤其是在西方资本主义民主国家当中，我们很可能也比历史上的任何时期拥有更多的选择：我们可以自由地选择居住在哪里，和谁恋爱、结婚，从事哪个行业，适应哪种个人风格。"美国人的主要问题就是选择的问题，"已故社会学家菲利普·斯雷特（Philip Slater）在1970年写道，"相比历史上的任何人，美国人每天都被迫要做更多的选择，但他们已知的事实更少，标准更模糊，环境稳定性更差，社会结构的支持也更少。"选择的自由导致了巨大的焦虑。斯沃斯摩尔学院的心理学家巴里·施瓦茨称之为"选择的悖论"，认为当选择的自由增加时，焦虑也随之增加。

可能在某种意义上，焦虑是一种奢侈品：一种我们只有在自己并不担心"真正的"恐惧时才能够承受得起的情绪（威廉·詹姆斯在19世纪80年代曾经提出过类似的观点）。也许准确说来，是因为中世纪的欧洲人有着太多需要恐惧的真实威胁（黑死病、侵略者、饥荒、政权更替、持续的军事冲突以及死亡。死亡总是不断出现——中世纪的人均预期寿命是35岁，有1/3的婴儿在5岁之前夭折），没剩下太多的时间供他们焦虑，至少没有留给弗洛伊德等学者所指的神经性焦虑太多空间——焦虑来自我们自身，产生于那些我们并没有理由去惧怕的事物。也许中世纪神经性焦虑症相对少一些的原因是这种焦虑症是一种人们在短暂、艰难的一生中无福消受的奢侈品。有研究显示，生活在发展中国家的人们虽然在物质生活方面比美国人困难一些，但他们患上临床焦虑症的概率比美国人要低，这一结果是对以上命题的支持。

此外，中世纪的政治和文化生活在很大程度上减少甚至是消除了我们今天需要对付的那些社会不确定性。"从出生的那一刻起，"精神分析学家和政治哲学家艾瑞克·弗洛姆评论道，"（中世纪的人们）就扎根在一个结构化的整体当中，因此人生没有任何地方留给怀疑，也没有任何怀疑的需要。一个人与自身在社会中的角色完全相同；他是个农民、工匠，或者是个骑士，并不是碰巧拥有这个或者那个职业的某个个体。"关于 21 世纪为什么会产生如此严重的焦虑的一个论点是：人们不再认为社会角色和政治角色是由上帝或者由自然所授予的——我们需要选择自己的角色。研究显示，这样的选择会令人产生很大的压力。弗洛姆和其他一些学者提出，像中世纪那样充满恐惧、黑暗和死亡的时代很可能比我们所处的时代的焦虑要少得多。

克尔凯郭尔所称的"自由的眩晕"是由做选择的能力导致的，它可以带有政治色彩：它所引起的非常强大的焦虑会产生一种回到原始关系那种令人宽慰的确定性的渴望——弗洛姆将这种渴望称为"逃避自由"。弗洛姆提出，这种焦虑使得德国的许多工人阶级成员在 20 世纪 30 年代愿意服从希特勒。在德国魏玛长大的神学家保罗·田立克也做出了类似的解释，认为纳粹的兴起是对焦虑的一种反应。"首先是一种恐惧感，或者更加准确地说，是一种模糊的焦虑流传开来，"他这样描写 30 年代的德国，"不仅是在经济和政治领域，而且在文化和宗教领域，似乎都丧失了安全感。没有任何东西可以用于建设，一切都没有了基础。每时每刻人们都在担心即将发生灾难性的崩溃。因此，每个人心里对于安全的渴望都在增长。一种导致恐惧和焦虑的自由便失去了它的价值；人们认为带来安全的权威比带来恐惧的自由要更好。"赫伯特 L. 马修斯是《纽约时报》在两次世界大战期间报道欧洲情况的一位通讯记者，他也观察到纳粹对焦虑的缓解作用："法西斯主义就像一所监狱，其中的人们可以获得一定的安全、庇护所和每天的口粮。"在社会混乱的时期，当古老的真理不再流行时，就出现了罗洛·梅所说的危险："人们出于从焦虑中解脱的迫切需求而抓住政治威权主义的救命稻草。"

神经生物学家罗伯特·萨珀尔斯基的一个观点就是人类的社会和政

治体系是高度流动的，而动态的体系会比静态的体系制造出更多的焦虑。萨珀尔斯基指出"人类历史上 99% 的时间里"社会等级明显是并不固定的，因此人们在心理上比现在的时代压力小。千万年来，人类社会组织的标准形式一直是狩猎者—采集者组合的部落。而根据今天我们所知道仍然存在的狩猎者—采集者群体来看，这样的部落"人与人之间相当平等"。萨珀尔斯基甚至认为农业的发明这一在人类历史的范围内相对比较新的发展"是有史以来最愚蠢的举动之一"，因为它使得食物能够囤积，并且有史以来第一次造成了"社会的分层和阶级的出现"。社会分层带来了相对贫困，引起了不公平的对比，由身份地位引起的焦虑应运而生。

杰罗姆·凯根和其他一些学者提出，人类社会的本质在历史上的变化造成了我们进化的配置与现代文化所重视的东西不相匹配。对于他人的意见过度胆怯、小心或者在意这些适应早期的人类社群交际的性格在"一个越来越富有竞争、流动、工业化和城市化的社会"当中不如它们曾经在几百年前由村庄和乡镇组成的乡村、农业经济环境中那么具有适应性了，在文字出现以前的人类群落中，每位成员意义的价值和来源总体上都是相同的；但大约从公元前 5 世纪起，人类就开始越来越多地和拥有不同价值观的陌生人一起生活在各个社区里——这种趋势在文艺复兴时期高度加速，在工业革命时期又一次得到了促进。由此，特别是从中世纪以后，"由于自身缺乏能力或地位以及道德前提的效力引起的一种不同的不适感。"凯根提出，"这些被标记为焦虑的感觉可以追溯到人类影响的等级制度中最初的情绪。"没准人类机体并未准备好去过一种社会新近才指定的生活——一种无情的得失所系的竞争机制，只有以损害另一个人为代价才能有所收获，"神经系统的竞争"取代了团结和合作。"竞争性的个人主义对社区经验产生不良影响，而社区的缺失又是当代焦虑症的首要因素。"罗洛·梅在 1950 年说道。

1948 年，W. H. 奥登凭借长诗《焦虑的时代》赢得了普利策奖，他在这首由 6 部分组成的诗歌中描述了人们在一个充满不确定性的工业化世界中随波逐流，像蒲公英般无所归属。在当时，焦虑症似乎已经超越了精神病学的范围，成了一种综合的文化环境。20 世纪 50 年代，当美国刚刚在第二次世界大战后占据了世界领先地位的时候，畅销书排行榜上已经出现了零星的关于如何缓解焦虑的书籍。紧跟着戴尔·卡内基 1948 年的畅销书《如何停止忧虑，开创人生》，一大批题为诸如《休息与生活》《如何控制忧虑自愈神经紧张》以及《战胜疲倦与畏惧》的书接踵而来，这意味着美国当时处于社会历史学家所谓的"国家精神失常"的控制中。1961 年 3 月 31 日，《时代周刊》的封面故事《呐喊》声称当时的时代"几乎世所公认是焦虑的时代"。20 世纪 30 年代（这个更加不稳定的时代）的英国和美国图书畅销榜都类似地充满着和神经紧张及神经质相关的自救类书籍：《战胜神经质：令人振奋的个人战胜神经衰弱全记录》在 1933 年和 1934 年多次再版；美籍医生爱德华·雅各布逊的书《你必须休息：减少现代生活压力的实用方法》1934 年也荣升《纽约时报》图书畅销榜榜首。

奥登将焦虑与不确定性联系在一起，这既符合长久的历史传统，又预见到了现代的神经科学。英语中对"焦虑"一词的最早使用之一就是与长期的不确定性联系在一起的：17 世纪英国医生和诗人理查德·弗莱克诺写道，焦虑的人"用一切事情来给自己增添烦恼"或者是"一个优柔寡断的人""在每次选择当中徘徊，就像一座空的天平，没有能够让他自己倾向任何一边的决断力砝码……当他开始仔细考虑问题时，就永远停不下来了"（《牛津英文词典》中最早的对"焦虑"的定义是对于某种不确定的事物的担忧）。近期的神经生物学调查发现，不确定性会激活大脑中的焦虑回路，患有临床焦虑症的人的杏仁核往往对不确定性非常敏感。"对不确定性缺乏耐受似乎是高度担忧产生过程中的核心程序。"宾夕法尼亚州立大学的心理学家米歇尔 J. 杜加斯写道。广泛性焦虑症患者"对于不确定性高度不耐受。"他说，"我用对不确定性'过敏'来作比喻……帮助他们将自己与不确定性之间的关系概念化。"2007—2010 年，使用"不确定性"一词的文章数量上升了 31%。难怪我们这么焦虑呢！

　　此外，我们可能相对来说比自己认为的焦虑程度要低一些，因为几乎每个时代都宣称自己才是最焦虑的时代。如果足够深入地阅读神经质与忧郁症的文化历史，你会发现每一代声称自己最焦虑的说法听上去都非常像它的前一代和后一代的说法。英国医生埃德温·李在他 1838 年的著作《对一些神经疾病的论述》中提出："今天盛行的关于神经问题的抱怨达到了之前任何一个时期，或者其他任何一个国家都没有见过的程度。"他的观点似乎不仅与晚于他的乔治·米勒·比尔德很像，而且也与早于他的英国海军医生托马斯·特罗特的观点很相似。"19 世纪初的时候，我们毫不犹豫地断言……在所有文明社会经历的神经疾病中，可能只有2/3 受到了恰当的重视。"特罗特在 1807 年出版的《神经症气质观察》中写道。[1] 在特罗特做此断言的 80 年前，当时最杰出的"神经医生"乔治·切尼提出，他以"英国病"来命名的神经疾病的"残暴和吓人的症

---

[1]　特罗特警告说，一种传播性的神经疾病不仅威胁到了英国的"国家名誉"，也威胁到了国家安全。因为在它们还不够强大时，英国公民就已经被侵入和征服了（在欧洲大陆烧杀抢掠的拿破仑甚至加强了特罗特对国家的神经弱点的传播性的恐惧）。

状"是"我们的祖先一无所知的，并且从未提升到如此致命的程度，也从未折磨过如此多的人，或者其他已知的什么国家"。①

一些理智的历史学家将现代焦虑症的诞生追溯到了 17 世纪牛津大学的学者罗伯特·伯顿的著作中②。伯顿并不是一位医生，而且在数十年的时间里他一直在忙碌地阅读广泛得惊人的书籍和潦草地撰写自己的鸿篇巨制《忧郁的解剖》，几乎从未涉足过这项工作之外，但他对西方文学和心理学的影响是永恒的。19 世纪晚期最具影响力的医生之一，住院医生培训系统的发明者威廉·奥斯勒爵士称《忧郁的解剖》是"有史以来最伟大的由非医学界人士撰写的医学论著"。约翰·济慈、查尔斯·兰姆、塞缪尔·泰勒·柯勒律治都非常看重它，并且吸收它用于自己的著作。塞缪尔·约翰逊告诉詹姆斯·鲍斯韦尔，对他来说《忧郁的解剖》是"唯一一本曾经会让他提前两个小时起床阅读的书籍"。这本书于 1621 年完成，当时伯顿 44 岁，随后的 17 年里，《忧郁的解剖》又进行了多次修改和扩充，它是一本包括了那个时代之前所有的历史、文学、哲学、科学和神学成就的史诗性的综合著作。这本书最初以三卷的形式出版，伯顿在他于 1640 年去世之前的那些年里又进行了修补和增加（还增加了更多内容），书的篇幅膨胀了不少。我自己手里的版本是《忧郁的解剖》第六

① 切尼声称英国有 1/3 的人都被这个叫作"忧郁"（spleen）、"忧郁病"（the vapors）或"意志消沉"（hypochondria）的神经疾病折磨，这些单词在今天都聚集在 DSM 中焦虑症或抑郁症的词条下（要注意的是切尼所声称的 1730 年折磨英国的焦虑症的程度与如今国家精神健康研究院所给出的美国的数据相当）。

② 在引用其他人的报告时，伯顿声称患忧郁症的频率（包括现代诊断中的焦虑症和抑郁症）"在我们这个疯狂的岁月是如此常见"以至于"1000 人中几乎没有一人能够幸免"。

版的一个平装临摹本，字体很小，长达 1832 页。

伯顿书中的很大一部分内容是用拉丁文写成的，荒诞、无意义、自相矛盾、无聊，或几点兼有。但同时它也有很多关于人类状态的积极幽默、黑暗悲观和令人安慰的智慧（很容易看出塞缪尔·杰克逊为什么对它如此着迷），而且伯顿通过在几乎是人类历史上所有典籍之间丰富的穿插，成功地在一部作品中收集了所有当时人们拥有的关于忧郁症的全部知识，并为后来的作家和思想家们建立起了能够从事研究的领域。这部著作很明显也得到了他本人的抑郁症的启示，而且就像奥古斯丁的《忏悔录》和弗洛伊德的《梦的解析》一样，不仅从他人的专业著作中，也从自身的深刻内省中获得启示。"其他人从书本中获取知识，"伯顿写道，"而我从忧郁症中获取知识。"当然，伯顿的知识中很大一部分来自书本（他引用了成千上万本书中的内容），而让这本书显得非常有趣的一部分原因是，伯顿能够将自己的主观体验客观化。①

尽管在伯顿出版他的著作时，其中的部分内容已经过时和可笑，但他的一些洞见和观察还是相当现代的。他对于惊恐发作的准确临床描述后来得到了 *DSM-V* 的认可："这种恐惧给人们造成了很多不幸的影响，例如脸色发红、脸色苍白、颤抖、出汗，它会使人感觉全身忽冷忽热、心跳加速、昏厥等等。"下面是对我们今天称为广泛性焦虑障碍的疾病的合格描述："许多人对恐惧感到惊奇，他们不知道自己在哪里，不知道说什么、做什么，而最糟糕的是它很长时间以来一直用持续的惊吓和怀疑折磨着他们。它给大多数积极的尝试造成了阻碍，而且令他们的心情痛

---

① 我感觉自己与伯顿很有共鸣，因为他直率地承认他撰写关于忧郁症的书籍是为了与他自己的忧郁症做斗争："我以忧郁症作为写作题材，是为了避免忧郁症。"

苦、沮丧和沉重。他们这些生活在恐惧中的人永远缺少自由、果断、安全，永远不会愉快，却处于持久的痛苦中：正如斐微斯所说的那样：'空虚是比恐惧更深的痛苦。'① 没有什么比这更痛苦，没有能够与之相提并论的痛苦或者折磨；他们被怀疑、焦虑和孤独困扰，他们幼稚地，毫无理由、毫无批判地消沉，就像普鲁塔克说的：'尤其是面对一些糟糕的目标时'。"②

伯顿列举了数百种关于焦虑和抑郁的理论，其中有很多相互矛盾，但是最终他强调的治疗方法或许可以归结为定期锻炼、下棋、沐浴、阅读、听音乐、服用泻药、合理膳食、节制性爱，而最为重要的是让自己保持忙碌。"引起忧郁症的最大原因就是闲散，忙碌是最好的灵药。"他引用阿拉伯医生拉齐的话说。伯顿结合了享乐主义和禁欲主义（还有来自东方的佛学）的智慧，他建议人们克制自己的野心，接受自己拥有的条件，以此作为通向幸福的一条道路："如果人们在自己力所能及的范围内做尝试，那么他们应该会过上满足的生活，同时学着了解自己会限制他们的野心；他们接着会意识到自然的就是足够的，不需要追求那些额外的、没有好处的事物，那只会给他们带来不幸和妨害。正如肥胖的人更容易生病一样，富裕的人也更容易变得荒谬和愚蠢，遇到更多伤害与不便。"

---

① 原文为拉丁语"Nullaestmiseria major quam metus"。——译者注

② 传记作家、历史学家普鲁塔克生动又准确地描述了如今我们称为临床抑郁症是如何导致焦虑症的升级的。任何一个受到狂躁的抑郁症造成的失眠的影响的人——焦虑症引发失眠，而失眠又招致更深的焦虑——都会发现普鲁塔克的临床描写是多么恰当。他写道，对于一个人来说，"每个微小的罪恶都会被焦虑症这令人害怕的恐惧放大……无论在睡梦中，抑或是醒着，都会为焦虑症的恐惧所困扰。醒的时候，无法说服自己；睡着的时候，也不能从忧虑中得到喘息。理智永远睡着，恐惧永远醒着。想象中的惊怖如影随形，无处可逃"。

试图直接比较不同时代的焦虑水平是件徒劳无功的事情。抛开现代关于镇静剂消耗量上升与下降的资料和数据，并不存在一种能够超越不同地区、不同时代的文化特殊性来客观地衡量焦虑水平的计量手段——焦虑和任何一种情绪一样，是一种天生主观、受到文化制约的事物。但如果焦虑是恐惧的衍生物、恐惧是一种旨在帮助延长人类寿命的进化冲动，那么焦虑无疑与人类的历史一样久远。人类从前和现在一直都很焦虑（即便焦虑在不同的文化中以不同的方式折射），我们当中比例相对固定的一部分人总是比其他人要更加焦虑。人类的大脑一发展到能够理解未来的程度，便立刻能够对未来感到恐惧。随着计划未来、想象未来的能力而来的还有担心、恐惧未来的能力。当猛兽在克罗马农人的洞穴外潜伏时，他们会因为紧张而肠胃不适吗？原始人类在与部落中等级更高的成员打交道的时候会感觉手脚出汗、口干舌燥吗？穴居人和尼安德特人中有成员怯场或者恐高吗？我可以想象是有的，因为这些原始的智人也是制造了人类焦虑能力的进化体系的产物，他们和我们有着相同的，或者是非常相似的关于恐惧的生理机能。

这意味着焦虑是人类状态中永恒的一部分。"在今天我们仍然认为主要的威胁来自有形的敌人的牙齿和利爪，实际上这些威胁大部分来自心理，广义上讲，是来自精神的，也就是说，它们没什么意义。"

罗洛·梅在《焦虑的意义》的1977年修正版的前言中这样写道，"我们不再是老虎或者乳齿象的猎物。会让我们受到伤害的是自尊心的受挫、同类的排斥或者在竞争中出局的威胁。焦虑的形式发生了改变，但焦虑的体验相对而言仍保持着以前的样子。"

第五部分　改变与超越

如果你能够正确地驾驭自己的焦虑气质，焦虑也许能让你在工作中表现更好。

第十一章
正确地驾驭自己的焦虑气质

从 10 岁的时候开始，我每周都去同一位精神疾病医生那里就诊一两次，持续了 25 年。当还是个 10 岁孩子的我因为综合性恐惧症被送到麦克莱恩医院时，就是精神疾病医生 L 博士为我进行的墨迹测试。当我在80 年代初开始接受他的治疗时，他已年近五旬，身材又高又瘦，有点谢顶，留着经典的弗洛伊德式胡须。这些年来，他的胡须时有时无，他的头发越来越少，颜色从棕色变成了花白又变成全白。他的办公室从这里（他和第一任妻子的住处），搬到那里（他和第二任妻子的住处），又搬到第三个地方（他从一位眼科医生那里租的房子），再搬到第四个地方（为了保持向更与时俱进的方向搬迁，他与一位按摩师和一位电蚀①医生共用一间等待室），最终搬到了科德角的海边，也就是我最后一次去他那里就诊的地方（他又一次将自己的生意和办公室安在家的旁边）。

L 博士从 20 世纪 50 年代到 60 年代初在哈佛大学读书，在精神分析法全盛时代的末期开始了自己的职业生涯，当时弗洛伊德的学说仍然占据统治地位。我第一次和他见面时，他既相信药物治疗，也相信弗洛伊德关于神经疾病与压抑、恋母情结和移情的观点。80 年代初我们进行的第一个疗程包括大量的墨迹测试、自由联想以及围绕我对自己婴儿时期的回忆展开的讨论。21 世纪初，我们的最后一个疗程集中在角色扮演和"能量活动"（energy work）方面。近年他花了大量的时间试图让我报名

① 用电针消除人体疣、痣或多余毛发等。——译者注

参加一个特殊的瑜伽班，那个班如今身陷联邦法庭，被多方指控为洗脑仪式。

以下是我们在长达 1/4 个世纪的治疗过程中采取过的方法：看书（1981 年）；玩西洋双陆棋（1982—1985 年）；掷飞镖（1985—1988 年）；穿插使用多种当时最新的尖端精神治疗方法，比如催眠术、器械辅助沟通、眼动脱敏疗法、再加工疗法、内在童心疗法、能量系统疗法、家庭内部系统疗法（1988—2004 年）等。几乎所有流行过的精神治疗和精神药理学方法我都尝试过，是受益者，可能也是受害者。

几年前，当我开始为这本书的撰写做研究的时候，我决定找 L 博士来做一次采访。尽管他没能治愈我的疾病，但又有谁能比一个曾经花了数十年时间为我进行治疗的人更好地帮助我理解自己的焦虑症呢？于是我写信给他，告诉他我正在做的事情，询问他我是否可以对他做一次关于多年治疗我的情况的采访，并且看看他手里还保留着的任何我当年的病情卷宗。他说自己那里已经没有我的卷宗了，但很乐意和我聊一聊。在 11 月下旬一个寒冷的下午，我从波士顿驱车出发，从普罗温斯顿来到旅游淡季里寒风凛冽、沉闷无趣的科德角。我上一次见到 L 博士或者和他说话已经是 5 年多以前的事情了，我对于会面情况如何感到有些焦虑（当然会这样）。我想保持一种记者的镇定，以避免陷入旧时习惯性的对他的欣赏中去（他在 25 年的时间里是以一种父亲的形象出现的）：我预先服用了一片赞安诺，并且短暂地打算停车去酒类专卖店买一小杯伏特加让自己镇静一下。① 下午 3 点左右，我的车开进了他家的私人车道。

L 博士在屋后的平台上等我，朝我挥手，打着手势让我上楼到他的

---

① 当然，我甚至仔细考虑过这表明那些年在 L 博士手里接受的治疗并不是多么有效，我现在对药物有依赖性。

办公室里去。在那儿，他热情地问候我，我猜想他也许有一丝警惕和疑惑，好像我的登门造访是为了搜集医疗事故诉讼的证据似的（在这次会面之前，他在关于我的卷宗和其他时候的电子邮件往来中似乎用词都非常小心，就像被律师审查过一样）。当时他已经年近八旬，看上去仍然非常硬朗和健康，外貌比实际年龄要年轻。我们坐了下来，我对他说了自己过去几年中所从事的工作，接着我们开始谈论我的焦虑症。

我问他："您还记得我这个 20 多年前第一次出现在精神病医院的孩子吗？"

"我记得挺清楚的。"他说，"你当时是个非常苦恼的孩子。"

我向他询问我 10 岁时已经非常严重的呕吐恐惧症的相关情况。"呕吐会导致你的身体崩溃真是个戏剧性的幻想。"他说，"你的父母没有帮助你验证现实，而你与恐惧症融为一体了。"

他还记得自己和他在精神病院的团队是如何解读我的墨迹测试的吗？我不久前去过麦克莱恩医院的档案部门，询问档案管理员能否找到我的原始评估档案，但是它们在几年以前已经被调走了，没有人能够追踪到。我所能回忆起的唯一一幅图像好像是一只受伤的蝙蝠，它的翅膀被撕裂了，无法从笼子里逃出。"那很可能与你被抛弃和被包围的感觉存在一些关联。"L 博士说，"缺乏安全感的意识和强烈的易感性。"

我问他，他认为是什么导致了这种易感性的产生。

"有很多原因，我们知道在父母身上存在一些缺陷。"

他首先谈起了我的父亲，他们很熟，曾经在我母亲为了她的律师事务所的执行合伙人和我父亲离婚时给他进行过心理咨询。① "在你的成长过程中，你的父亲扮演着一个强大的'知者'的角色，也就是说他有很强的判断力，而对于焦虑的行为没有太多的忍耐力。你的焦虑会令他愤怒地爆发。他不会考虑你的感受。当你焦虑的时候，他会评判它、想去修正它；他没法帮助你解决问题，没法安抚你。"

① 顺便提一下，这事让整个利益冲突更加复杂化了。1995 年秋天的一个周日，我的母亲向父亲提出离婚。我父亲绝望地拯救婚姻，这么多年来第一次完全戒酒，以一种和他的个性完全不符的姿态默许了接受紧急情侣心理咨询。在这之前的很多年，他虽然支付我和我姐姐的精神病治疗费用，但看不起心理治疗。我每次治疗后他都会问："你的疯子课程如何啊？"久而久之，这个"行话"在家庭内部已经成了通用语，以至于后来我和姐姐使用这个词时都已经丧失了它的讽刺意味（"妈，你能周三送我去上疯子课程吗？"）。1995 年，L 博士和他的新任妻子 G 护士（也是位有执照的临床社会工作者）刚刚挂牌为情侣进行心理咨询时，我的父母就开始在他们那里接受密集的情侣心理治疗了。这在当时，除了 L 博士还仍是我的主治心理医生以外，并没有任何不妥之处。

我父亲刚开始就诊时因离异精神崩溃，心烦意乱，酗酒严重。不到两年，他就完成了治疗，变成了一个开心、高效的人，再婚，认为（他自己和 L 博士都这么想）自己比以前更加实现了自我价值，也更可靠了。在这 18 个月中，他只是断断续续地去 L 博士那里辅导，而我已经进行到第 19 年了，却还是和以前一样焦虑。

几年前，我的妻子问父亲，在他结束疗程时，L 博士是否提到过我的情况。答案是肯定的。父亲回忆说，L 博士曾经告诉过他，我离治愈还有相当长的距离，"问题严重"，需要帮助。

我想，这的确是问题所在。然而问题之一难道不是我的父亲——他多年来对我的工作和生活进行了严苛、批判的评价，这很可能伤害了我的自尊——通过借用我的主治医生，不费吹灰之力，从精神濒于崩溃进步到痊愈，而我还困于炼狱般的抑郁症中停滞不前，他用这一切再次证实了我全面的低下和无能吗？当父亲痊愈时，我的感受就像一个学龄儿童亲历了弟弟妹妹通过上强化班超过了自己一样：我的父亲，比我晚数十年起步，但迅速功德圆满，光荣毕业，而我还在复读，挣扎在第 19 年的三年级课堂。

　　L 博士停顿了一会。"他也无法安抚自己。他会对自己的焦虑进行指责。在他看来，焦虑是一种弱点。这让他恼火①。"

　　那么我的母亲呢？

　　"她自己就太过焦虑，无法有效地帮助你应付你自己的焦虑。"L 博士说，"她的一生都是围绕避免焦虑来安排的。所以当你焦虑的时候，她也会焦虑。在一组这样的亲子关系当中，孩子会承担父母身上的焦虑，却并不知道这焦虑来自哪里。她的焦虑变成了你的焦虑，而你应付不了，她也帮不了你。"

　　"你在'客体永久性'（object constancy）方面存在问题。"他继续说下去，"你没有将父母的形象内在化。只要他们不在你的身边，你就会深刻怀疑自己是不是被抛弃了。你的父母永远无法足够安定，给你一种他们还在这个星球上的保证。"②

---

①　关于我父亲的怒火，我童年时较为黑暗的一个瞬间是这样的。14 岁时的一天夜里，我因为巨大的恐惧在凌晨 3 点惊醒。父亲听见我的哭声后失去控制，冲进我的房间，身后跟着我的母亲。他开始不停地揍我，叫我闭嘴。这让我哭得更凶了。"你个笨蛋，你个可悲的大笨蛋！"他边吼边拖起我，将我扔出去。我撞上墙，滚到地上，躺在那里，痛苦万分地抽泣时，我看见父亲低头看着我，母亲麻木地站在门边。我本来就容易感到孤单，甚至在亲友围绕时也是如此。在那一刻，我的孤独感达到了空前绝后的顶峰 [在这仅仅作为证据证实我所言不虚，我需要引用父亲的日记，这是他在母亲离开后写下，几年前拿出来和我分享的："大约 11 岁时，斯科特开始变得非常焦虑，特别害怕呕吐，开始出现怪异的行为。安觉察到了，但我拒绝接受现实。安是对的。在雪莉医生（儿科精神专家）尖刻地对我心理学上的无知进行了斥责后，她建议我们去麦克莱恩医院进行评估。这使得后来斯科特在 L 博士处接受心理治疗。尽管最初的程序烦琐得可怕，后来斯科特病情恶化，特别是在晚上难以入睡，到了必须服用氯丙嗪和丙咪嗪的地步。因为沮丧，我常对他在言语上甚至身体上进行虐待。"]

②　这很符合鲍尔比—爱因沃斯的安全型依恋理论。

L博士说他相信这种分离焦虑是由于我母亲的过度保护而形成的。"你从你母亲那里得到的信息是'你不能这样做，不能冒险，因为太强的焦虑会令你崩溃'。"

我告诉他听上去他好像把我的焦虑主要归因于心理动力学方面，也就是我和父母之间的关系。可是现代研究的结果难道不是说明焦虑易感性的形成在很大程度上是遗传方面的原因吗？比如，杰罗姆·凯根在基因与气质，以及气质与焦虑之间关系方面的研究结果难道不是说明焦虑性格是植根于基因组中的吗？

"你看，也许就是你所具有的'抑制型气质'导致事情变得更糟了。"他说，"但是我本人的观点是即便你具有这种基因形成的气质，你母亲的个性可能仍然给你带来了问题。她和你父亲都无法提供你需要的东西。你无法安抚自己。"

"没错，"他继续说，"有证据表明你存在基因产生的神经化学方面的问题。而且你母亲的个性与你的遗传气质很不合适。但是一个诱发某种疾病的基因并不是一定会给你带来那种疾病的。遗传学家们说：'我们会绘制基因图谱，并且解决问题。'不！这不可能！即使是乳腺癌，有时仅仅是一个环境因素（比如饮食）就会导致一种可能通过基因诱发的癌症真的发作。"

我发现药物（赞安诺、克诺平、喜普妙、酒精）在安抚我方面比我父母在任何时候都更加有效，比L博士，也比我自己的意志（无论包括哪些因素）都更加有效。这难道不是说明无论我的父母身上有怎样的缺点，我的焦虑在更大程度上是一种医学问题，而不是心理问题吗？这难道不是说明焦虑是一种深嵌在身体和大脑中的问题，而不是深嵌在思维或灵魂中的问题——它是一种从身体溢出到大脑再到思维，而不是从思维渗入到大脑再到身体的问题吗？

"这是错误的二分法！"他断然否认，站起来从书架上抽出一本书：《笛卡儿的错误》。在这本书里，神经科学家安东尼奥·达马西奥解释了笛卡儿提出的思维与身体存在区别的理论是错误的。思维—身体的二元论事实上并不是一种二元论，L博士改述了达马西奥的话，身体产生了思维，而思维又深深影响着身体。这两者是无法分开的。"大脑新皮质功能"——也就是思维——"使我们成为这样那样的人。"L博士说，"但是大脑边缘系统"——它是自主的、无意识的——"可能在决定我们成为什么样的人方面具有同样或更重大的意义。在没有情绪系统参与的情况下，新皮质是无法成功做出决定的。"

为了阐释身体与思维的不可分离性，L博士谈起了精神创伤的影响（他不久前去过斯里兰卡，在那里教授精神治疗师们应该如何治疗2004年海啸的那些幸存者）。他解释说，精神创伤与虐待的经历会保存在我们的身体里，"交织在我们的人体组织中"。

"想想纳粹大屠杀的那些幸存者吧，"他说，"即便是大屠杀幸存者们的孙辈仍然比别人焦虑程度高，这种差异在生理学上是能够检测出来的。他们往往比别人在更多的情况下会触发焦虑。如果他们观看索马里暴行受害者的影片，他们对此会产生更强烈的反应。"他说，这是真的，不仅仅是大屠杀幸存者们的孩子，还有他们的孙辈甚至是重孙辈都有这样的情况。"有些东西通过他们的父母或者祖父母的经历灌注进了他们的身体。这种精神创伤和他们自己完全没有关系，但对他们能够产生影响。"（在这里我想起了我父亲对大屠杀的着迷。他床边的桌子上总是放着关于纳粹的书籍，电视里总是放着第二次世界大战的纪录片。他的父母在大屠杀之前逃离了德国，家族的大部分成员也逃离了，但那是在他的祖父和几位叔叔在"水晶之夜"^①中遭到残酷殴打之后的事情了。）

我问 L 博士，他认为从自己进入精神病学这个领域开始将近 50 年的时间里，这一领域，尤其是在关于焦虑症的成因和治疗方面的观点发生了多大的变化。

"弗洛伊德学派是自知至上的，"他说，"如果你对自己的神经疾病存在'自知'，他们就预期你能够控制它。大错特错！"

那段时间里 L 博士的治疗选择要么是尖端高科技或者新潮的，要么是有些奇怪的，这取决于你的看法：比如眼球转动脱敏和再处理（eye movement desensitization and reprocessing），方法是在重新体验精神创伤的同时反复地转动眼球；以及家庭内部系统疗法（internal family systems therapy），这种疗法是以精神疾病专家理查德·施瓦茨的研究为基础的，方法是训练患者通过"执行自我"（conducting self）获得对自己的多个自我的掌控，并且帮助他同自己具有易感性的内在自我建立起一个更好的、更强有力的关系。在我接受 L 博士治疗的最后几年里，我花了很多时间在他的办公室里从一张椅子移到另一张椅子，进入不同的"自我"和"活力"，并且与我的内在自我进行对话。

"我们曾经以统一的眼光来看待情绪和人格缺陷。"L 博士继续说道，"但是现在我们意识到人格有很多细小的分类，它们各有自己的信仰和价值。"他说，治疗的关键在于让患者了解多样的自我，并且帮助患者控制携带着精神创伤或者焦虑的那些自我。

"如今，"他说，"我们已经了解了更多关于焦虑的神经回路的情况。有时你需要用药物治疗，但是更新、更高水平的精神病学方法是改变脑

---

① "水晶之夜"指 1938 年 11 月 9 日至 10 日凌晨，希特勒青年团、盖世太保和党卫军袭击德国和奥地利犹太人的事件。它标志着纳粹对犹太人有组织的屠杀的开始。

化学——用和药物相同的方式来改变。"

"我的命运是不是被神经回路决定的呢？"我问道，"我来到你这里接受了 25 年的治疗，也去很多其他精神病医生那里求诊过，还尝试了多种治疗方法。然而现在我已经步入中年，仍然长期被焦虑困扰，有时这种焦虑还非常伤人。"

"不，你的命运并没有注定。"L 博士说，"我们现在对神经可塑性已经有了足够的了解，明白精神回路是一直在生长的。你总是可以修改自己的软件的。"

即便无法从焦虑症中彻底康复，我已经开始相信其中可能存在一些补偿价值。

历史证据表明，焦虑症与艺术或者创造方面的天才可能存在关联。例如，艾米莉·狄金森的文学天赋就不可避免地与她的焦虑症联系在一起（她自从 40 岁以后完全足不出户，事实上都很少走出自己的卧室）。弗兰兹·卡夫卡对艺术的敏感性和他神经的敏感性也是联系在一起的；当然，类似的还有伍迪·艾伦。哈佛大学的心理学家杰罗姆·凯根提出 T. S. 艾略特的焦虑症以及高活性的生理特点帮助他成为一位伟大的诗人。凯根发现，艾略特小时候是个"害羞、小心、敏感的孩子"，但是由于家人的支持，他接受了良好的教育，加上"不同寻常的语言能力"，艾略特能够"开发自己的气质"而成为一位卓越的诗人。

或许马塞尔·普鲁斯特是将自己的神经敏感性转化为艺术成就的最著名例子。马塞尔的父亲阿德里安是一位专攻神经疾病的医生，他还著有一本颇具影响力的书籍《神经衰弱的保健法》。马塞尔不仅阅读了父亲的著作，而且看过那个时代很多其他主要神经医生的书籍，把他们的著作吸收进了自己的作品。一位批评家曾经说过，他的小说和非小说类作品中"充斥着神经功能紊乱的相关词汇"。《追忆逝水年华》全书的很多地方、多位不同的人物要么针对亚里士多德最先发现的"神经疾病能够催生伟大的艺术成就"这一观点发表了评论，要么亲身体现了这一观点。对于普鲁斯特而言，艺术敏感性的精致与神经过敏有着非常直接的联系。高度的紧张会带来高雅的艺术。①

高度的紧张至少在某些时候也能够带来高科技。加州大学戴维斯分校的心理学家迪恩·西蒙顿数十年来一直从事天才们的心理状况研究，他估计在那些杰出的科学家当中有 1/3 患有焦虑症或者抑郁症，或者两者皆有。他猜测让一些人形成焦虑症的认知机制或者神经生物学机制同样也能增强给科学带来概念性突破的创造性思维。当艾萨克·牛顿爵

---

① 也考虑考虑这些患有精神疾病的知识分子吧：大卫·休谟、詹姆斯·鲍斯威尔、约翰·斯图亚特·穆勒、乔治·米勒、比尔德、威廉·詹姆斯、居斯塔夫·福楼拜、约翰·拉斯金、赫伯特·斯宾塞、埃德蒙·戈瑟、迈克尔·法拉第、阿诺德·汤因比、夏洛特·博金斯·吉尔曼以及弗吉尼亚·伍尔芙。他们中的每个人都在职业生涯前期（有些人是后期）受到了精神衰弱的折磨，非常虚弱。苏格兰启蒙运动中最闪亮的明星之一大卫·休谟刚刚成年就放弃了法学的学业，进入了不太能靠得住的哲学领域。1729 年春，休谟因过量用脑而崩溃。他后来在给记录自己病情的医生的信中写道，他当时感到身体疲倦、心烦意乱，无法专心于正在撰写的书上（这本书就是后来的《人性论》），剧烈的腹痛、出疹、心悸在这五年的大部分时间里折磨着他。就像达尔文后来做的那样，他收集了在售的所有疗法，希望找出能够治愈所谓的神经"失调"的那一种：他在矿泉疗养浴场接受水疗，去乡间散步、骑马；按照家庭医生的处方做"苦味药和抗癔症的药丸疗程"，还"每天喝一品脱红酒"。在写信向另一位医生求助时，休谟问道："在您认识的学者中有人也病到这个地步吗？到底有没有治愈的希望？必须得等很久吗？是否能够彻底痊愈，我指精神也像当初一样有活力，能够经受得住深奥晦涩的思考带来的疲劳？"最后，他痊愈了：1739 年出版了《人性论》后，他看起来没有再受到困扰，继而成为英语学界几乎最重要的哲学家。

士发明微积分时，在整整十年里其他人都毫不知情——因为他过于焦虑和抑郁，没有把这个消息告诉任何人（有好几年时间，他的广场恐惧症过于严重，完全足不出户）。也许达尔文不是因为焦虑症而被迫连续数十年待在家里，他可能永远都无法完成自己在进化方面的研究。西格蒙德·弗洛伊德在自己的职业生涯早期差一点因为严重的焦虑症和自我怀疑而被耽误；他战胜了疾病，成为精神治疗师代代相传的图腾，在理论方面对他们产生了重要影响。弗洛伊德在建立了自己伟大的科学家的声誉后，他和他的追随者们便寻求将他永久地塑造成一个始终充满自信的智者形象，然而他早年的信件却透露出完全相反的信息。

焦虑本身并不会让你成为能够获得诺贝尔文学奖的诗人，也不会让你成为开天辟地的科学家。但是如果你能够正确地驾驭自己的焦虑气质，它也许能让你在工作中表现更好。杰罗姆·凯根花了 60 多年来研究那些具有焦虑气质的人，他相信焦虑的员工是更好的员工。他说，实际上他学会了只聘用那些具有高活性气质的人来做研究助理。"他们会强迫自己，他们不犯错误，他们在对数据进行编码时非常仔细。"他在接受《纽约时报》采访时说，"他们总体说来非常有责任心，而且几乎会准备充分到过度的地步。"在假定忧虑者能够不被强烈的焦虑症压倒的情况下，用《时代周刊》的话来说，"他们可能是最一丝不苟的员工和最细致贴心的朋友"。另有一些研究结果也支持了凯根的观察结果。罗切斯特大学医学中心的精神疾病专家们在 2012 年进行的一项研究发现，那些高度神经过敏的责任心强的人往往更善于反省，目标更明确，做事更有条理，制订计划的能力高于平均水平；他们往往效率很高，在工作场合"高速运转"——而且比其他人能够更好地照顾自己的身体健康。（"这些人更注意权衡自己行为的后果，"首席研究员尼古拉斯·图利亚诺）说，"他们的神经过敏和责任心程度更高，很可能正是这防止他们出现冒险的行为。"）
2013 年发表在《管理学会杂志》上的一项研究发现，神经过敏的人在
小组项目中所做的贡献要超出管理者的预期，同时外向性格的人的贡献
少于预期，于是久而久之神经过敏的人所做的贡献就变得更具价值了。
这项研究的负责人，加州大学洛杉矶分校安德森管理学院的副教授科
琳·本德斯基说，如果她要为一个小组项目招聘团队成员，"我会比自己
的本能直觉告诉我的比例招入更多神经过敏的人，更少的外向型的人"。
2005 年，威尔士大学的研究人员发表的论文《忧虑者能够成为赢家吗？》
中指出，只要那些高度焦虑的财务经理的担忧伴随着高智商，他们往往
是最出色、最高效的资本经营者。研究人员总结说，那些忧虑较多的聪
明人往往能够产生最好的结果。

　　不幸的是，当忧虑者具有较低的智商时，忧虑与职场表现之间的正
相关性便消失了。但是一些证据表明过度的担心本身就是与高智商联系
在一起的。W 博士说他接诊的那些焦虑的病人往往也是聪明的病人（在
他的经验看来，焦虑的律师往往尤其聪明：不仅是在预见复杂的法律风
险方面技艺娴熟，而且非常善于想象自己身上可能出现的最坏情况）。W
博士这具有逸闻气质的观察得到了最新的科学数据的支持。一些研究已
经发现这种关联性是非常直接的：你的智商越高，就越容易忧虑；你的
智商越低，忧虑的可能性也就越小。一项 2012 年发表在《进化神经科学
前沿》杂志上的研究发现，在广泛性焦虑障碍患者中，智商测试中得分
高与忧虑程度高是相关的（焦虑症患者能够非常聪明地划分出可能的负
面结果）。研究的第一作者杰里米·柯普兰表示，焦虑是具有进化适应性
的，因为"时常会有无法预测的危险"。当这样的危险出现时，焦虑症患
者更有可能做好充分准备，从而幸存下来。柯普兰说，有些人实际上相

当愚蠢，他们"无法看到任何危险，即使是在危险即将来临的时候"。此外，"如果他们处在领导者的位置，他们会告诉普通成员并没有担心的必要"。柯普兰是纽约州立大学南部医学中心的一位精神病学教授，他表示焦虑对于政治领袖来说可能是很好的特质，而缺乏焦虑则是很危险的（有些评论家曾经基于类似柯普兰这样的发现提出，2008 年经济崩溃的主要原因是政治家与金融家们要么太愚蠢，要么不够焦虑，要么两者兼有）。

当然，这种相关性不是普适的：世界上有很多聪明的勇敢者和愚蠢的忧虑者。而且，一如既往地存在一个附带条件，那就是在焦虑不过度的大多数情况下，才是富有成效的。但是如果你很焦虑，也许你可以从越来越多的表明焦虑与智慧存在关联的证据中受到鼓舞。

焦虑可能还与道德行为以及有效的领导存在关联。我妻子有一次自言自语地说如果我的焦虑症完全被治愈，我可能会失去些什么，以及如果我不再具有焦虑气质，她可能会失去些什么。

"我讨厌你的焦虑症。"她说，"我也讨厌它让你不开心。但是如果你身上有些我爱的东西是和你的焦虑症相关联的怎么办呢？"她问到了事情的实质："如果你的焦虑症被彻底治好了，而你变成了一个彻头彻尾的怪人怎么办？"

我猜想这有可能。因为可能是我的焦虑让我拥有了抑制型气质，拥有了相比于没有焦虑的情况下更善于与他人协调的社交敏感性，也让我成为一个更为宽容的另一半。很明显，战斗机飞行员的离婚率高得反常——这一事实可能与他们的焦虑程度较低，以及与此相关的自我觉醒阈值较低有关，而上述两点不仅与冒险的需要（比如很享受驾驶战斗机或者婚外情的刺激）有关，而且与特定的人际关系迟钝有关，即对他们伴侣微妙的社交暗示缺乏敏感。由于焦虑症患者总是在警觉地扫视周围的环境以防止威胁的出现，他们往往比那些肾上腺素水平较高的人更能针对他人的情绪和社交信号做出协调。

焦虑与道德之间的联系这一概念的出现远远早于现代科学的发现或者我妻子的直觉。圣奥古斯丁认为恐惧具有适应性，因为它帮助人们按照道德规范来做事（托马斯·伯吉斯和查尔斯·达尔文对于焦虑和脸红也有相似的看法：对做错事的恐惧帮助灵长类动物和人类做出"正确"的行为，维持他们的社交礼仪）。实用主义哲学家查尔斯·桑德斯·皮尔士和约翰·杜威相信人类对于体验焦虑、羞耻和罪恶这些负面情绪的厌恶提供了一种内在的心理刺激，让我们按照伦理道德来做事。此外，针对罪犯进行的心理研究发现他们的平均焦虑程度很低，他们的杏仁核活性也很低（罪犯的智商往往也低于平均水平）。

在本书开头几章中，我论述了过去半个世纪中数百项关于灵长类的研究是如何通过多种方法发现某些基因和童年的轻微压力相结合可能导致人类与其他动物出现终生的焦虑和抑郁行为的。但是美国国家心理健康研究所比较动物行为学实验室主任史蒂芬·苏沃米最近通过对恒河猴的研究发现，当焦虑的幼猴被从它们焦虑的母亲身边带离，交给并不焦虑的母猴抚养之后，一件引人注意的事情发生了：这些猴子在长大之后表现出的焦虑程度要低于它们的亲兄弟；而且很有趣的是，它们往往还会成为猴群中的雄性首领。这表明一定程度的焦虑不仅能够增加你活得更长久的概率，而且在正确的环境中能够赋予你成为领袖的特质。

我的焦虑有时是难以忍受的，它经常令我备受折磨。但它同时可能也是一件礼物——或者至少是硬币的另一面，让我在做买卖之前必须三思而后行。也许焦虑与我有限的道德感存在联系。而且，这种让我有时会担忧得发疯的焦虑想象也促使我有效地针对无法预测的情况或者意外的后果做好计划，而那些气质不像我这样警惕性高的人可能就做不到这一点。与我的怯场相关的快速社会判断同样很有用处，它帮助我迅速地评估各种情况，与他人打交道，消除发生冲突的可能性。

最后，在原始的进化层面上，焦虑或许帮助了我存活下来。相比那些勇敢而粗心的人（战斗机飞行员、骗子这些自我觉醒阈值较低的人），我在一次体育事故中丧生，或者挑起一场可能导致我被人开枪打死的争斗的可能性要更低。[1]

文学评论家埃德蒙·威尔逊[2]在他 1941 年的文章《创伤与箭》中写到了索福克勒斯[3]笔下的英雄菲罗克忒忒斯[4]。这位王子脚上被毒蛇咬伤化脓、始终不能痊愈的伤口与他箭无虚发的射术天赋存在关联——他身上"恶臭的疾病"与"超人的技艺"是密不可分的[5]。我时常被这则寓言吸引。正如小说家珍妮特·温特森所说，它告诉我们"创伤与天赋只有一步之遥"，认为弱点和可耻同时也具有超越、英雄主义和救赎的潜在可能。我的焦虑症仍然是一种无法治愈的创伤，时不时会拖我的后腿，让我充满羞耻感，但它可能同时也是一种力量的源泉、一种恩典的赐予。

---

[1]　从另一方面来说，我过早死于压力相关的疾病的可能性要比正常人大。

[2]　埃德蒙·威尔逊（1895—1972），美国著名评论家、随笔作家。——译者注

[3]　索福克勒斯（公元前 496—公元前 406），古希腊三大悲剧作家之一，代表作有《俄狄浦斯王》。——译者注

[4]　希腊传说人物，特洛伊战争中希腊联军将领，精通箭术，射杀了掳走海伦导致战争爆发的特洛伊王子帕里斯。

[5]　威尔逊的文章是关于艺术与心理疾病是如何与索福克勒斯、查尔斯·狄更斯、欧内斯特·海明威、詹姆斯·乔伊斯及伊迪丝·华顿（美国女作家）等作家联系在一起的。

你总是在说"我搞不定这个"或者"我搞不定那个",可是作为一个患有焦虑症的人,你已经搞定了很多事。

第十二章
你比自己想象的要更具恢复力

散文家、诗人、词典编纂人塞缪尔·约翰逊是一位著名的患有忧郁症的古典知识分子，备受罗伯特·伯顿所说的"知识病"的折磨。1729年，20岁的约翰逊发现自己"被一种可怕的忧郁症压倒了，伴有持续的兴奋、焦躁、不耐烦，还有沮丧、抑郁、绝望，让他的生活无比痛苦"——这是詹姆斯·博斯韦尔在他的著作《塞缪尔·约翰逊传》中记录的情况，"此后他从来没有从这种忧郁的疾病中彻底康复过"（"某种程度上，他的疾病是由于神经系统存在缺陷而导致的可能性非常大。"博斯韦尔猜测）。根据另一位传记作家的记录，那是"一种可怕的心理状态，强烈的焦虑感与彻底的无望感交替出现"。许多与约翰逊同一时代的人都留意到他奇怪的抽搐和痉挛，这表明他可能患有强迫性神经官能症。他似乎同时还患有今天我们所说的广场恐惧症（他曾经给当地的地方官员写信，要求解除自己的陪审员义务，因为"他在所有的公共场合……都几乎要昏倒"）。约翰逊本人也提到过自己"病态的忧郁"，并且担心过自己的沮丧会倾覆成为完全的疯狂。除了定期阅读伯顿的《忧郁的解剖》以外，约翰逊还广泛地阅读古典和当代的医学文本。

　　约翰逊迫切地希望保持自己健全的神志，他——就像比他更早些的伯顿那样——坚定地采信了"闲散和懒惰的习惯是焦虑与疯狂的滋生地"这一观点，也相信对抗它们的最佳方式是拥有稳定的职业和规律的作息习惯，比如每天早晨按时早起。他说："在大脑空虚的时候，想象力占据了前所未有的思维空间。"于是他总是尽力让自己忙碌起来，并且在日常生活中强迫自己按照养生法来作息。约翰逊最讨我喜欢的一点是他终生，而且明显徒劳地试图在早晨更早地起床。以下是他的日记中的一些典型抽样：

1738 年 9 月 7 日："哦，主啊，让我能够……赎回那些在懒惰中失去的时间吧。"

1753 年 1 月 1 日："早点起床就不浪费时间。"

1755 年 7 月 13 日："我会重新做一份生活计划……让自己早点起床。"

1757 年复活节之夜："万能的上帝啊……让我摆脱懒惰吧。"

1759 年复活节："给我恩典打破这一系列坏习惯吧，让我能够摆脱闲散和懒惰吧。"

1760 年 9 月 18 日："我下定决心了……要早起……要和懒散做斗争。"

1764 年 4 月 21 日："我的目的是从现在起要拒绝……无用的思想。在业余时间里要进行一些有用的娱乐。拒绝闲散，早点起床。"

第二天（凌晨 3 点）："把我从抵抗松散的思想和无所事事……的徒劳的痛苦中解放出来吧。"

1764 年 9 月 18 日："我决心要早起了，如果我能做到的话，不晚于 6 点起床。"

1765 年复活节，周日："我决心在 8 点起床……我打算在 8 点起床是因为尽管这还不算很早，但比我现在起床的时间早了不少，我经常一觉睡到下午 2 点。"

1769 年 1 月 1 日："我现在还没有进入下任何决心的状态；我

打算并且希望……在 8 点起床，并且逐渐提前到 6 点。"

1774 年 1 月 1 日（凌晨 2 点）："我要 8 点起床……造成我的缺点的主要原因是人生没有条理，太过混乱，这破坏了所有的打算……而且或许给想象力留出了太多的空闲。"

1775 年耶稣受难日："当我回头去看那些为了提高和改进而制定的，却年复一年不曾坚持的决心时……为什么我还要再次尝试下决心？我去尝试是因为改革是必要的，而绝望是一种犯罪……我的决心是从复活节那天开始早起，不能迟于 8 点。"

1781 年 1 月 2 日："我不会绝望……我希望：（1）自己能够 8 点起床，或者更早……（5）拒绝闲散。"

约翰逊从来没有成功地保持早起，事实上，他经常一直工作到快黎明的时候，或者因为害怕和恐惧症的折磨而在伦敦的街上游荡。[1]

你们会注意到，约翰逊的日记摘录前后跨度超过了 40 年——从他 20 多岁一直到 70 多岁的古稀之年——而且很难弄清楚他试图摆脱懒惰并且早起的徒劳努力，与他明知这是一种徒劳还认真地承诺要继续尝试哪个更加感人（正如他 1770 年 6 月 1 日在日记中写道的那样："每个人都自然地说服自己相信他能够实现他的决心，否则他就会认为是自己愚蠢低能，而不是受到时间或者尝试次数的左右。"）。沃尔特·杰克逊·贝特是现代最著名的约翰逊传记作家。在弗洛伊德学派流行的 20 世纪 70 年代，

---

[1] 最近关于睡眠周期的研究表明，早起困难并不（完全）是品行的堕落，而更是一种生物性的特质：有些人的昼夜生理节奏让他们成为研究人员所谓的"晨型人"，可以早晨轻松地从床上爬起来，夜间不那么活跃；而另一些人则是"夜猫子"，通常在深夜颇有效率，早上无法按时起床。

他首次将许多这样的约翰逊的日记条目汇编了出来。贝特认为这些日记以及约翰逊对于提升自己的持续劝勉是超我的需求太过完美主义的证据，他还提出约翰逊的超我不断地斥责以及自然伴随这些斥责的自尊心低落是造成约翰逊的"抑郁性焦虑"和他的诸多身心症状的原因。对于约翰逊来说，懒散的"危险"在于——像他的朋友阿瑟·墨菲记录的那样，"他的精神并不应用于外界，而是带着对自己的敌意转向了内部。他对于自己的人生和行为的反思总是非常严厉；而且由于希望自己完美无瑕，他用不必要的顾虑摧毁了自己的安宁"。墨菲写道，当约翰逊审视自己的人生时，"他除了毫无意义地浪费时间，别的什么也没有发现。除了身体的一些毛病，以及非常接近发疯的内心烦躁。他说他的人生从少年时起就浪费在早晨不起床当中了；而他最大的罪过是总体上的惰性，由于病态的忧郁和心灵的疲惫，他在自己的一生里经常有这种倾向，部分时间里甚至是被迫的"。约翰逊追求完美，希望能够积极地看待自己。在努力中，他表现出了颇具影响力的弗洛伊德学派精神分析学家卡伦·霍妮命名的"神经质人格"的经典特质。贝特说，约翰逊"经常预见到……现代精神病学"的作品涉及"人类的痛苦有多少是来自一个人缺乏自我肯定的能力，又有多少妒忌和邪恶来源于此"。正如约翰逊自己所说，推动他对自传这种文学形式产生强烈兴趣的——包括他创作的《诗人传》以及其他传记作品——不是他对于理解如何"让一个人变得幸福"或者一个人如何"失去王子的青睐"感兴趣，而是他对"一个人是如何变得对自己不满意的"很感兴趣。

具有启发性的事实是：尽管约翰逊如此对自己不满意，尽管他如此频繁地因为懒散和睡到下午2点才起床而斥责自己，但他仍然非常高产。虽然为了挣钱写过大量粗制滥造的文章（他说过一句著名的话："除了傻子，没人会拒绝这样做的。"），但他绝不仅仅是一个写手。他的一些作品——长篇小说《拉塞拉斯》、诗歌《人类欲望的虚幻》，以及他最出色的那些散文——永远名列西方文学经典之中。在我的书架上有厚厚的 16 卷《塞缪尔·约翰逊全集》，这甚至还不包括他最著名的作品：他编纂的大量词典。很明显，约翰逊在自我评估中对他的能力与成就的认识与现实并不相符。现代临床研究显示，这样的情况在有忧郁倾向的人群中经常发生。[1]

在约翰逊执着地努力提升自我、努力在面对情绪上的折磨时保持作品高产量的过程中，他展示出了一种恢复力——现代心理学正日益发现这种特质是抵抗焦虑症和抑郁症的强大堡垒。传统的焦虑症研究专注于那些患有焦虑症的人存在怎样的问题，如今越来越将注意力集中在是什么原因使得那些健康的人拥有对焦虑症和其他临床状况的抵抗力上。西奈山伊坎医学院的精神病学与神经科学教授丹尼斯·查尼针对那些越战中被俘虏、在经受了精神创伤之后并没有患上抑郁症或者创伤后应激障碍综合征的美军士兵进行了相关研究。查尼和其他研究人员所做的很多研究发现恢复力和承受力的质量是这些战俘能够在其他许多人被焦虑症和精神崩溃折磨的时候免于这些苦恼的原因。查尼鉴别出恢复力的 10 种关键心理要素和特征是：乐观、无私、拥有牢不可破的道德观念或信念、信仰与灵性、幽默、拥有行为榜样、社会支持、直面恐惧（或者走出自己的舒适区[2]）、具有使命或有意义的人生，以及面对并克服挑战的实践。多项不同的实验表明，恢复力与具有丰富的脑化学物质神经肽 Y 存在关

[1] 事实上，在一篇可读性很高的研究论文中，人们发现临床上被诊断为抑郁症的患者在自我评估上比健康人群更为准确。这也说明大量的自我麻痹——认为自己比实际上的更好、更有能力——对精神健康和事业成功颇有助益。

[2] 舒适区指一种不现实的精神状态，会给人带来一种非理性的安全感。——译者注

联——虽然这种因果关系具体是怎样的我们还不清楚：是恢复力强的气质使得大脑产生了神经肽 Y，还是大脑中的神经肽 Y 造就了恢复力强的气质，或者最大的可能是两者存在相互作用？但是已经有证据表明神经肽 Y 的含量很大程度上是由基因决定的。①

我对 W 博士哀叹，我预期通过成功地从焦虑症中充分恢复来为这本书提供一个振奋人心的大结局，而基于迄今 30 年的徒劳无功，这似乎前景暗淡。我跟他说起了关于恢复力的那些令人着迷并给人希望的新兴研究。但接着我注意到，还像以前一样，我并没有感觉自己多么具有恢复力。事实上，我认为自己已经有了明确的证据，表明我天生就不具有恢复力：从生物学角度，在细胞层面我天生就是焦虑、悲观，缺乏恢复力的。

"这就是为什么我不断地告诉你，我讨厌一切强调精神疾病主要来自遗传和神经生物学方面的现代理论。"他说，"这强化了思维是一种固定不变的结构的概念，但实际上它在整个生命历程中是随时可以变化的。"

我告诉他这些我都知道。此外，我还知道基因表达也受到环境的影响，而且无论如何，将一个人的问题完全归结为遗传，或者完全归结为环境都是一种荒谬的简化。

可是我仍然没有感觉到自己很有恢复力。

"你比自己想象的要更具恢复力。"他说，"你总是在说'我搞不定这个'或者'我搞不定那个'，可是作为一个患有焦虑症的人，你已经搞定了很多事情——你搞定了很多事情，确实如此。就想想你在写完你的书的过程中不得不应付的那些事情吧。"

随着我这本书的交稿期限日益逼近，我从杂志编辑的全职工作中请

---

① 就像我们在第九章看到的那样，杰罗姆·凯根、凯利·雷斯勒等人的研究成果说明基因在决定一个人神经质和恢复能力的内在水平上扮演着重要角色。

了一段时间的假，这样我可以全身心投入写作中去。这个决定也是有风险的：这彰显出我在一个大幅萎缩、很可能要消亡的行业（平面新闻媒体）里的一家正在裁员的公司是个可有可无的角色，而在当时那种自大萧条时期以来最糟糕的经济环境中，这对于保障我的饭碗来说简直是最差的举动了。但是我的惊恐不断加重，再这样下去就会赶不上最后期限，而这又会让我的家庭陷入破产的困境。我经过权衡认为请假是值得一赌的。我希望这次暂时休假所空出来的时间与最后期限带来的压力相结合，能够创造出生产力爆发所需要的条件。

我所期待的并没有发生。现实的情况是：

在我开始休假的第一天，我那此前一直身体健康的妻子就患上了一场神秘、持久的疾病，她不得不去看了很多位医生（内科医生、过敏专科医生、免疫专家、内分泌专家），得到了一系列不确定的诊断结果（狼疮、风湿性关节炎、桥本式甲状腺炎、格雷夫斯病等）。几天以后，我那完全奉公守法的妻子因为一项轻罪指控被捕（不但错误而且荒唐，说来话长了），需要支付数千美元的律师费，还得多次出庭辩护。差不多同一时间，我母亲的第二任丈夫抛弃了她，找了另外一个女人，他们（我母亲和我的继父——很快就要成为前继父了）开始了离婚程序，我害怕这会让她一贫如洗。我妻子的父母失业后债务增加，还要花钱帮助一位亲戚戒除药物成瘾的毛病，已经做好了申请破产的准备。我父亲的公司当时正在起步阶段，我原本希望它能够支持我的孩子们上大学的学费，但它却失去了资助，倒闭了。而当我休假，表面上坐在电脑前面写书时，我把更多的时间用在了担心我妻子的健康、强迫性地反复查看不断缩水的银行账户余额上，看着钱比进账迅速得多地流出去，而不是用在写作上。

8 月，也就是我休假的最后一个月，的一天清早，我被炸雷和暴雨惊醒了。突然间树枝和石块砸在了我的卧室窗户上。就在我从床上跳起来跑出房间的时候，窗玻璃朝屋里碎裂了（我妻子和孩子们去了外地）。我奔向地下室，在我穿过厨房的时候天花板塌了下来，一棵树倒在了屋顶上。壁橱被从墙上撕开，砸在了地板上。灯具从头顶落下，被嘶嘶作响的电线吊住，悬挂在半空中。一条细细的绝缘体从残存的天花板上垂下，像吊死鬼的舌头。鹅卵石如雨点般砸在油布上，发出啪啪的声音。雨水从屋顶的破洞中倾泻而下。

当我跑过起居室的时候，另一棵树倒在了屋子上。房间的所有四扇窗户同时粉碎，玻璃飞得到处都是。很多树倒了下来，有的被连根拔起，其他的则从离地面 20 多米高的地方断成两截。

我手忙脚乱地跑下楼梯，想要到地下室避难。但是当我来到地下室的时候，地面上已经有差不多 3 英寸的积水了，而且水位还在迅速升高。我站在最低一级台阶上飞速地思考，心想到底发生了什么事情（飓风？核武器攻击？地震？龙卷风？外星人入侵？ [①] ），试图弄清楚该怎么办。

我站在那里，穿着平脚内裤，开始感觉到自己的心脏如雷鸣般狂跳。我感觉口干，呼吸急促，肌肉紧张，心率过快，肾上腺素在血管中流淌——我的战斗或逃跑反应被完全激发了。当我感觉心脏怦怦跳动的时候，突然想到自己的身体感受很像一次惊恐发作或者一阵恐惧症带来的惊吓。但是即便此刻的危险远远比经历一次惊恐发作要真实得多，即便我意识到自己在屋顶坍塌、大树倾倒的时候可能会受伤甚至（谁知道呢）送命，我感觉还是比惊恐发作的时候要好一些。是的，我被吓坏了，但我惊讶于大自然的力量，惊讶于它能够将我那似乎很牢固的房子撕成碎

---

① 事后，保险公司将其认定为"龙卷风事件"。

片，能够掀翻数十棵大树。这真是一种……令人兴奋的事情。惊恐发作可比这糟糕。[1]

随后的几个星期，时间被花在了处理保险索赔、应付灾后修复技术人员、房地产经纪人和搬家工人上，总之完全没有用来写书。随着休假的珍贵日子一天天减少，我发现自己陷入了令人苦恼的困境。我害怕如果不回去上班，就会丢掉工作；而如果我真的回去上班，我很可能会赶不上书稿的最后期限（而且有可能仍然会丢掉工作）。更糟糕的结果会是我最终从外部得到了自己这些年来内心一直确信的事情的证明：我是个失败者——软弱、依赖他人、焦虑、可耻。

"斯科特！"W博士在我继续这样想的时候说道，"你在倾听自己内心的声音吗？你已经写出过一本书了，你养活一个家庭，你还有工作。"

那天晚些时候，他发了一封电子邮件给我：

> 今天我们见面以后，我在写记录的时候想到你需要更好地吸收积极的反馈……你的能力远远强于你自己脑海中难以忘怀的那种能力不足的样子。请你去尝试、去接受。

我是这样回信的：

> 我会尝试接受这些意见，但我的第一反应是对其打打折扣、回避回避或者开个根号。

---

[1]　就像是要证实这一点似的，两天后我醒来时感到腹痛。这马上引发了可怕的、令人颤抖的惊恐，使我疯狂地试图让自己失去意识，因而绝望地狂饮伏特加，大量服用赞安诺和晕海宁。这很可能比摧毁房屋的暴风更能要了我的命。

他回答：

> 斯科特，你对积极的反馈进行怀疑已经成了自主反应，因此改变是非常困难的。但是这一过程的开始就是挫败负面信息的破坏力的行动。
>
> 尝试，就是一个人能够要求的全部了。

当然，讽刺之处在于 W 博士不断地告诉我，摆脱焦虑而获得心理健康和自由的途径是深化我自己对于自我效能的感觉。自我效能是他从认知心理学家阿尔伯特·班杜拉的研究中吸取的（班杜拉认为一个人反复地向自己证明自己有能力控制局面，就算感到焦虑、抑郁或者脆弱，也是能够建立起足以抵御焦虑和抑郁的自信以及心理力量的）。然而写作这本书需要我整天沉湎于羞耻、焦虑、低自尊和软弱之中，这样才能适当地捕捉和表达出这些感受，这种经历只会让我的焦虑和脆弱非常深入和持久这一点得到强化。当然，我假定尽管写这本书强化了我的羞耻感、焦虑和软弱，并且强调了那些"无助的依赖"的感觉，而根据麦克莱恩医院的精神疾病医生们的描述，这的确发生在了我曾外祖父身上。写书也能够使得我体会到自己为抵抗它们的腐蚀作用所做的努力，因为这证明我有能力战胜它们。也许为了写书而深入思考我的焦虑也会让我找到一条出路。并不是说我能够摆脱焦虑或者治愈焦虑，而是通过完成这本书，即使它是一本很大篇幅都在思考我的无助和无能的书，我可能也呈现出了某种形式的能力、毅力、生产力，以及（当然有）恢复力。

就这一点来说，可能我并没有自己认为的那么软弱。尽管我对药物有依赖，尽管我并不认真对待收治，尽管我的祖辈遗传给我容易患上焦虑症的基因，尽管我很脆弱，尽管焦虑症带来的身体和情绪的痛苦有时令人难以忍受。想想本书开头的那句话吧："不幸的是，我容易在关键时刻掉链子。"这句描述是正确的。（卡伦·霍妮在《我们时代的焦虑人格》中写道："神经过敏的人总是坚持强调自己很软弱。"）然而，正如W博士总是指出的那样，我确实成功地挺过了自己的婚礼，而且（到目前为止）能够在工作中保持丰硕的成果，保持超过20年高薪水的工作经历，尽管我有着那样经常令人烦恼的焦虑症。

"斯科特，"他说，"最近几年来，你经营着一份杂志，编辑了大多数的封面故事，写自己的书，照顾家庭，处理被毁坏的房子，还要应付人生正常的兴衰与挑战。"我指出我能够完成所有这些事情都是依靠药物（有时还是大量的药物）的帮助，而且我完成的任何事情都伴随着持续的担忧、频繁的惊恐，还曾经多次因为几乎精神崩溃而中断，在那些时刻我都有危险以一个焦虑的懦夫的形象被曝光。

"你有一个障碍——焦虑症。"他说，"可是我觉得你能控制它，甚至在有这个问题的情况下依然能够健康发展。我仍然认为我们可以治愈你的焦虑症。但是与此同时，你需要意识到在面临这些问题的情况下，你已经实现了很多成就。你需要多多赏识自己。"

也许写完这本书并且出版它，以及（没错）在全世界面前展露自己的羞愧和恐惧，能够赋予我能量，同时缓解我的焦虑。

我想，在不久的将来我就会知道答案。

致　谢

假如凯瑟琳·刘易斯没有在我并不知晓的情况下将写有我尚不成熟的想法的电子邮件拿给维利图书经纪公司的莎拉·查尔方特看，或许本书就不会面世；而假如随后莎拉没有找到我，富有耐心却毫不放松地激励我拿出真正意义上的创作方案，本书几乎肯定是不会面世的。斯科特·莫耶斯在维利图书经纪公司工作期间，以他的智慧为我提供了无价的实用建议，帮助我度过了黑暗时期。安德鲁·维利是位名副其实的传奇人物：他是位伟大、令人心生敬畏的图书经纪人，是人人向往的合作对象——在对作者的支持上，安德鲁无人可及。

马蒂·艾舍是一位善解人意的编辑，能够迅速领会我的心意；他对本书充满热情，促成了本书与克诺夫出版集团的缘分。马蒂的热心和诸多好意支撑着本书（以及我本人）度过了若干艰难的时段。

我要在以下三个方面向索尼·梅塔表示感谢：第一，签字同意马蒂对本书的出版计划；第二，在我拖稿时表现出的耐心；第三，将手稿交给了丹·弗兰克进行编辑。丹的润色大大提升了本书的水准。我从事编辑工作已有20年之久，自认为有鉴别编辑是否出色的能力：丹就是一位才华横溢的编辑，同时他也是一个好人。艾米·施罗德协助整理了我的文章。吉尔·维里罗、加布里埃尔·布鲁克斯、乔纳森·拉扎拉和贝齐·萨利等人都让我感受到身为克诺夫的签约作者是件快乐的事。

感谢雅多和麦克道威尔文艺营接受我入营并提供资金，让我获得了创作所需的时间和空间。

许多人为本书提出了意见和建议，引导我获得了有用的资源，或以其他方式提供了支持：他们是安娜·康奈尔、米汉·克里斯特、凯蒂·克拉彻、托比·莱斯特、乔伊·德梅尼、南希·米尔福德、库伦·墨菲、贾斯汀·罗森塔尔、阿莱克斯·斯塔尔以及格雷姆·伍德。阿兰·梅森、吉尔·尼瑞姆和保罗·埃利均在本书创作方案完全成型之前提供了非常有帮助的早期反馈。美国焦虑症与抑郁症协会执行董事阿莉丝·穆斯金慷慨地贡献了她的时间和人脉。

我的妻弟杰克·皮舍尔在研究方面提供了极大的支持：他帮我查找了数以百计的学术文章；更为重要的是，他还协助我处理和解读了我的基因数据。杰克的父母，也就是我的岳母芭芭拉·皮舍尔和岳父克里斯·皮舍尔替我照顾孩子、在精神上给予我支持：我奔命于在最后期限前交稿时，曾频繁地缺席家庭活动。他们对此非常宽容。

感谢《大西洋月刊》的同事们（包括前同事们）容忍我因写书常常缺席，并在此期间代替我完成工作。他们是鲍勃·科恩、詹姆斯·法洛斯、杰夫·加尼翁、詹姆斯·吉布尼、杰弗瑞·戈德伯格、柯尔比·库默尔、克里斯·奥尔、唐·派克、本·施瓦茨、埃利·史密斯和伊冯娜·罗茨豪森（在业务方面，《大西洋月刊》总裁斯科特·黑文斯、大西洋传媒总裁贾斯汀·史密斯、大西洋传媒主席和老板大卫·布拉德利的宽容让我能够有时间进行本书的写作，我深感幸福）。不过在所有《大西洋月刊》的同事中，我亏欠最多的要数詹妮弗·巴内特、玛莉亚·斯特辛斯基和詹姆斯·贝内特，他们无限宽宏大量地处理了我的缺席带来的问题。我担心自己令詹姆斯折了寿。

无论如何，我要感谢 L 博士、M 博士、哈佛博士、斯坦福博士和其他各位治疗师、社工人员、催眠师、药理学家。他们有的姓名没有在本书中提起，有的被删除了戏份。我始终如一、毫无保留地对 W 博士表示感谢："谢谢你的帮助，使我能够维持下去而没有垮掉。"

我要感谢我的家人，尤其是我的爸爸、妈妈、姐姐和外祖父。我爱他们每一个人。没有人为我写这样一本书而高兴（父亲算是个例外，他有保留地表示赞同）；而当他们听说自己会在书中出现的时候，甚至变得不太高兴了（这里要特别感谢父亲与我分享他的日记）。仅凭自己的记忆和不多的文字记录，我尽可能地做到准确、客观。有些家人也许会反对我在书中撰写的部分内容。我担心他们会认为我透露的一些切斯特·汉福德的琐事会亵渎他留在人们记忆中的形象、有损逝者的体面。无论他人如何看待——我对切斯特·汉福德怀有极大的敬意，也希望自己在与焦虑症的斗争中能够做到他所表现出的那种优雅、体面、亲切和不屈不挠（我应当特别感谢外祖父，即便他已经明确表示自己不想知道曾外祖父的精神疾病治疗记录内容，仍然同意我去进行了解，并指点我前往遗嘱检验法院争取到这些文件）。

我一如既往地把最深的感谢送给我的妻子苏珊娜。开始的时候，她花了很多时间泡在美国国立卫生研究院图书馆，查找科研文章和书籍。她还帮助我克服了法律条文和官僚主义的限制与障碍，获得了曾外祖父的精神健康记录。在这方面，她给予我的帮助远远超过了平常人们所期待的来自妻子的支持。最重要的是，如果你读了本书，便会明白支持我有时是项充满挑战却无所回报的工作——承担这工作最多的就是苏珊娜。在这件事上，我对她的亏欠是永远无法弥补的。